高等学校规划教材

冶金过程数学模型与人工智能应用

龙红明　编

北　京
冶 金 工 业 出 版 社
2010

内容提要

本书是关于冶金过程数学模型与人工智能控制系统应用的教学用书。全书共分为5章,主要内容包括过程控制数学模型与人工智能基础、冶金主要流程的数学模型以及人工智能系统应用三大部分。

本书理论知识与应用相结合,书中既有建模、人工智能的基础理论与方法,又有控制模型与系统的实际应用,内容深入浅出,通俗易懂,突出冶金工艺技术与控制理论、计算机技术交叉融合的特点,对冶金工作者和控制系统研发人员都有参考价值。

本书可作为冶金工程专业本科生、研究生的教材,也可供冶金工程设计与开发人员、冶金生产现场技术人员参考。

图书在版编目(CIP)数据

冶金过程数学模型与人工智能应用/龙红明编.—北京:冶金工业出版社,2010.6

高等学校规划教材

ISBN 978-7-5024-5135-6

Ⅰ.①冶… Ⅱ.①龙… Ⅲ.①冶金—过程—数学模型—高等学校—教材 ②人工智能—应用—冶金—过程—高等学校—教材 Ⅳ.①TF01

中国版本图书馆CIP数据核字(2010)第077486号

出 版 人 曹胜利
地　　址 北京北河沿大街嵩祝院北巷39号,邮编100009
电　　话 (010)64027926 电子信箱 postmaster@cnmip.com.cn
责任编辑 马文欢 美术编辑 李 新 版式设计 葛新霞
责任校对 卿文春 责任印制 牛晓波
ISBN 978-7-5024-5135-6
北京兴华印刷厂印刷;冶金工业出版社发行;各地新华书店经销
2010年6月第1版,2010年6月第1次印刷
787 mm×1092 mm 1/16;13印张;343千字;198页
28.00 元

冶金工业出版社发行部 电话:(010)64044283 传真:(010)64027893
冶金书店 地址:北京东四西大街46号(100711) 电话:(010)65289081
(本书如有印装质量问题,本社发行部负责退换)

前　言

钢铁工业属于混合型流程工业，兼有连续型和离散型工业流程的特点，其生产过程既包括物理过程，也包含化学过程，具有结构复杂性、参数不确定性等一系列特征。现代钢铁冶金工业生产的大型化和复杂化，对过程控制水平提出了越来越高的要求。传统的优化控制技术依赖于建立过程的精确数学模型，但是这对于实际生产过程来说往往难度很大，特别是生产过程控制参数与生产目标之间的关系受到种种不可预测因素的制约，在现场生产中一般依靠经验进行操作，过程参数、状态变量和生产目标之间的关系是不明确的。由于难以从生产机理上确定过程模型，许多工艺过程参数无法优化获取，仅靠操作人员的经验设定，结果造成生产过程的不良波动和生产指标不佳。

在信息化带动工业技术进步受到高度重视的今天，冶金行业正在努力地利用先进的控制理论、计算机技术改造传统产业。过程控制数学模型与人工智能控制系统是冶金信息化最直接、最有效的应用领域，它对提高冶金过程的经济技术指标，降低生产成本，提高生产效率有着重要的理论意义和巨大的经济价值，是广大冶金工作者迫切需要学习并掌握的一门关键技术。因此，有必要在高等学校专业教育中给予充分的体现。目前，安徽工业大学在冶金工程专业本科教学中设置了“冶金过程数学模型”、“冶金过程控制”、“冶金仿真软件应用”等课程，还包括相应的上机实践课，经过几年的实践，取得了较好的效果。

通常，冶金工程专业的学生对计算机建模、开发人工智能控制系统缺乏系统的学习，而计算机专业的学生缺乏对冶金工程专业知识的了解，因此，本书以作者多年从事冶金过程数学模型与人工智能系统开发的经验为基础，将两方面的知识融合在一起，系统地介绍了数学模型与人工智能的基础以及常用的模型算法，并结合冶金流程分别介绍了它们如何在这些流程中应用并解决现场实际问题。

在编写过程中，作者参考了攻读博士学位期间的导师及课题组的工作成果，还有很多从事冶金过程数学模型与控制系统开发与研究的同行们的工作成果。另外，编者还得到了目前所在课题组老师与研究生的帮助、家人的理解与鼓励，在此一并表示诚挚的谢意！

由于作者的学识及水平所限，书中不妥之处，恳请同行与读者不吝赐教，并提出宝贵的批评意见。

编　者

2010年1月

目　　录

1　概述 …… 1

1.1　冶金生产过程简述 …… 1

1.1.1　炼铁 …… 1

1.1.2　炼钢 …… 2

1.2　冶金过程的特点与控制方法 …… 3

1.2.1　冶金过程的特点 …… 3

1.2.2　冶金过程的控制方法 …… 4

1.3　冶金过程数学模型与人工智能的研究进展 …… 6

2　冶金过程检测和自动控制基础 …… 9

2.1　冶金过程信息检测 …… 9

2.1.1　冶金过程自动化体系结构 …… 9

2.1.2　冶金过程检测 …… 10

2.2　冶金过程基础自动化 …… 19

2.2.1　可编程控制器(PLC) …… 19

2.2.2　基础自动化级通信 …… 20

2.2.3　人机界面技术 …… 21

2.2.4　分布式计算机控制系统 …… 22

3　过程控制数学模型与人工智能基础 …… 28

3.1　数学模型基础 …… 28

3.1.1　数学模型及其特点 …… 28

3.1.2　数学模型在冶金中的作用 …… 29

3.1.3　数学模型的建立方法及步骤 …… 29

3.2　人工智能基础 …… 32

3.2.1　人工智能概述 …… 32

3.2.2　专家系统 …… 33

3.2.3　人工神经网络 …… 35

3.2.4　模糊控制 …… 39

3.3　过程控制常用模型及其算法 …… 43

3.3.1　基于时间序列的预报模型 …… 43

3.3.2　基于 BP 算法的预报模型 …… 47

3.3.3　基于遗传算法的最优化模型 …… 51

4 冶金过程数学模型 …… 55
4.1 烧结过程数学模型 …… 55
4.1.1 烧结配料模型 …… 55
4.1.2 烧结工艺参数优化模型 …… 59
4.1.3 烧结过程热状态模型 …… 63
4.1.4 烧结矿性能预报模型 …… 71
4.2 高炉数学模型 …… 75
4.2.1 高炉无料钟布料模型 …… 75
4.2.2 软熔带模型 …… 84
4.2.3 高炉炉缸炉底侵蚀模型 …… 86
4.2.4 铁水硅含量预报模型 …… 94
4.2.5 热风炉蓄热室内温度场模型 …… 98
4.3 转炉数学模型 …… 100
4.3.1 静态控制模型 …… 100
4.3.2 动态控制模型 …… 101
4.3.3 合金模型 …… 106
4.4 电炉数学模型 …… 109
4.4.1 电弧炉炼钢合金成分控制模型 …… 109
4.4.2 电弧炉冶炼能量结构模型 …… 113
4.5 炉外精炼数学模型 …… 115
4.5.1 LF 炉钢包精炼合金加料与钢水成分预报模型 …… 116
4.5.2 LF 炉钢包精炼能量损耗预报模型 …… 121
4.6 连铸数学模型 …… 125
4.6.1 中间包钢液温度模型 …… 126
4.6.2 结晶器温度场模型 …… 129
4.6.3 板坯连铸二冷仿真模型 …… 131
5 冶金过程人工智能控制系统 …… 133
5.1 烧结人工智能控制系统 …… 133
5.1.1 烧结配矿专家系统 …… 133
5.1.2 烧结过程操作优化指导系统 …… 136
5.1.3 烧结矿化学成分控制专家系统 …… 144
5.2 高炉人工智能控制系统 …… 148
5.2.1 高炉炉况诊断与报警专家系统 …… 149
5.2.2 高炉综合智能控制专家系统 …… 161
5.2.3 热风炉燃烧智能控制系统 …… 164
5.3 转炉人工智能控制系统 …… 170
5.3.1 基于辐射信息分析的转炉终点预测 …… 171

5.3.2 转炉炼钢智能控制系统 …… 174
5.4 电炉人工智能控制系统 …… 176
5.4.1 交流电弧炉智能集成计算机控制系统 …… 176
5.4.2 电炉炼钢专家系统 …… 179
5.5 炉外精炼人工智能控制系统 …… 183
5.5.1 基于故障树的RH-KTB大型真空系统智能故障诊断系统 …… 183
5.5.2 智能LF控制系统 …… 187
5.6 连铸人工智能控制系统 …… 189
5.6.1 结晶器液位智能控制系统 …… 190
5.6.2 连铸二次冷却动态智能优化控制系统 …… 192
参考文献 …… 197

1 概　　述

1.1 冶金生产过程简述

冶金工业是国民经济建设的基础,是国家实力和工业发展水平的标志,它为机械、化工、交通、建筑、航空航天、国防军工等各行各业提供所需的材料产品。现代工业、农业、国防及科技的发展对冶金工业不断提出新的要求并推动着冶金学科和工程技术的发展,反过来,冶金的发展又不断为社会文明进步提供新的物质基础。

钢铁冶金是根据物理化学、热力学、动力学、传输学和反应工程学及金属学等基本原理,从矿石中提取金属,经精炼,再用各种加工方法制成具有一定性能的钢铁材料的过程。钢铁冶金从工艺角度可分为炼铁和炼钢两大领域。

1.1.1 炼铁

炼铁的本质是铁的还原过程,即使用焦炭作燃料和还原剂,在高温下将铁矿石或含铁原料中的铁从氧化物或矿物状态还原为液态生铁,其主要工艺环节有:

(1) 烧结。在烧结车间中,制备铁矿石。铁矿石被压碎碾成标准化的颗粒,被烧结或黏合在一起。烧结过程是在烧结炉里进行的,温度多在1000℃以上,但不超过1300℃,产品为块状或者是球状的铁矿,烧结的铁矿石随后经过冷却和整粒,并按一层焦炭、一层矿石的交替方式,被加入高炉中。

(2) 炼焦。焦炭是煤在炼焦炉中通过干馏(即将不需要的成分气化掉)得到的可燃物质。焦炭几乎是纯碳,其结构呈多孔状,且抗碾性能很强。焦炭在高炉中燃烧,提供了熔化和还原铁矿石所需的热量和气体。煤料从炉顶部的装煤孔或机侧(捣固焦)装入炭化室,由两侧燃烧室传来的热量,将煤料在隔绝空气的条件下加热至高温。加热过程中,煤料熔融分解,所生成的气态产物由炭化室顶端部的上升管逸出,导入煤气净化处理系统,可得到化学产品及煤气;残留在炭化室内的煤料固化成焦炭。煤料分解固化过程完成后,将炭化室两侧的炉门打开,用推焦机将焦炭推出,落入熄焦车(或干法熄焦装置)。赤热的焦炭可用水熄灭,或用惰性气体将余热导走,冷却后即得到可使用的焦炭。

(3) 高炉炼铁。在高炉中,从铁矿石中提取铁。固态的矿石和焦炭由顶部加入高炉,而高炉底部送来的高温气体(1200℃)致使几乎是100%含碳量的焦炭开始燃烧。这便产生了碳的氧化物,它通过除氧过程来减少氧化铁,从而分离出铁。由燃烧产生的热量将铁和脉石(矿石中矿物的集合)熔化成液体。脉石由于其密度较铁水的小,会漂浮至铁水表面,形成炉渣。炉渣是熔融脉石产生的残渣,可用于其他工业用途,比如用于铺设道路或生产水泥。整个炼铁过程分为如下几步:炉顶装入铁矿石、焦炭、造渣用熔剂(石灰石),从位于炉子下部沿炉周的风口吹入经预热的空气,在高温下焦炭(喷吹煤粉、重油、天然气等辅助燃料)中的碳同鼓入空气中的氧燃烧生成的 CO 和 H_2,在炉内上升过程中除去铁矿石中的氧,从而还原得到铁。炼出的铁水从铁口放出。铁矿石中不还原的杂质和石灰石等熔剂结合生成炉渣,从渣口排出。产生的煤气从炉顶导出,经除尘后,作为热风炉、加热炉、焦炉、锅炉等的燃料。20世纪80年代以来,中国钢铁工业发展较快,高炉炼铁技术也有很大发展,主要表现在:1) 综合采用精料、上下部调剂、高压炉顶、高风温、富氧鼓风、喷吹辅助燃料(煤粉和重油等)等强化冶炼和节约能耗新技术。2) 综合利用含钒钛的铁矿石取得了突破性进展,含稀土的铁矿石的利用也取得了较大的进展。

1.1.2 炼钢

炼钢用的原料主要是铁水和废钢。以铁水为原料的炼钢过程多使用转炉,而以废钢为原料的炼钢过程使用的是电弧炉。炼钢的基本任务有脱碳并将碳含量调整到一定范围,去除杂质,主要包括:脱磷(冷脆)、脱硫(热脆)、脱氧、去除气体(氢、氮)和非金属夹杂物(氧化物、硫化物、磷化物、氮化物等),调整钢液成分和温度,将钢液浇注成质量好的钢锭或钢坯。其主要工艺环节有:

(1) 转炉炼钢。在转炉中,生铁转换成钢铁。熔化的生铁会被倒在一层铁屑上。碳和残渣等不需要的物质都会通过喷吹纯净的氧气燃烧掉,从而生产出粗钢。然后,残渣或者炉渣就会被除去,粗钢(之所以称为粗钢,是因为它还必须经过进一步的精炼)被倒入钢包或其他精炼设备内进行精炼。常用的转炉炼钢方法有:

1) 氧气顶吹转炉炼钢法(LD 法)。这是用纯氧从转炉顶部吹炼铁水成钢的转炉炼钢方法,在美国通常称 BOF 法,也称 BOP 法。炉子是一个直立的坩埚状容器,用直立的水冷却氧枪从顶部插入炉内供氧。炉身可倾动。炉料通常为铁水、废钢和造渣材料,也可加入少量冷生铁和铁矿石。通过氧枪从熔池上面向下吹入高压的纯氧(含 O_2 99.5%以上),氧化去除铁水中的硅、锰、碳和磷等元素,并通过造渣进行脱磷和脱硫。各种元素氧化所产生的热量,加热了熔池的液态金属,使钢水达到设定的化学成分和温度。它主要用于冶炼非合金钢和低合金钢,但通过精炼手段,也可用于冶炼不锈钢等合金钢。

2) 氧气底吹转炉炼钢法。这是通过转炉底部的氧气喷嘴把氧气吹入炉内熔池,使铁水冶炼成钢的转炉炼钢方法。其特点是:炉子的高度与直径比较小;炉底较平并能快速拆卸和更换;用风嘴、分配器系统和炉身上的供氧系统代替氧气顶吹转炉的氧枪系统。由于吹炼平稳、喷溅少、烟尘量少、渣中氧化铁含量低,氧气底吹转炉的金属收得率比氧气顶吹转炉的高 1% ~2%;采用粉状造渣料,由于颗粒细、比表面大,增大了反应界面,所以成渣快,有利于脱硫和脱磷。此法特别适用于吹炼中磷生铁,因此在西欧用得最广。

3) 顶底复合吹转炉炼钢法。这是在顶吹和底吹氧气转炉炼钢法的基础上,综合两者的优点并克服两者的缺点而发展起来的新炼钢方法,即在原有顶吹转炉底部吹入不同气体,以改善熔池搅拌。目前,世界上大多数国家用这种炼钢法,并发展了多种类型的复吹转炉炼钢技术,常见的如英国钢铁公司开发的以空气 + 氮气或氩气作底吹气体、以氮气作冷却气体的熔池搅拌复吹转炉炼钢法 BSC - BAP 法,德国克勒克纳 - 马克斯冶金厂开发的用天然保护底枪、从底部向熔池分别喷入煤和氧的 KMS 法,日本川崎钢铁公司开发的将占总氧量30%的氧气混合石灰粉一起从炉底吹入熔池的 K - BOP 法以及新日本钢铁公司开发的将占总氧量 10% ~20%的氧气从底部吹入,并用丙烷或天然气冷却炉底喷嘴的 LD - OB 法等。

(2) 电弧炉炼钢。这是利用电弧热效应熔炼金属和其他物料的一种炼钢方法。三相交流电弧炉是炼钢用最常见的直接加热电弧炉。炼钢过程中,由于炉内无可燃气体,可根据工艺要求,形成氧化性或还原性气氛和条件,故此法可以用于冶炼优质非合金钢和合金钢。按电弧炉每吨炉容量的大小,可将电弧炉分为普通功率电弧炉、高功率电弧炉和超高功率电弧炉。电弧炉炼钢向高功率、超高功率发展的目的是为了缩短冶炼时间、降低电耗、提高生产率、降低成本。随着高功率和超高功率电弧炉的出现,电弧炉已成为熔化器,一切精炼工艺都在精炼装置内进行。近十年来直流电弧炉由于电极消耗低、电压波动小和噪声小而得到迅速发展,可用于冶炼优质钢和铁合金。加入电弧炉炉中的可以是经过选择的但未经处理的废铁(比如旧的机器零件),或者可以是含铁量至少为92%(质量分数)的经过筛选的、破碎的、达到标准的废铁。废铁在电弧熔炉中被熔化。这就生产出了钢水,然后进行与生铁同样的精炼和分级。废铁包括报废的钢制包装材料、建筑材料、机器和车辆零件或者从炼钢过程或由钢铁加工装置产生的废生铁和钢铁。针对每种不同钢种,原材料都必须经过仔细的选择。这种选择取决于任何废铁中金属或矿石都可能含有的"杂质"的类型。电弧熔炉磁性"废钢桶"将原料送入熔炉中。冶炼过程由强大的电弧驱动,这些电弧在电极和熔炉中的原料之间"跳动"。残渣或炉渣会从熔炉中回收。最终的产品是钢水,现在正被送入钢包炉和分级设备。随着电弧炉设备的改进以及冶炼技术的提高、电力工业的发展,电弧炉炼钢的成本不断下降,现在电弧炉炼钢不但用于生产合金钢,而且大量用来生产普通碳素钢,其产量在主要工业国家钢总产量中的比重不断上升。

(3) 炉外精炼。这是将炼钢炉(转炉、电炉等)中初炼过的钢液移到另一个容器中进行精炼的炼钢过程,也叫二次冶金。炼钢过程因此分为初炼和精炼两步进行。初炼:炉料在氧化性气氛的炉内进行熔化、脱磷、脱碳和主合金化。精炼:将初炼的钢液在真空、惰性气体或还原性气氛的容器中进行脱气、脱氧、脱硫,去除夹杂物和进行成分微调等。将炼钢分两步进行的好处是:可提高钢的质量,缩短冶炼时间,简化工艺过程并降低生产成本。炉外精炼的种类很多,大致可分为常压下炉外精炼和真空下炉外精炼两类。按处理方式的不同,炉外精炼又可分为钢包处理型炉外精炼及钢包精炼型炉外精炼等。

(4) 浇铸。目前在国内外广泛采用的是连续浇铸。连续浇铸和普通铸造法比较有下述优点:

1) 由于金属被迅速冷却,结晶致密,组织均匀,力学性能较好;

2) 连续浇铸时,铸件上没有浇注系统的冒口,故连续铸锭在轧制时不用切头去尾,节约了金属,提高了收得率;

3) 简化了工序,免除造型及其他工序,因而减轻了劳动强度,所需生产面积也大为减少;

4) 连续浇铸生产易于实现机械化和自动化,铸锭时还能实现连铸连轧,大大提高了生产效率。

以宝钢为例,其钢铁冶金工艺流程如图1-1所示。

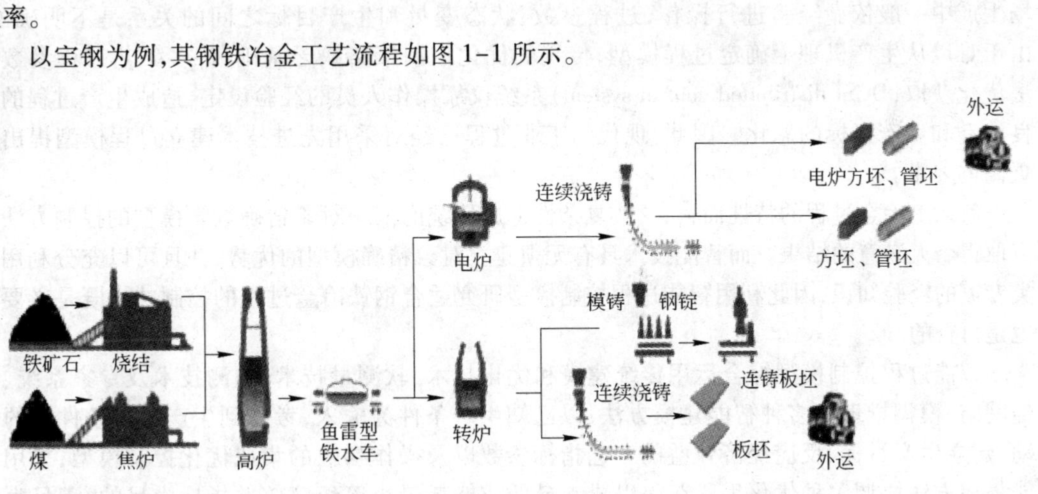

图1-1　宝钢工艺流程图

1.2　冶金过程的特点与控制方法

1.2.1　冶金过程的特点

钢铁工业属于混合型流程工业,兼有连续型和离散型工业流程的特点,其生产过程既包括物理过程也包含化学过程，具有结构复杂性、参数不确定性等一系列特征，具体体现在：

(1) 关系变量众多。冶炼过程生产规模大，工艺流程长，使得过程的影响因素繁多；随着检测仪表、集散控制系统的成熟和发展，工业过程可得信息量越来越多，从而为过程的模型化研究增加了难度。

(2) 过程复杂。复杂过程的反应机理复杂，常常伴随着物理化学反应、生化反应、相变反应及物质和能量的转化与传递过程固、液、气三相共存，而且存在不同程度的非线性和时滞等特性，难以建立精确的数学模型。

(3) 过程不确定性因素复杂。冶炼过程的生产环境和生产条件一般十分恶劣，如高温、高压、粉尘等，甚至是易燃易爆或存在有毒物质，导致生产过程中的一些工艺参数如温度、流量、成分等难以实时准确检测，并且在检测数据中往往有大量的噪声、干扰和误差；此外，环境的动态变化，如生产原料成分不稳定和生产边界条件剧烈波动等，以及一些过程重要的生产指标无法直接测量引起的过程信息未知性和不完全性等因素也造成了工业过程的不确定性。

(4) 过程关联耦合严重。复杂过程中含有许多相互耦合、交互作用严重的变量，一个操作变量的改变会同时引起多个被控变量的改变。

(5) 过程信息多样化。在实际复杂生产过程中，一方面由于自动控制系统的广泛应用，大量的实际生产数据得以保存；另一方面工程技术人员长期与生产过程接触获得了许多生产过程的经验性知识，因此在复杂过程中包含有大量的定量、半定量和定性等多种模式的信息。

1.2.2 冶金过程的控制方法

现代钢铁冶金工业生产的大型化和复杂化，对过程控制水平提出了越来越高的要求。传统的优化控制技术依赖于建立过程的精确数学模型，但是这对于实际生产过程来说往往难度很大，特别是生产过程控制参数与生产目标之间的关系受到种种不可预测因素的制约，在现场生产中一般依靠经验进行操作，过程参数、状态变量和生产目标之间的关系是不明确的。由于难以从生产机理上确定过程模型，传统的优化控制策略缺乏基础，许多工艺过程参数无法优化获取，DCS(distributed control system)系统仅靠操作人员的经验设定，造成生产过程的不良波动和生产指标的恶化。因此，现代的工业过程已经对采用先进技术建立过程模型提出了更高的要求。

就以上冶金过程的特性而言，这些复杂性造成传统的依赖对象精确数学模型的控制方法难以取得令人满意的结果。而智能技术具有无须建立对象精确模型的优势，并且可以充分利用人类专家的经验知识，因此利用智能过程控制模型研究适合钢铁冶金过程的控制技术既是必要的也是可行的。

智能过程控制模型综合运用传统建模和优化技术、软测量技术、预测技术及专家系统、神经网络、模糊推理等多种智能建模方法；以已知生产条件为输入，考虑到生产边界条件等的波动，建立生产目标、反应经济效益的工艺指标参数以及操作参数的集成优化控制模型；采用智能集成方法协调多种优化手段获得以成本最低或能耗最小等经济效益指标为目的、满足生产目标要求和生产约束条件的最优操作参数值；将最优操作参数值作为设定值送控制器，实现整个生产过程的在线闭环优化控制。整个过程控制系统的框图如图 1-2 所示，主要包括以下几方面的内容：

(1) 通过过程机理分析，确定工业生产过程中直接影响生产目标(如产量、质量等)并与经济效益指标(如原料消耗量、能源消耗量等)直接相关的工艺指标参数(如机速、产品组分、透气性、焦比等)，并确定生产过程中影响这些工艺指标参数的操作参数。

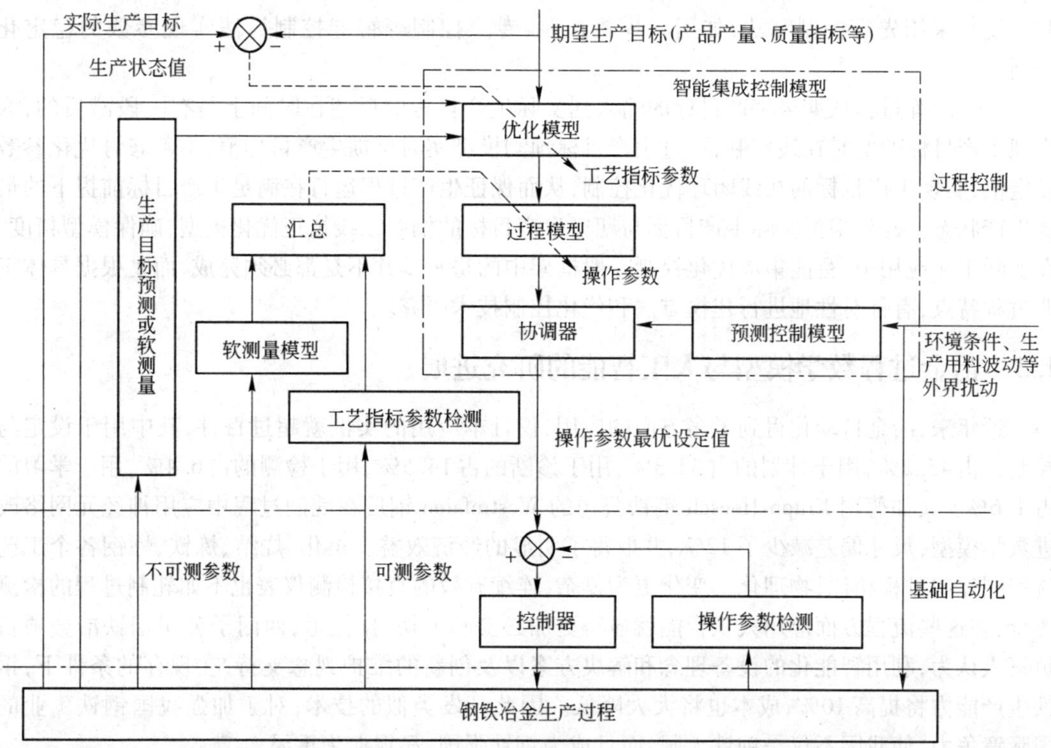

图 1-2　冶金过程控制系统框图

(2) 根据工艺知识、操作工人经验和生产过程数据，结合多种建模技术，建立以成本最低或者能耗最小或者产量最高等经济效益指标为目标的、满足生产要求的优化模型；建立反应生产边界条件、操作参数和工艺指标参数之间关系的过程模型；考虑到环境条件、生产用料变化、生产边界条件等外界扰动可能引起生产不稳定，生产无法控制，建立预测控制模型，采用前馈补偿予以克服；这些生产边界条件、操作参数和生产目标中的部分参数可能是不可测或者不易测的，对此应用机理建模、系统辨识等传统建模方法，神经网络、专家系统、模糊逻辑等智能建模方法及其集成方法建立软测量模型，实现这些参数的在线检测。

(3) 由优化模型、过程模型和预测模型组成反应生产目标、工艺指标参数以及操作参数之间关系的集成优化控制模型。由于过程异常复杂，所建立的智能集成优化控制模型已不是传统意义上的优化模型，经典的优化方法不再适用，只有针对所建优化模型的特点采用不同的优化方法并进行有效的集成才能得到满意的结果。在过程模型中，主要考虑可控操作参数与工艺指标参数的关系，而对于那些不可控(或不易控制)操作参数对生产目标的影响，可通过补偿的方法加到可控操作参数上，专家推理可用来对最优值和补偿值进行协调。因此，一个智能控制系统往往由多个模型有机结合而成。

(4) 采用专家系统集成多种模型，对优化和前馈控制获得的操作参数进行协调，并针对操作参数变量多于控制目标变量的特点，利用统计学中的主元分析法或其他技术，确定影响生产目标的主要操作参数和次要操作参数及其相互间的关系，获得直接控制器操作参数的优化设定值。

(5) 优化获得的操作参数通过控制器进行稳定化控制。对于简单参数的直接控制，最常用的办法是采用经典 PID 控制器，而对于一些复杂对象的直接控制，可通过分散控制技术(集散控制系统)，采用先进控制算法，如引入模糊控制、专家控制等智能控制算法实现参数的稳定化控制。

(6) 冶炼过程从期望生产目标的输入到实际生产目标的反馈在时间上是有一段滞后的，为实现生产目标的实时在线控制，通过生产目标预测模型实时反馈生产目标值，不断修订优化参数设定值，实现生产目标的在线闭环优化控制，从而保证生产过程运行在满足生产目标前提下的最优生产状态。此外根据实际生产目标与期望生产目标的偏差在线校正优化模型，确保模型精度。在实际工业应用中，智能集成优化控制一般框架中的每一步并不是都必须完成，而是根据具体工业过程特点，有针对性地进行建模方法和优化控制技术研究。

1.3 冶金过程数学模型与人工智能的研究进展

近年来，冶金自动化得到了多方面的应用，仅日本应用的实例就超过百件，其中用于设定与控制的占45.2%，用于计划的占32.3%，用于诊断的占14.5%，用于检测的占6.4%，用于学习的占1.6%。又如德国 Krupp-Hoesch 钢铁公司的 Westinfaien 钢厂在轧制过程中应用神经元网络改进数学模型，尺寸偏差减少了12%，并取得了明显的经济效益。焦化、烧结、炼铁、炼钢各个工艺流程同轧制过程相比，物理化学变化更为复杂，连续有效的直接检测仪表也不如轧制过程的检测齐全，在这些流程方面应用人工智能就显得更加必要和迫切，据报道，西门子公司钢铁冶金项目负责人认为，利用智能化的设备理念和解决方案以及创新的维护观念支持，在现存的条件下，钢铁生产能力将提高10%，成本也将大大降低。因此开发类似的技术，对于加强我国钢铁工业的国际竞争力，使我国不仅是钢铁大国，而且成为钢铁强国，显得尤为重要。

日本、英国、奥地利、芬兰、瑞典、澳大利亚、韩国、美国、加拿大等先进的工业化国家迄今为止已开发了钢铁工业人工智能应用的各种系统，其中针对高炉炼铁的智能控制在高炉炉况诊断、热金属的硅含量预报、高炉操作优化指导专家系统等方面均取得成功，还有在国际上已经采用的或广泛采用的具有实用性的炼铁过程人工智能控制技术，如高炉贮矿槽的堆积状况将影响下一道工序，过去只有原料在库管理和定时装入，新的智能控制方法包括超静态装入方式和超动态装入方式。超静态装入方式主要针对烧结矿，采用连续慢行装入方式，当卸料车到料槽时，慢行卸料，从而大大减少停车定点卸料的偏析和放料时粗粒集中而影响下一作业；超动态装入方式主要是针对块矿，过去是矿槽到最低料位才装入，由于落差大而粉化率加大，本方式可以控制料位差，使之保持最佳料位而抑制粉化率。

关于矿层混矿均匀控制，国外早就运用了新的控制理论，如采样数字 PID 控制、STC(自校正控制)和自学习控制，采用智能控制将会取得更好的效果。国内宝钢烧结分厂自行开发并成功运用的智能模型，其原理也可以应用到高炉配料过程的矿焦切出、排出控制。

在炉顶装料时，采用智能算法提高 FCG 的控制水平对于改善炉内料的分布和冶炼也是非常重要的。通过对 FCG 流量特性的测定与补正、对前次控制误差进行反馈和前馈补正并按炉料是矿石、焦炭、干料、湿料的区别或按粒度施以不同的控制，可以消除装入开始点和结束点不一致而导致圆周方向装料的不均匀。

对高炉煤粉喷吹系统各个环节工作特性以及煤粉喷吹量各种调节方式的分析，对喷煤量调节的新途径进行了探讨，国内外研究表明采用智能技术来实现喷煤量自动控制以达到更好的水平是可行的。

在炼钢方面，日本新日铁和日本钢管均开发了转炉吹炼控制专家系统，川崎制铁开发了熔剂冷却剂转入控制专家系统。日本钢管福山厂转炉在原有静态、动态和排气模型的基础上，根据操作人员的经验，找出了渣化喷溅模式用以确定吹炼控制模式。专家系统根据铁水温度、成分等静吹炼初始数据，评价渣化情况和喷溅可能，指导操作人员修改氧枪上吹模式；根据吹炼中传感器数据和排气模型计算结果，评价动态渣化情况和喷溅可能，确定氧枪吹氧量、副枪原料投入量、矿石投入速度和炉罩高度等，根据吹炼中副枪测定的数据和动态模型计算结果，判定有无必要在止吹前调整吹炼，止吹后用副枪测定，判定终点出钢。系统在实际应用中，提高了吹炼水平，降低了吹溅发生率，即使含硅量处于峰值时，也能抑制吹溅发生，吹炼时间缩短，钢水含磷量稳定。

近年来，国外电弧炉采用了超高功率废钢预热等新的工艺技术，以强化冶炼、节能降耗和提高钢的质量。电弧炉目前普遍采用计算机控制并配以智能控制模型，如在线检测各种工艺参数实现对冶炼过程的连续监视和合理操作、根据炉子的热平衡和能量平衡实现最佳功率输入、优化装料计算实现各种炉料的最经济配比等。在此基础上，日本的大同特钢采用计算机系统实现了两座70 t电弧炉交互出钢联合操作，使两座炉子合理匹配且控制到最佳操作条件，生产率提高了70%左右。精炼炉有许多种工艺，如LF/LHF、RH、RH-KTB/RPB等，但无论哪一种具体工艺，对于自动控制尤其是过程计算机控制有很多共同之处，如过程级计算机上配的钢水成分调整模型和温度、碳、氧浓度控制模型。钢水成分调整模型可用线性规划求解，而温度、碳、氧浓度控制模型由于三个变量互相关联，传统上通过联立方程求解得到最佳控制策略。随着控制理论和技术的发展，新的算法不断提出并得到应用，如协调控制算法彻底解决了多变量的耦合问题，将相互关联的子系统化解为独立的能控子系统，并可进一步从连续系统推广到采样——数字系统和信息不完全的灰色系统，如果能在温度、碳、氧浓度控制中采用，有望获得更好的效果。

连铸具有能提高金属收得率、钢材质量、劳动生产率和降低能耗、成本等显著优点，我国近几年已将连铸比大幅度提高，连铸技术之所以发展如此迅速，也得益于自动化技术、计算机技术与工艺的配合发展，目前连铸正在向多炉连浇、热送等方向发展。

结晶器液位控制是连铸过程中重要控制环节之一。法国SERT公司用模糊控制器与PID并联控制板坯连铸结晶器液位，稳态时用PID调节，当浸入水口沉积物突然去除时PID调节需要10 min才能恢复常态，此时应用模糊控制可减少恢复时间80%，液位升高减少4%。日本新日铁八幡厂用人工神经网络进行结晶器拉漏预报，提前3～14 s预报拉漏，实现了100%预报命中率。日本川崎制铁用神经网络进行连铸坯喷印文字质量判定，用摄像头接受喷印信息，经过抽取字符和预处理后，作为神经网络输入，其输出用于评价文字喷印质量。

奥钢联公司开发了Mold EXPERT结晶器专家系统，将其广泛运用在世界各地150多台连铸机；奥钢联用于连铸质量判断的软件系统VAI-Q包括物理模型和来自生产设备的经验模型，VAI-Q能确定必要的工艺设定值，跟踪与质量相关的工艺参数，预测连铸坯的质量，并自动决定随后的铸坯处理。该系统通过应用特殊的冶金评估系统VAI-Q Discovery，生产工艺诀窍知识库可以得到不断补充，其知识库是连续改善质量预测精度的基础。VAI-Q也有助于提高操作人员的质量意识，系统还具有质量报警和质量反馈功能，并已在世界各地60多个样板厂运行。

国内的研究从20世纪90年代以来发展也很快，一些高校和科研院所开始针对钢铁冶金各流程展开自主开发，各种数学模型和人工智能系统陆续得到现场应用。随着冶金过程智能控制技术不断发展成熟，利用现代信息技术，特别是智能控制技术对钢铁工业工况复杂的设备和工艺过程进行改造是一个节能降耗显著、产品产量质量提高、投资省见效快的信息化带动工业化的有效途径。

当然，对于智能控制的项目，一定要结合硬件装置来开发，软件要实用化、产品化。冶金工厂在基本建设时投入较大,结合建设项目上一些高水平的智能控制时机比较恰当,但是基建项目竣工时往往为了抢进度,同时智能控制需要一定的数据积累,因而常常造成在投产时只考核基础自动化功能,等到经过一定的生产时间之后,一些数据采集的传感器会失灵,一线生产也就对此失去兴趣,不能将智能控制的作用充分发挥出来。因此,采用智能控制技术,首先是起点要高,研究开发要与工程应用相结合,对于智能控制装置或项目,实用、工程化、产品化是关键,必须注意到成功的智能控制需要现场的配合,而且必须建立在完好的自动化设备基础之上。

总之,钢铁生产过程智能控制,无论是高炉工艺过程若干环节的智能控制、高炉冶炼的各种智能模型、转炉炼钢的各种智能模型、电炉炼钢的各种智能模型、连铸的结晶器液位控制模型、二次冷却水模型,还是轧钢用各种智能模型、涂镀层过程的智能化控制,以及设备的智能诊断和预防性维修等,广泛采用人工智能技术对于提高产品质量,持续、稳定地开展生产,增强企业竞争力均具有至关重要的意义。

2　冶金过程检测和自动控制基础

2.1　冶金过程信息检测

2.1.1　冶金过程自动化体系结构

1989 年美国普渡大学 Williams 教授提出 Purdue 模型，将流程工业自动化系统自下而上分为过程控制、过程优化、生产调度、企业管理和经营决策等五个层次；国际标准化组织 ISO 在其技术报告中将冶金企业自动化系统分为 L0 ~ L5 级结构，如图 2-1 所示，其中 L1 ~ L5 级为冶金企业信息化建设的主要内容。

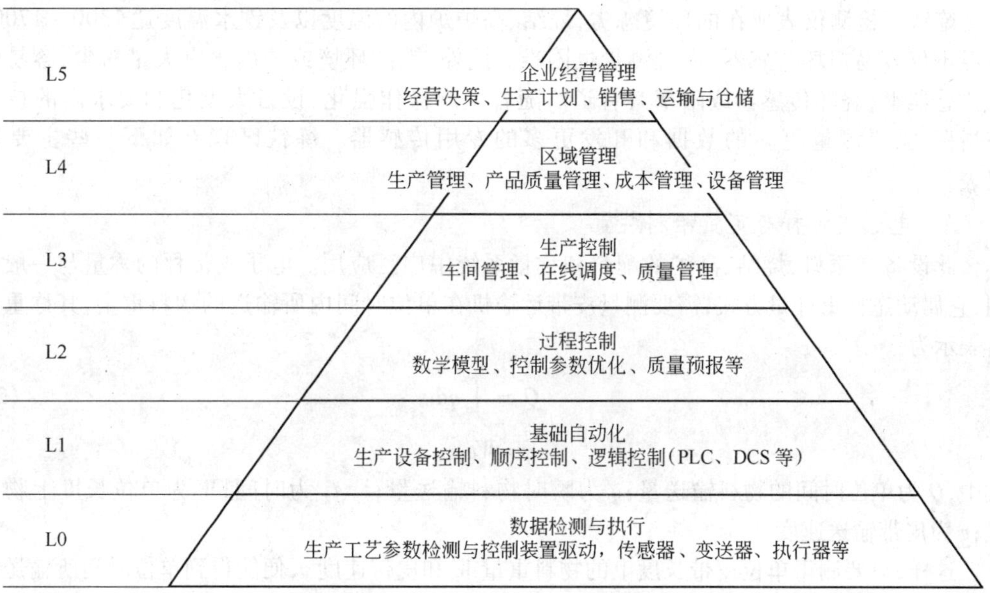

图 2-1　冶金自动化体系结构及分级

图 2-1 中，L1 ~ L3 级面向生产过程控制，强调的是信息的时效性和准确性；L4 ~ L5 级面向业务管理，强调的是信息的关联性和可管理性。

企业经营管理级 L5 主要完成销售、研究和开发管理等，负责制定企业的长远发展规划、技术改造规划和年度综合计划等。

区域管理级 L4 负责实施企业的职能、计划和调度生产，主要功能有生产管理、物料管理、设备管理、质量管理、成本消耗和维修管理等，其主要任务是按部门落实综合计划的内容，并负责日常的管理业务。

生产控制级 L3 负责协调工序或车间的生产，合理分配资源，执行并负责完成企业管理级下达的生产任务，针对实际生产中出现的问题进行生产计划调度，并进行产品质量管理和控制。

过程控制级 L2 主要负责控制和协调生产设备能力，实现对生产的直接控制，针对生产控制级下达的生产目标,通过数学模型、人工智能控制系统等优化生产过程工艺参数、预测产品质量等,从而实现高效率、低成本的冶炼过程。过程控制的原理、方法、设计及其应用就是本书介绍的主要内容。

基础自动化级 L1 主要实现对设备的顺序控制、逻辑控制及简单的数学模型计算,并按照过程控制级的控制命令对设备进行相关参数的闭环控制。

数据检测与执行级 L0 主要负责检测设备运行过程中的工艺参数,并根据基础自动化级指令对设备进行操作。执行级根据执行器工作能源的不同可分为电动执行机构、液压执行机构和气动执行机构,如交直流电动机、液压缸、气缸等。

2.1.2　冶金过程检测

冶金过程工艺参数检测是建立数学模型、开发智能控制系统的前提,特别是一些重要的在线参数,其准确与否直接决定着控制模型的效果。

2.1.2.1　炼铁参数检测仪表

炼铁区检测仪表所在的环境恶劣,烧结、高炉炉内的温度以及铁水温度达 1300～1700℃,高温不仅容易损坏传感器,而且测量也困难。此外,铁区环境或炉内含有大量粉尘,容易附着在传感器上,烧坏传感器或阻塞其管道。随着生产操作强化、设备大型化和要求高的技术经济指标,需要测量更多的数据和开发更多的专用传感器。炼铁区现有如下一些主要检测仪表。

A　电子皮带秤与定量给料装置

此设备在原料、烧结、高炉的配料和称量系统中广泛应用。电子皮带秤的称量与一般秤不同,它属动态称重计量方式,需要测量皮带运输机在单位时间内所输送的物料重量,其称重原理可表示为:

$$Q = \int_{t_1}^{t_2} q \mathrm{d}t \tag{2-1}$$

$$q = Wv$$

式中,Q 为单位时间的物料输送量;q 为瞬时物料输送量;t_1、t_2 为时间;W 为单位长度上物料重量;v 为皮带输送速度。

这样,只要测得单位皮带长度上的物料重量 W 和皮带速度 v,便能得到单位时间所输送物料的重量。电子皮带秤由机械杠杆系统(称量机本体)和电子仪表两大部分组成,其称量装置设置在现场,而电子仪表装在称量仪表盘上。

定量给料装置也叫配料秤,是一个称量与控制一体化的装置,它可由计算机定值控制。

B　烧结混合料水分检测

水分的检测和控制是烧结操作中的一个难点,严格控制混合料水分的标准值和误差范围,可提高混合料透气性和抑制过湿带过宽。常用的检测方法有热干燥法、中子测定法、快速失重法、红外线测定法和电导法。其中热干燥法和快速失重法是间歇式测定法,而中子法、红外线和电导法可实现水分的快速在线连续测定。现场采用较多的是中子水分计和红外线水分仪。

目前有两种测量方式的中子水分计(见图 2-2):一种是插入式,其探头装在料槽内,所用射源强度较低(约为 3.7×10^9 Bq);另一种是表面式(或称反射器式),在料槽外壁安装,所用放射强度较高(约 1.85×10^{10} Bq)。射线源大多采用镭－铍($^{226}Ra - {}^{9}Be$)或镅－铍($^{241}Am - {}^{9}Be$)。

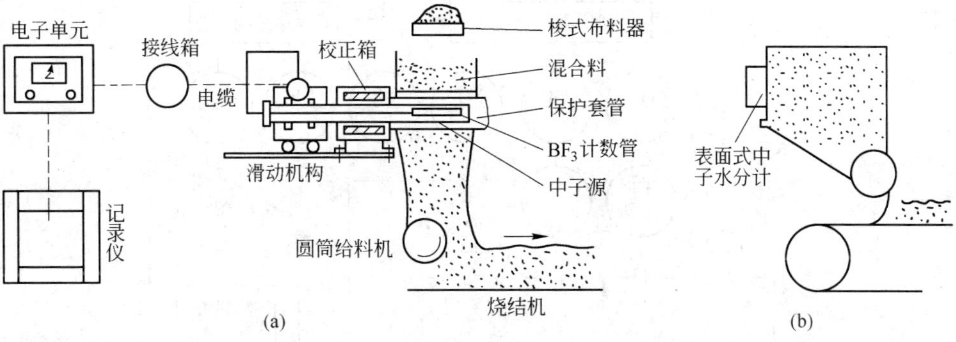

图 2-2 测量中子水分计图

(a) 插入式;(b) 表面式

红外线水分仪是基于红外线辐射经湿料反射后,其衰减程度与湿料含水量有关的原理制成的(见图 2-3)。由于反射率还取决于物料表面状态、颜色、化学成分和其他因素,为消除这些影响,现在还出现了一种测量更准确的红外三波长水分仪,系用一种能被水分吸收的波长作为检测光,用两个被水吸收比例很小的波长作为比较光;通过取测量光和比较光的反向能量比,使物料表面状态、颜色等对三种波长有同样影响,故其精度比两种波长的红外线水分仪准确。这种仪表测量范围为 0 ~40% ,测定距离为 7350 mm,测量面积为 60 mm^2,响应时间为 0.5 s。

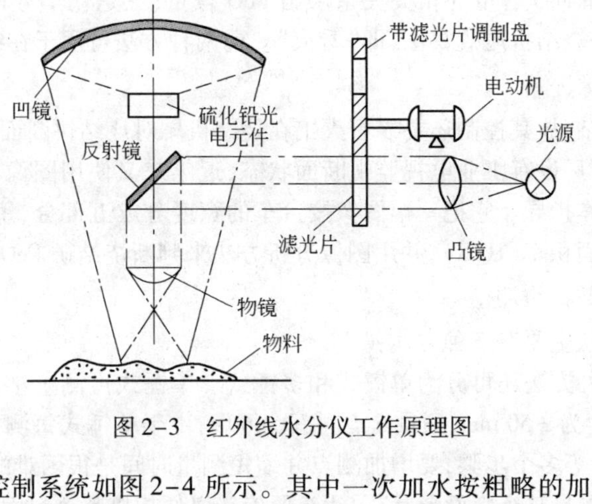

图 2-3 红外线水分仪工作原理图

混合料水分自动控制系统如图 2-4 所示。其中一次加水按粗略的加水百分比进行定值控制,二次加水是按前馈 - 反馈复合控制的。计算机根据二次混合机的实际混合料输送量和含水量与目标含水量比较,计算出加水量,作为二次加水流量设定值,这是前馈作用;然后由给料槽内的中子水分计测得的实际水分值,与给定值的偏差进行反馈校正,为了获得最佳透气率,它还把透气率偏差值串级控制混合料湿度纳入自动控制系统。

C 料位和料层厚度检测

一般在原料矿槽及废气系统漏灰斗中采用定点料位信号器已可满足要求,而对中间矿槽、烧结机给料槽、配料矿槽和返矿槽中的料位变化则需进行连续检测和控制。目前,电导式、跟踪式和超声波式等多种料位计已被应用,但最可靠和用得最多的是称重法,它多使用压磁元件,具有高超载能力,并能在恶劣环境(高温、潮湿、多尘)下工作。

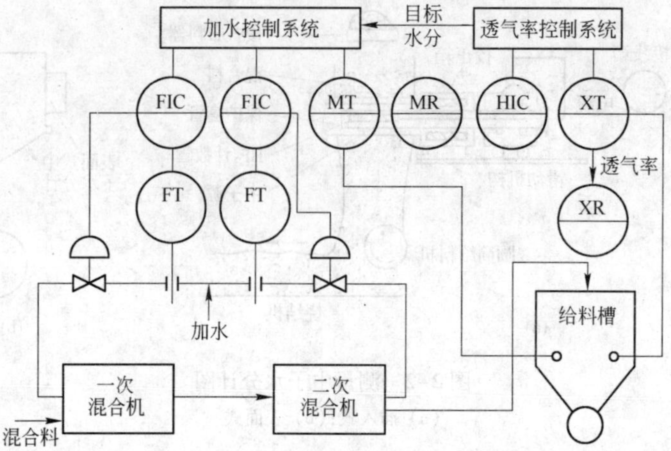

图 2-4　混合料水分自动控制系统图

台车料层厚度自动检测方式有两类：一类为接触式，另一类为非接触式（超声波法）。宝钢 495 m^2 烧结机使用了六个单点辊式料层厚度计来检测料层厚度。

D　烧结矿 FeO 含量检测

测量烧结矿 FeO 的含量主要有下列几种方法：一是测量烧结矿中铁磁物质的磁导率，然后利用磁导率和 FeO 含量的相关关系求出 FeO 含量；二是测量烧结过程废气温度和废气成分（O_2、CO_2），然后利用它们和 FeO 含量的相关关系求出 FeO 含量；三是化学分析方法（重铬酸钾法）；四是光谱分析法；五是烧结机尾观察法，即“看火”。前两种方法可用于在线实时测量。

E　烧结机尾图像分析

由于烧结过程复杂，故其控制还要靠看火工在烧结机尾对烧结饼断面的观察做出判断，并进行相应的操作，目前工厂设有工业电视监视断面状态，近年来又使用图像分析技术来定量化，并使用专家系统给出操作指导。它把一幅图像按台车的宽度分成五部分，每秒计算一次表示烧结料层各种红高温带的面积率（HZR），并用图像分析方法来判断烧结矿 FeO 含量等级。

F　高炉内料面形状检测

测量整个料面形状主要有三种方式：

（1）机械式。此种方法还可分为单锤式和多锤式。单锤式可测量半径上 6 个点的料位，测量范围为 0 ~ 5 m，精度为 ±50 mm，测量 6 点时间为 60 s，由于单锤式每测一点都要经过启动枪、步进、停枪、放锤、测量等多个步骤，要增加测点并缩短测量时间是很困难的，故采用多锤式。

（2）微波式。为测量整个料面形状，雷达头要旋转以便扫描整个料面。

（3）激光式。它是利用三角测量原理方向角可调的旋转光束扫描器向料面投射氩激光，在另一侧用摄像机测量料面发光处的光学像而得到各光点的二维坐标，再根据光线断面的水平方位角和摄像机的几何位置，进行坐标变换等处理，找出该点的三维坐标，并在彩色 CRT 上显示整个料面形状。仪表测量时间为 10 s，精度为 ±50 mm。

G　炉喉温度检测

一般沿炉喉料面上装设“十字测温装置”以测量径向各点温度，十字测温装置四个方向一般共测 17 点（小高炉）或 21、25 点（大中型高炉）。国内 20 世纪 90 年代的“十字测温装置”大都是冷水的，现在大都使用由耐热钢制成的无冷水的“十字测温装置”了。

炉顶十字测温装置能使高炉工长了解炉内煤气流分布的状况，但在生产实践中也发现一些弊端:安装在炉喉上的十字测温杆阻挡了下落的炉料,使料面上形成了十字形沟槽,影响高炉布料圆周方向的均匀性。此外,十字测温测量的是料面以上煤气流的温度,由于煤气流上升过程发生混合,与料面对应位置的温度有差别,且只能测量炉喉两条直径上的温度分布情况,设备庞大和维修费用较高。因此,近年来多使用红外摄像的热成像仪来测量炉顶料面温度分布。其原理是在炉顶通过硅镜接受热炉料表面发出的红外线,经水平和垂直扫描镜反射到电子冷却的镉-汞-碲元件上。由它检测出信号并作数据处理和显示结果,它将320~600℃之间的温度每隔40℃用不同颜色表示,并给出等温曲线图像。

国内也生产类似原理的高炉料面红外摄像仪,不仅能观察料面情况、中心煤气流与边缘煤气流分布、管道、塌料和偏料等炉内现象,而且可看到溜槽运动和布料过程,此外,在降低炉料的情况下,还可观察到炉体砖衬和冷却设备的工作状况以及结瘤、结厚等现象。

H 高炉炉顶煤气成分分析

高炉炉顶煤气成分通常为:H_2 1%~2%,CO 20%~30%,$CO_2$15%~20%,N_2 50%~60%。温度约为150~300℃,含尘量(标态)约为5~10 g/m^3。一般要分析煤气中CO_2、CO、H_2含量。

通常使用色谱仪同时分析上述的三种成分,若需快速时,可用红外线分析仪连续分析CO_2和CO含量,并用热导式仪表分析H_2含量,最近还用质谱仪来分析煤气成分,其精度要高些。煤气成分分析关键是防堵塞,故取样装置最重要,由于在炉顶粉尘太大,故多在除尘器后取样,它使用双取压口以提高可靠性和便于吹扫(在每个采样周期内都用氮气反吹),使用多级过滤器以保证除尘,而电子冷却器则使试样冷却到规定温度。

I 风口回旋区状况监测

在风口窥视孔前设置工业电视机或亮度计来测量风口回旋区状况,并可在中控室远程控制,使该装置沿轨道移动以选择任意风口进行检测,经数据处理,分析吹入燃料量和黑色区面积关系以得出评价喷吹燃烧好坏和风口前焦粒直径分布以及焦炭状态等信息。

J 软熔带高度检测

高炉软熔带的位置和形状是了解炉况的重要参数,目前用数学模型推断,国外使用时域反射(TDR)原理来直接测量软熔带高度,在电缆一端加上一个电脉冲,传输到插入炉内的另一端就反射,由于端部接触阻抗不同,反射波形也不同,分析波形和反射时间就可得出电缆长度即软熔带高度。软熔带检测仪是从炉顶插入电缆,其端部下降到软熔带而被烧损,有计算机读出反射波求其高度,这种方法测定精度约为±30 mm。

K 铁水含硅量的检测

测量铁水中含硅量有三种方法,即热电动势法、电化学法和微粒子生成法。

热电动势法的原理是:异种导体组成热电偶的两端温度t、t_0,其中t_0为一定,而且热电偶的一极A成分固定时,则热电动势只与热电偶B的材料成分有关。由此可组成两种铁水含硅量方法。一种方法是取铁水,制成试样,把试样夹在一对电极中,两极之间给以一定的温度,这样两电极测得的电动势将与含硅量成函数关系。仪表测定精度$\sigma = 0.02\%$,测定时间为50 s。这种仪表需要取样、冷却、制样等并且相当麻烦。另一种方法无需制样,它设有耐火材料的样杯,其上下各装一个热电偶,倒入铁水后,由于样杯上下大小不同,铁样上下冷却也不同,而形成温差,通过运算即可得出含硅量。

电化学法用高温固体电解质组成浓差电池的方法进行定硅。电化学法定氧测量头在国内大型钢铁企业中也在使用,但都是进口产品。

微粒子生成法用以连续测量铁水中含硅量，在铁沟中设置微粒子测量头的升降架，测量时把微粒子测量头（直径 110 mm、长 600 mm 的炭素圆棒，外加上厚 20 mm 的 Al_2O_3 耐火管内有直径为 8 mm 的氩气供给管及沸腾管）插入铁水中，吹入氩气，使铁水生成微粒子蒸发，由氩气流经过输送导管入小型旋风集尘器，除去大型微粒子后，经 ϕ4 mm × 40 m 长的钢管传送到分析室内的发光分析装置进行分析，约 80 s 即可得出含硅量，这种分析方法与过去的样勺取样火花发光分光分析法相比较，其相关系数 $\gamma = 0.967$。

L　高炉炉衬、炉底耐火材料烧损检测

材料烧损检测常用的方法有热电偶法、炉壳过热点法、红外摄像法、电位脉冲法（TDR）、RI 埋入法、热流计法、冷却水热负荷法、超声波法、电阻法和 FMT 法。最初采用 RI（同位素）法和热电偶法，但由于埋入传感器数量有限，故难以检出局部侵蚀。为此利用红外摄像机或热场传感器测出整个炉体中各异常部位，并绘成温度曲线，根据测出数值进行热传导运算，求出该处侵蚀情况。我国宝钢、首钢等高炉装设多层热电偶监视炉缸温度，并用炉缸侵蚀数学模型来推断侵蚀情况。

2.1.2.2　炼钢参数检测仪表

A　钢（铁）水等重量检测

a　称量测量传感器

钢水重量检测常用的传感器是应变式压头，在它的弹性体贴有四个应变片，弹性体受力后，产生变形，电阻丝也变形而产生电阻变化，并由该四个应变片所组成的电桥电路转换成电量输出。桥路输出电压与弹性体受力成正比，以此测出重量。弹性体密封在外壳内，并充惰性气体，可不受外界影响。整个称重系统包括几个压头、称量变送器和显示仪表等，几个压头的桥路输出可以串联或并联。

b　钢（铁）水等重量称量

转炉生产中装入铁水、废钢等称量以及连铸生产中钢包称量可在平台或起重机上进行。在起重机上称量钢包有两种方式：

（1）使用直显示电子吊钩秤方式。称量钢水时需加防热罩，这种秤挂在起重机的吊钩上即可使用，但电子吊钩秤要占高度而使吊钩行程减少。电子吊钩秤除本身带数字显示外还可把重量信息无线传输到地面控制室，吊钩秤内有可充电电池以供其本身用电，电池 8 h 充电一次。吊钩秤内装有微型计算机，用以处理数据，并能避免摆动时的不正确显示。

（2）在起重机安装压头方式。它又有以下方法：

1）龙门架上装设称重传感器方式。这种方式改造较少，但压头的输出信号要经过电缆传送到起重机控制室内的二次仪表，电缆易损坏；

2）行走小车上装设称重传感器方式。这种方法改造较多。

在连铸过程中，铁水包在回转台上称量时利用安装在回转台上的四个测压头对钢水进行称量，用数字显示器示出“总重量”和“实际钢水重量”，它附有数字设定器，用以设定空包零位。在测压头上装有金属橡皮或蝶形弹簧以减小起重机操作并把钢包放在钢包回转台上所引起的冲击力，对于金属橡皮或蝶形弹簧的选择要进行计算，以使起重机操作引起的冲击力由蝶形弹簧吸收，使测压头所受的力在安全范围内。由于回转台是旋转的，测压头的输出要经集电环（也有用无线发送的），故注意选择四个测压头的连接方式，以使引出线数量最少，此外，由于回转台温度高，要注意防热或设置冷却装置。

在连铸过程中，中间包钢水称量除了测量钢水重量外，还可将重量转化成液位以作为中间包液位的控制参数。其测压头同样(转炉和铁水预处理的平台秤也是这种方式)仍应设置减冲击装置,并应装设热屏蔽装置和冷却装置。此外,还须装设挡板以阻挡漏钢或漏渣溅到测压头上。要注意冷却测压头的冷却介质在长时间停浇或检修时要关闭,以免温度过低达到露点而在测压头上有冷凝水。测压头的冷却近来使用 Vortex 管,它是利用流体原理,当压缩空气通过一个专门设计的漩涡管,流体分成两股,一股是热空气,另一股是低温空气,利用后者来冷却测压头,它比过去用水冷要更加方便和安全。

B　钢(铁)水成分检测

a　钢水定碳传感器与检测仪表

钢水定碳测量头的原理是凝固定碳法,即从炉中取出钢水,倒入定碳测量头底座的样杯中,用热电偶测得电动势,从开始的某一点上升到最高点,然后随着钢水温度的降低,就开始下降。当钢水开始凝固时,由于放出结晶热,热电偶电动势即在一段时间内保持不变,即出现“平台”,过“平台”后,温度即迅速下降,这平台位置(即温度)与钢水中含碳量成函数关系,准确找出这段“平台”即可求得钢水中含碳量。与钢水定碳测量头配套的还有专门的钢水定碳测量仪,它和钢(铁)水温度测量仪类似,也是数字的和内含微型计算机的以及配置挂在炉台的大型显示器。

b　电化学法钢水定氧传感器

电化学法大都采用浓差电池方式。作为制造氧浓差电池的高温固体电解质,具有高温下传递氧离子的晶型结构,它将管状固体电解质置于有不同的氧分压 $p_{O_2}(\text{Ⅰ})$ 和 $p_{O_2}(\text{Ⅱ})$ 两种介质环境中,在高温时,带电的氧离子便从氧分压高的一侧通过固体电解质晶格点阵中的氧空穴向氧分压低的一侧迁移,随着固体电解质两侧表面不断产生的电荷积累,最后达到动平衡而产生一定的电动势。该电动势可用奈斯特(Nernst)公式表示:

$$E = \frac{RT\{\ln[p_{O_2}(\text{Ⅰ})/p_{O_2}(\text{Ⅱ})]\}}{4F} \tag{2-2}$$

式中,E 为氧浓差电动势,V;F 为法拉第常数,96500C/mol;R 为理想气体常数,8.314 J/(mol·K);T 为绝对温度,K;$p_{O_2}(\text{Ⅰ})$、$p_{O_2}(\text{Ⅱ})$ 为两侧介质的氧分压。测定钢水氧活度的氧浓差电池就是根据这一原理而制成的。

根据式(2-2)可以得出钢水中溶解氧量或氧活度为:

用氧化铬($Cr + Cr_2O_3$)作参比极时(用于低氧测量)

$$\lg[a_O] = 4.62 - (13580 - 10.08E)/T \tag{2-3}$$

用氧化钼($Mo + MoO_2$)作参比极时(用于高氧测量)

$$\lg[a_O] = 3.885 - (7725 - 10.08E)/T \tag{2-4}$$

与钢水定氧测量头配套的还有专门的钢水定氧测量仪,和钢(铁)水温度测量仪类似,也是数字的和内含微机的以及配置挂在炉台的大型显示器。按照上述的定氧公式,它是温度的函数,故氧浓差电池的定氧测量头带有微型热电偶,因而其二次测量数字仪表通常都是温度与定氧两参数的,其大型显示器也显示温度和氧量。测量枪把定氧测量头插入钢水后,也出现一个“平台”,测量起始时间(t_1),即当测量头插入钢水后,要有一段达到平衡的时间,国产测量头约为 2~3 s,到(t_2)测量结束时间一般为 5~10 s。所有自动找平台及判断何时开始记录和显示以及保持数据和发出“测量”结束信号均由数字式钢水定氧测量仪自动进行。仪表的主要技术规范如下:

(1) 测量范围。测温:1000~1800℃;测氧:(1~9999)$\times 10^{-4}$%(体积分数)。

(2) 测量误差。测温:±3℃;测氧:±2 mV(折算到输入端)。

c 钢水中氢含量在线检测

钢水中氢含量在线检测的原理是测量该气体的分压而得出氢含量，根据 Stevert 定律：

$$w[H]=(K_H/f_H)\times\sqrt{p_H} \tag{2-5}$$

式中，$w[H]$为钢水中氢的质量分数，$\times10^{-4}\%$；K_H 为在已知温度下的平衡系数；f_H 为活度系数；p_H 为钢水中氢的分压力；$\lg(K_H/f_H)=-1905/T-1.591$，其中 T 为钢水中的绝对温度。

测量头由多孔陶瓷罩组成，当测量头浸入钢水中时，向钢水吹入氮气，并由多孔陶瓷罩收集，溶解在钢水中的氢不断扩散进入载气氮并在钢液与气相之间的氢分压开始建立平衡，通过热导检测器进行测定时，氮气穿过钢水不断地循环，钢水中的氢不断扩散成气相，直到不再扩散为止，然后测量氢的分压并换算就可得出氢的含量。

日本钢铁公司名古屋钢铁厂的 RH 装置是吹入 Ar，在钢水中形成气泡，把 $Ar+H_2$ 经排出管送分析室内的色谱仪以测定 H_2，也可同时测定 O_2 和 N_2，在测浓度为 $1\times10^{-2}\%$（体积分数）的 H_2 时，误差为5.3%，测定时间为2.5 min。

C 气体成分分析装置

转炉炉气在线分析装置包括干法取样、预处理过滤等装置和分析仪器三大部分。在线分析装置必须适应快速吹炼要求，故取样头要靠近炉口安装以缩短滞后时间，但此处条件恶劣，为防止堵塞，每个系统装两个取样头和两个预处理过滤装置（一个工作，另一个反吹清扫）。如果炉气分析仪仅是为了回收煤气且转炉容积又小，也可将取样头装在二级文氏管除尘后，因为分析系统滞后时间长一点影响不大，而工作条件大有改善。

现代大型转炉都设有煤气回收装置，一般设两套煤气分析装置：一套装在一级文氏管前靠近炉口处，分析 CO、CO_2 等；另一套装在引风机后，分析煤气中的 O_2。一级文氏管前的数据送计算机系统，其中 CO 的分析结果还作为回收－放空的条件送至回收－放空控制系统以自动回收转炉煤气。引风机后的 O_2 分析起安全警报及作为回收－放空的条件信号。

D 转炉煤气流量检测

转炉煤气流量检测是比较困难的，因为煤气不仅含有 $CaCO_3$ 成分的尘埃，还含有饱和水汽，故这些尘埃极易粘附在检测元件表面，使测量误差增大甚至使元件不能工作。一般孔板不能适应这种条件，目前使用文丘里管来测量，并带煤气压力和温度补偿。为了防止尘埃粘附和取压管堵塞，设置清洗装置，在转炉停吹时，自动用水和氮气清扫。

E 转炉炉衬检测仪

检测转炉炉衬侵蚀情况，可使每吨钢喷补的耐火材料降低45%～55%。测量转炉炉衬侵蚀情况有放射性同位素法、热像法、立体摄像法和激光法等。其中瑞典 AGA 公司生产的激光转炉炉衬检测仪最为成功并已被国内外许多工厂使用。该仪表使用大地测绘用的激光测距仪，激光器是氦－氖气体激光器。该转炉炉衬检测仪能对温度高达1600℃的炉内进行测量，精度为±5 mm。测量时仪表可放在炉口前任意位置，仪表发出一束激光，被转炉炉内的耐火砖漫反射，由测头检测反射回来的光，用相位法，即测量发射光束与反射光束之间的相位差，即可换算成距离，并测量水平角和垂直角，而得出炉腔形状。

F 判断转炉吹炼终点的方法

判断转炉吹炼终点通常有两种方法：炉气分析法和副枪测温、定碳法。

(1) 炉气分析法。分析炉气中 CO 和 CO_2 的含量并测量炉气流量，即可算出转炉的脱碳速度。用红外气体分析仪分析 CO 和 CO_2 的含量，而氧含量的分析则用磁氧分析仪。

瞬时脱碳速度可按下式计算：

$$\frac{dw[C]}{dt}=\frac{0.89Q_{out}[\varphi(CO)+\varphi(CO_2)]}{W_m} \qquad (2-6)$$

式中，$\varphi(CO)$、$\varphi(CO_2)$分别为炉气中 CO 和 CO_2 的体积分数；W_m 为熔池中钢水重量；Q_{out}为脱碳产生的炉气流量，m^3/min。

（2）副枪测温、定碳法。1967 年美国伯利恒钢铁公司发明了副枪，经过多年改进和完善，副枪已成为判断吹炼终点最成熟的方法，也是现代大型转炉必备的检测手段。副枪是一根水冷管，由电动机带动，检测时插入熔池中。副枪能在不倒炉情况下，快速检测转炉熔池钢水温度、碳含量、氧含量、液位高度以及取钢样、渣样等。副枪头部装有检测用的探头，副枪下降插入熔池一定深度后，钢水熔化挡板，从进样嘴进入样杯，同时保护罩也被熔化并由 U 形石英管内的热电偶测取钢水温度，温度到达稳定并测量后由电气控制电路驱动，把副枪从钢水提出到达规定位置，在提升过程中，样杯中的钢水逐渐降温和凝固。

G　钢流夹渣检测

钢流夹渣检测通常有两种方法：电磁法和光学法。

（1）电磁法。如瑞典 Studsvik 公司生产的电磁法示渣器、德国 AMEPA 公司开发的电磁感应法下渣检测系统等。目前大型钢铁厂 90% 以上都采用 AMEPA 公司的电磁感应法下渣检测系统（国内也生产类似的系统）。AMEPA 钢渣检测系统包括传感器、前置放大镜和外显示控制器等。传感器由两个同心线圈构成，套在钢包水口上，在钢水流过水口时，由于钢水与渣的磁道不同（炉渣的电导率仅为钢液的千分之一，如果钢流中含有少量炉渣，涡流就会减弱，而磁场则增强），从而可区分钢与渣，出现渣时，发出带渣报警并显示，切断滑动水口，阻止带渣钢水流出。

（2）光学法。利用光学原理设计了有热成像式和测温式示渣系统，其优点是无接触，故使用寿命长、工作可靠，其原理是用摄像机或红外测温仪对准钢流摄像（或测温），用图像（或数据处理）处理技术，通过计算机分辨是钢水还是渣，当出现渣时，显示并报警。在连铸过程中钢流是密闭的，以减少氧化，故要设置专门的检测管并用光纤引出。

H　连铸过程结晶器钢水液位检测

结晶器钢水液位测量有多种方法。板坯和大方坯连铸大都使用涡流法，小方坯及薄板坯连铸因结晶器尺寸难以安装涡流传感器而用放射性法。

（1）同位素法测量结晶器钢水液位。同位素法测量结晶器钢水液位的原理是在结晶器的一侧装设同位素辐射源，结晶器一侧装设闪烁计数器，当结晶器内有钢水时，射线的一部分被钢水遮挡，一部分被闪烁计数器接收。这样，结晶器内钢水液位高度 h 与到达闪烁计数器的射线强度有关。此法在生产中应用较好，但要注意防护问题。辐射源是 ^{137}Cs 或 ^{60}Co，其半衰期为 5.4 年，大型板坯连铸机所用 ^{60}Co 辐射源强度约为 3.7×10^8 Bq，为了安全起见，必须设置保护盒，以保证操作场所内放射强度低于规定值。近年来，为减小辐射源强度而有把辐射源和接收器均安装在结晶器冷却水套内的，此时辐射源强度可降到 1.85×10^8 Bq 以下。

（2）涡流法测量结晶器钢水液位。检测器由三个匝数相同的绕组构成，当 50 kHz 的高频电压加在差动感应线圈的初级线圈上时，在结晶器钢水中产生涡流，受涡流影响的两个次级线圈产生感应电动势的值随结晶器钢水液位的高低（距离）而变化。

近来已推出外径为 28 mm 的传感器，可供小方坯连铸机使用。为安全起见，传感器采用风冷方式。涡流传感器的特性和被测金属及其邻近的结晶器盖板和铜板、中间包等有关，如更换传感器造成的位置变化以及结晶器宽度变化等都会影响其输出特性，故要选定一固定基准面进行校正并记忆下来，如有变化，自动校正增益，使输出特性回到原先值。此外，保护渣在高温下有一定导电率，也会对涡流测量有影响，渣层厚度不同会对测量产生约1%的影响。

I　连铸过程中的结晶器振动检测

由于结晶器是上下振动的，为了监视振动情况并作为液位检测和控制系统补偿之用，而须测量结晶器振动。在结晶器上引出一杠杆，拖动凸轮来回转动，后者推动铁芯使电感改变，经放大、解调以后得出交变电流，送指示或记录仪表中去就可得出结晶器振动情况。

J　连铸过程中的结晶器内凝固壳断裂检测

漏钢预报从20世纪70年代末已研究过许多种方法，包括振动波形法、超声波法、热交换法、摩擦力测量法、温度测量法。其中温度测量法最为成功并已实用化。

坯壳在弯月面附近由于某种原因，超过其机械强度而破裂，并按结晶器振动周期反复凝固、破裂，该坯壳破裂处如未能凝固，则破裂处会以低于拉坯速度向下和向横扩展，当坯壳破裂处到达结晶器底部时，就发生拉漏，由于坯壳破裂时，钢水直接与结晶器壁接触，因而该处会有温升，这样，如果在结晶器壁宽度方向和浇铸方向上布置许多热电偶，就可从热电偶测得的温度上得知坯壳破裂处及其扩展情况，识别这温度上升就可预报拉漏。

K　连铸二次冷却区检测

a　铸坯表面温度及铸坯温度分布检测

目前使用光纤红外高温计测量铸坯表面温度，而测量铸坯横向表面温度分布则使用CCD陈列光电元件作为传感器，装在水冷套内，它带广角镜头，可测量宽度为1 m的温度分布，由计算机处理然后送CRT显示。测量头是装在水冷和带有压缩空气吹扫的保护套内的。

b　二冷水流量检测

由于二次冷却区的流量变化太大，而普通孔板流量计的流量与其差压方根成正比，测量范围超过4∶1时，其下限很难准确，故它不适合于连铸过程。电磁流量计由于其测量范围大，并可利用电流变化来改变量程，且对水质要求不严格，故适合于连铸过程使用。

对于二次冷却区还须测量冷却水压力、温度及拉辊压力（测量其液压系统的压力即可）。

L　连铸辊间距检测

辊间距测量原理：在测量头装设测量位移的传感器，一个传感器活动端接触上面的辊子，另一个传感器活动端接触下面的辊子，将两个输出相加，即得出两辊之间的距离。此测量头与引锭杆连接，测量时可将引锭杆从结晶器往下拉，一直拉到拉矫辊。测量头经过每对辊时，即测出其间的距离（开口度）、椭圆度（由一个摩擦轮带动辊子转动，测出的间距即为椭圆度），记录后即可知哪些辊子需要调校或更新。

辊间距测量装置的信号传送有三种方式：

（1）有线电缆方式。测量头是从结晶器上方（或下方）放进，并通过电缆收放装置使电缆随测量头收放，电缆将测量头的信号传送到控制室的计算机中去。

（2）数据存储方式。所有检测器、数据处理及储存单元均装在测量头上，测量头在夹送辊道内移动时，把每对辊的辊间距检测出来，经数据处理后存储在存储单元中，待测量结束，连铸机停机，取出测量头，把数据处理及存储单元连接计算机、打印机和CRT，将结果显示并打印出来。

（3）无线传输方式。这是目前最新的方式。检测器将测得的辊间距等信号调制成调频波通过天线发射出去，再由接收天线接收、调节处理。

目前，连铸机辊间距测量仪趋向多功能化，如德国WIEGARD公司生产的辊缝测量装置，具有检测开口度、弧度、辊子转动情况、辊子磨损和二冷喷嘴喷水状况等五项功能。

M 连铸过程中的铸坯长度检测

为了计算总产量和提供铸坯自动定长切割控制装置的信号,需测量铸坯长度。铸坯长度测量仪包括探头和二次仪表,探头是一个红外脉冲发生器,把机械位移量转换成电脉冲信号输出,然后经整形、计数、译码,最后由数码管显示。红外脉冲发生器可以装在拉矫机高速轴上或低速轴上,还可与专用测量辊连接,靠与铸坯之间的摩擦力带动,以测量长度。

2.2 冶金过程基础自动化

基础自动化级从过程控制级接收设定数据,经过相应的运算处理后下达给L0级(传动系统和执行机构)。相反,基础自动化级还要从L0级(仪表仪器)采集实时数据并反馈给过程控制级以便于过程控制级进行自学习和统计处理。基础自动化级的基本任务是完成顺序控制、设备控制和质量控制。

现代基础自动化级与过程控制级之间大多通过以太网或其他网络(如内存映像网)通信。基础自动化级与传动系统或现场执行机构、智能仪表之间一般采用现场总线(如Profibus-Dp,Genius,Modbus Plus,DH+,DeviceNet等)交换数据。另外基础自动化级与操作台、就地控制柜等远程I/O系统之间也采用现场总线连接,与人机界面系统采用以太网通信。因此,基础自动化级除了完成控制任务外,还要完成大量的多种方式的通信工作。

基础自动化级所采用的控制器各种各样,如智能化仪表、PLC可编程控制器、通用工控机、专用计算机、DCS控制器、各种总线型控制器等,但在我国冶金工业现场大量使用的基础自动化级数字控制器主要是PLC。

本节主要介绍在我国冶金工业现场大量使用的PLC可编程控制器,也涉及了一些DCS分布式控制器和全集成自动化控制系统的概念,最后叙述基础自动化级的通信以及人机接口HMI画面的内容。

2.2.1 可编程控制器(PLC)

早期的可编程控制器称作可编程逻辑控制器(programmable logic controller)。20世纪60年代末问世的最早的可编程逻辑控制器是一种用于逻辑运算的控制器,专为在工业环境下应用而设计,它主要用来代替继电器实现逻辑控制。随着技术的发展,到现在为止,可编程控制器的功能已经大大超过了逻辑控制的范围,成为最可靠、应用最广泛的工业控制器。因此,现在它被称作可编程控制器PC(programmable controller),但为了避免与个人计算机的简称(personal computer)PC混淆,所以仍将可编程控制器简称为PLC。

国际电工委员会(IEC)曾于1982年11月颁发了可编程控制器标准草案第一稿,1985年1月又发表了第二稿,1987年2月颁发了第三稿。该草案中对可编程控制器的定义是:"可编程控制器是一种数字运算操作的电子系统,专为在工业环境下应用而设计。它采用了可编程序的存储器,用来在其内部存储和执行逻辑运算、顺序控制、定时、计数和算术运算等操作命令,并通过数字式和模拟式的输入和输出,控制各种类型的机械或生产过程。可编程控制器及其有关外围设备,都按易于与工业系统联成一个整体、易于扩充其功能的原则设计。"定义强调了可编程控制器是"数字运算操作的电子系统",是一种计算机。它是"专为在工业环境下应用而设计"的工业计算机,是一种用程序来改变控制功能的工业控制计算机,除了能完成各种各样的控制功能外,还有与其他计算机通信联网的功能。这种工业计算机采用"面向用户的指令",因此编程方便。它能完成逻辑运算、顺序控制、定时计数和算术操作,它还具有"数字量和模拟量输入输出控制"的能力,并且非常容易与"工业控制系统联成一体",易于"扩充"。定义还强调了可编程控制器应直接应用于工业环境,它须具有很强的抗干扰能力、广泛的适应能力和应用范围。这也是区别于一般微机控制系统的一个重要特征。应该强调的是,可编程控制器与以往所讲的顺序控制器在"可编程"方面有质的区别。PLC 引入了微处理机及半导体存储器等新一代电子器件,并用规定的指令进行编程,能灵活地修改,即用软件方式来实现"可编程"的目的。

总之,可编程控制器是一台计算机,是专门为工业环境应用而设计制造的计算机。它具有以下特点:

(1) 采用模块化结构,便于集成。模块化结构,硬、软件开发方便,PLC 的硬件结构全部采用模块化结构,可以适应大小规模不同、功能复杂程度及现场环境各异的各种控制要求。PLC 的输入/输出系统功能完善,性能可靠,能够适应于各种形式和性质的开关量和模拟量信号的输入和输出。

(2) I/O 接口种类丰富,包括数字量(交流与直流)、模拟器(电压、电流、热电阻、热电偶等)、脉冲量、串行接口等。

(3) 运算功能完善,除基本的逻辑运算、浮点算术运算外,还有三角运算、指数运算、定时器、计数器和 PID 运算等。

(4) 操作方便,维护、改造容易。PLC 的输入/输出系统能够直观地反映现场信号的变化状态,PLC 还能够通过各种方式直观地反映控制系统的运行状态,如内部工作状态、通信状态、I/O 点、异常状态、电源状态等均有醒目的指示,非常有利于运行、维护人员监视系统的工作状态。

(5) 系统便于扩展,与外部连接极为方便。

(6) 通信功能强大,配合不同的通信模块(以太网模块、各种现场总线模块等)可以与各种通信网络实现互联。

(7) 另外,通过不同的功能模块(如模糊控制模块、视觉模块、伺服控制模块等)还可完成更复杂的任务。

目前,比较常见的可编程控制器有日本欧姆龙、德国西门子、日本三菱 PLC、法国施耐德、美国 AB、美国 GE 等。

2.2.2 基础自动化级通信

基础自动化级控制功能众多,而且既分散又集中,需要与不同层次的计算机系统进行通信,交换数据的速率要求也不一样,因而不同层次间的通信要采用不同的网络系统。对于冶金工业流程而言,各级计算机系统的通信速度大致是:L1 级和 L2 级之间数据交换周期为 1 s 以上;L2 级和 L1 级之间数据交换周期为 50 ~ 100 ms;不同区域之间的 L1 级数据交换周期对于冶炼过程为 200 ms,对于轧钢过程为 50 ~ 100 ms;不同区域之间的 L1 级数据交换周期为 100 ms;而同一区域 L1 级的不同控制器之间数据交换周期对于冶炼过程为 20 ~ 50 ms、对于轧钢过程为 1 ~ 10 ms;L2 级和 L1 级与 HMI 之间数据交换周期为 500 ~ 1000 ms。L1 级控制器与控制对象之间的通信周期也不尽相同;如对于控制周期在 2 ~ 3 ms 的快速液压回路,通信周期应在 1 ms 以内;而对于控制周期为 20 ms 以内的厚度、宽度等参数的回路,通信周期应在 10 ms 以内,因此应该合理地设计通信网络并配置合适的通信功能模板。

另外,为了尽可能减少系统的硬线连接,在基础自动化级大量地采用远程 I/O 技术,同时与传动(电气及液压)及其他系统之间也通过通信网络连接。一般而言,基础自动化级与下级的传动和执行器级之间采用现场总线通信,而与上级(过程控制级和 HMI)通过快速以太网通信,在基础自动化级内局部对实时性要求很高的部分还可能需要使用更高速的通信网络,如内存映像网、全局数据内存网等。

可见基础自动化级的通信具有通信类型多、实时性好、稳定性高、数据量少、连接设备多等特点。

2.2.3 人机界面技术

2.2.3.1 人机界面的功能

人机界面 HMI(human machine interface)是现代计算机控制系统的一个主要特点。它采用大屏幕、高分辨率显示器显示过程工艺数据,画面内容丰富,可以动态地显示数字、棒图、模拟表、趋势图等,结合薄膜键盘、触摸屏、鼠标器、跟踪球等设备,使得生产工、维护人员和技术人员可以方便地进行操作。人机界面一般具有下列功能:

(1) 操作员可以在任意时刻通过 HMI 监视生产过程的有关参数,包括过程变量、基准值、控制器输出值和反馈值等;

(2) 具有过程数据的实时显示和历史记录功能;

(3) 能够完成系统报警显示功能;

(4) 应用多媒体技术,使得画面更加生动活泼,还可以提供语音功能。

2.2.3.2 人机界面的软件实现

人机界面一般都运行在以 PC 机为基础的环境下,而 Windows 又是最流行的操作系统。因此,人机界面的软件一般都是基于 Microsoft Windows NT/2000 操作系统。Microsoft Windows 平台为这些产品提供了高速、灵活和易于使用的环境,利用这些特点可以加快人机界面应用程序的开发速度,缩减开发成本,降低项目实施和运行周期,减少维护的费用。一般地,人机界面软件至少应该具有下述基本功能:

(1) 集成化的开发环境;

(2) 增强的图形功能;

(3) 报警组态;

(4) 趋势图功能;

(5) 数据库连接能力;

(6) 画面模板及向导;

(7) 项目管理功能;

(8) 开放的软件结构 OFC,ODBC,DDE,SDK/API(EDA);

(9) 具有演示系统;

(10) 提供多种通信驱动,可以与多种品牌的控制器建立通信连接。

更进一步的人机界面软件还应该具有下述增强功能:

(1) 内嵌高级编程语言,如 C 语言、VB 等;

(2) 支持 Active X;

(3) 全面支持 OPC 技术;

(4) 具有交叉索引功能;

(5) 支持分布式数据库、C /S 网络结构;

(6) 提供多重冗余结构;

(7) 具有灵活的专业报表生成工具;

(8) 支持多国语言。

现在比较常用的国外的人机界面软件有 iFix,In Touch,Cimplicity,WinCC 等。但国外的软件价格都比较昂贵。相比之下,国产的人机界面软件则相对便宜许多,且功能上不逊色于国外软件,并且符合国人的习惯。比较常见的国产软件有组态王、力控、FameView 等。

人机界面与控制器之间一般采用以太网或现场总线进行通信,也可以通过串行接口通信。

2.2.4 分布式计算机控制系统

2.2.4.1 概述

分布式(集散型)计算机控制系统(DCS)是在 20 世纪 70 年代中期发展起来的,它是一种以集成处理器为核心的控制系统。它是把计算机技术、信号处理技术、测量技术、控制技术、通信技术、图形显示技术及人机接口结合在一起,利用计算机技术对生产过程进行集中监测、操作、管理和分散控制的一种控制系统。

DCS 已经历了三代,1975 年 Honeywell 公司推出的 TDC2000 集散控制系统是一个具有多处理器的分级控制系统,以分散的控制设备来控制分散的过程对象,并通过数据高速公路将它们相连接相协调起来。实现了控制系统的功能分散和负荷分散,从而危险性也分散。第二代产品在原来产品基础上,进一步采用模块化、标准化设计,提高了系统可靠性和可扩充性,它能实现过程控制、数据采集、顺序控制和批量控制功能、开放化发展,一方面向上增加了更高层次的信息管理级,另一方面,随着电子技术的发展,以微处理器为基础的智能设备相继出现,如智能变送器、智能调节器,再结合现场总线技术,DCS 向下形成一种新的、全分布式的控制系统,简化了系统结构,增强了互联性,提高了可靠性。

DCS 类分布式控制器的基本特点如下:

(1) DCS 控制器能够独立自主地完成自己的任务,是一个能独立运行的控制站;

(2) DCS 控制器在硬件和软件设计上具有一定的容错能力,具有很高的可靠性;

(3) DCS 控制器采用模块化、标准化结构设计,可以灵活地进行组态和配置,并可以扩充 I/O;

(4) 在 DCS 系统中设置图形化人机接口;

(5) 通过 DCS 系统中的人机接口还可以对过程数据进行实时采集和分析,并可进行在线排障和程序的在线修改;

(6) DCS 控制器之间,与上级和下级网络之间能够通过通信网络连接,进行必要的控制信息交换,通信实时可靠。

2.2.4.2 DCS 系统实例

以目前国内较先进的某钢厂二期烧结机(495 m^2)DCS 系统为例,介绍整个基础自动化系统的功能构成、软硬件系统及其特点。

A 系统概述及其特点

二期烧结三电控制系统采用 DCS + PLC + Data Server 的配置方式,整个三电控制系统功能如图 2-5 所示。系统网络分为两层次,即信息层和控制层。

信息层包括过程服务器(process server)、数据服务器(data server)、E-SERVER、操作站以及冗错的以太网。

控制层包括 DCS、PLC、ACE(application controller environment)以及开放的 ControlNet 网。

过程服务器以实时数据库核心采集并处理 DCS、PLC、ACE 和数据服务器的实时信息,以满足工艺操作、监视的需要。E-SERVER 作为防火墙使生产、设备能进行远程管理和维护。数据服务器主要负责收集和处理来自包括二期烧结生产和设备状况数据、各种分析成分数据、临近区域(原料和高炉)生产和设备状况数据。

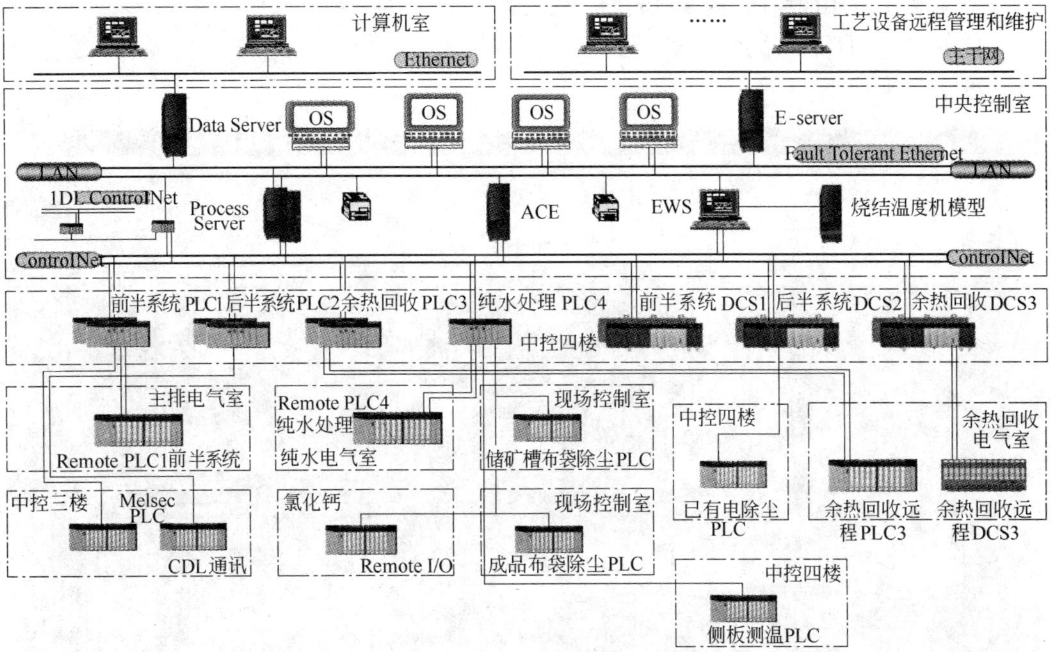

图 2-5 三电控制系统功能图

DCS 采用 Honeywell 的 PKS 系统;PLC 采用 Rockwell 的 ControlLogix;Data Server 主机采用 PC 服务器,配置 LINUX 操作系统和 ORACLE 数据库。

该系统的主要特点是:

(1) 网络结构合理、层次分明、功能分担恰当。系统分为两层网络,其信息层采用冗错的以太网(兼容普通以太网),在此网络上,各服务器和操作站间实行无缝连接,数据共享。而 DCS 控制器和 PLC 同样也挂在一个控制网络(ControlNet)上,其间也是无缝连接,数据共享。系统通过 E-Server,既保证了生产操作系统的运行可靠,又能远程监视和掌握生产工艺状况。

(2) 具有开放性和通用性。系统的信息层以 Windows 2000 为操作系统,采用 TCP/IP 协议和实时系统软件,通过以太网,将基于 PC 服务器的过程服务器、数据服务器和操作站联成一个操作监控网络。系统的控制层采用国际基金会组织认可的通用、开放性的 ControlNet 网络。

(3) 真正做到了三电一体化。在结构和功能上,采用了真正意义上三电一体的先进的设计理念,突破了原来 L1 与 L2 的界限,对于生产操作只有一类界面、一种风格,操作和监视可以按功能分类,可以按区域分类,也可以按岗位人员习惯或要求分类。对系统而言,设备只有功能分担的差异,可以忽略专业存在。因为它们之间的连接是无缝连接,数据透明、共享。

(4) 采用 PM I/O。DCS 采用 PM 型 I/O,不仅保证了控制层网络的开放性、统一性,提高了 DCS 控制系统控制性能,而且与一期、三期烧结 DCS 系统的 I/O 兼容。

B 系统的控制功能

a 配料系统

所有原燃料集中在配料室,采用重量法配料。共设有 17 套定量给料装置(CFW),根据电子皮带秤的物流量检测,调节给料速度,控制给料量,如图 2-6 所示。其主要检测控制项目有:

(1) 定量配料;

(2) CFW 的启停(顺序,一齐);

(3) 系统运行中的换槽(槽变更);

(4) 配料槽的料位、品名、水分含量;

(5) 空气炮动作。

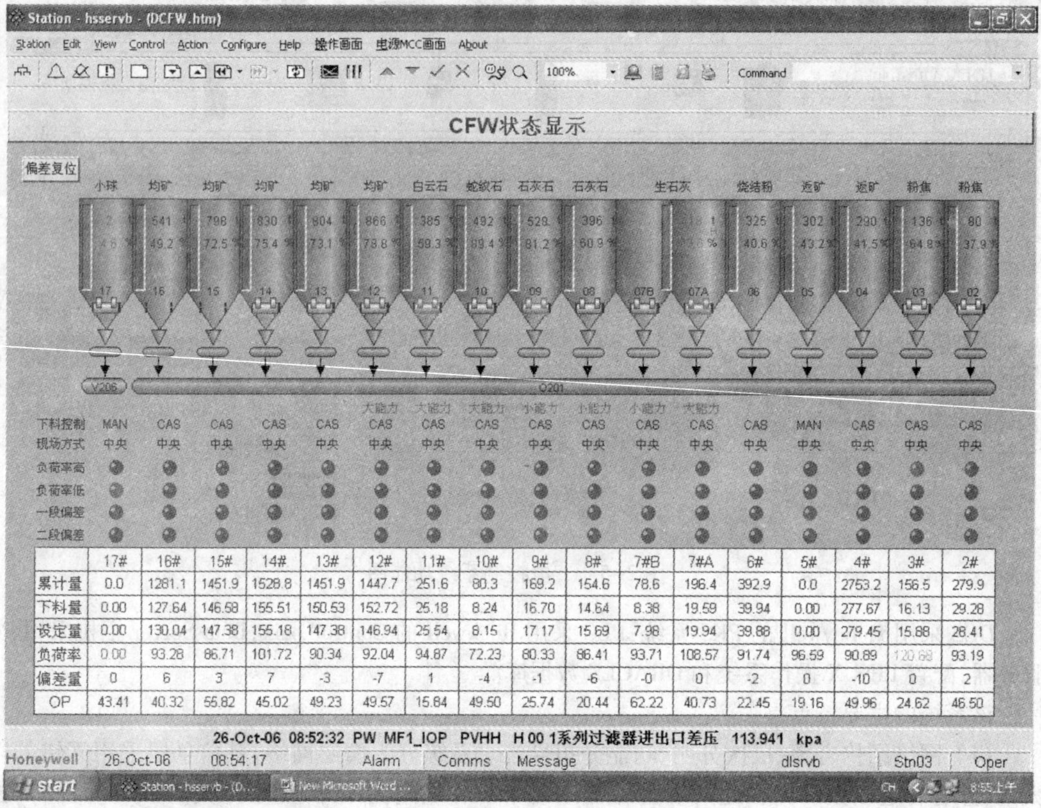

图 2-6　CFW 配料系统

b　加水,混合与造球

经过配料的物料用皮带机直接送入混合机。混合分两段进行,其中一段主要使物料混匀并加水湿润,二段主要使混合料成球,如图 2-7 所示。主要检测控制项目有:

(1) 一、二次加水控制;

(2) 物料及水分值数据跟踪;

(3) 混合料槽料位控制;

(4) 原料系统设备运转及混合料取样机运转控制。

c　点火炉与烧结机系统

混合料槽中的物料通过圆辊给料机和带自动清扫机的布料溜槽均匀地布到已铺有铺底料的台车上。料层厚度最高可达 620 mm。物料由台车点火炉、保温炉经表面点着,热风保温,进入烧结过程,如图 2-8 所示。主要检测及控制项目有:

(1) 点火炉、保温炉燃烧控制及氮气吹扫顺控;

(2) 台车物料层厚控制;

(3) 风箱压力、温度检测及燃烧终点控制;

(4) 烧结机头部给矿、尾部排矿监视;

(5) 铺底料槽料位控制；

(6) 烧结机运转控制。

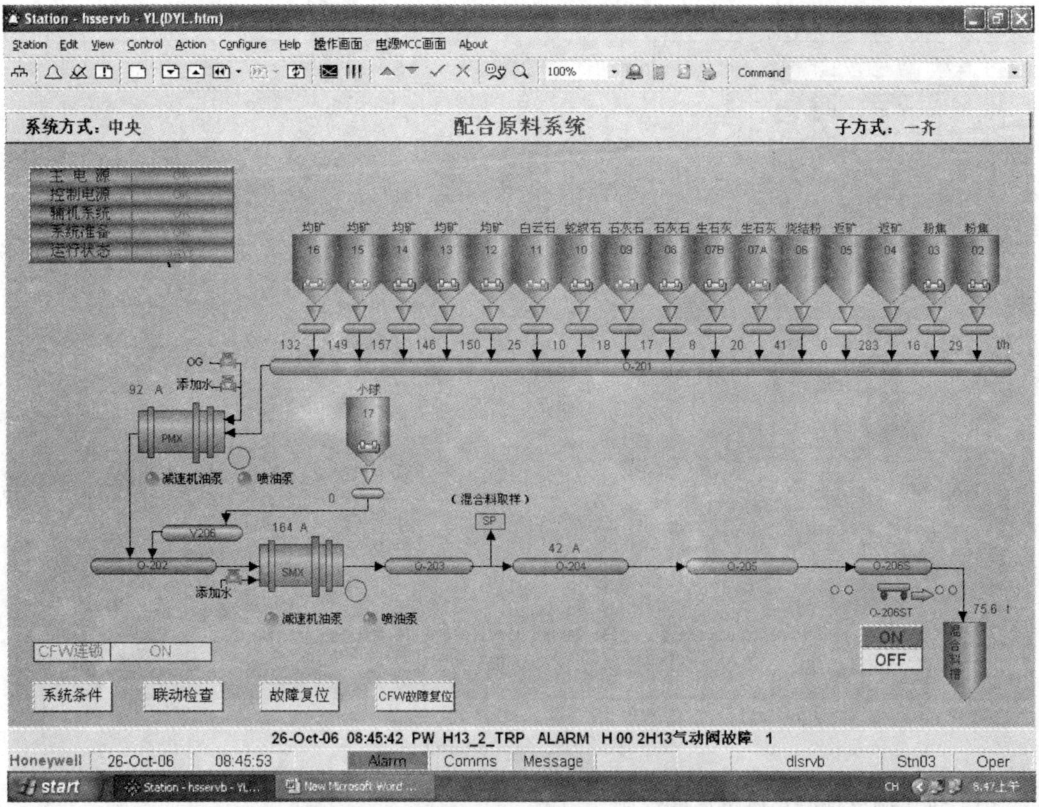

图 2-7 混合系统

d 主抽风与除尘

在台车运行过程中，主抽风机通过排气管、风箱，沿台车宽度方向分两侧抽风。进入两个主排气管的烟气分别经过各自的电除尘(ESCS)净化，然后汇合，由高度为 200 m 的烟囱排放。在主排气管内沉降下的粉尘通过气动双层漏灰阀卸至胶带机上，汇同台车散落料送至烧结矿成品整粒系统，如图 2-9 所示。主要检测及控制项目有：

(1) 主排气温度、压力、流量、粉尘浓度检测；

(2) 除尘器气体压力、温度、流量、粉尘浓度检测；

(3) 粉尘槽料位检测、控制；

(4) 排放烟气 SO_2、NO_x 成分分析；

(5) 主排风机运转控制；

(6) 除尘设备运转控制。

e 烧结矿的破碎与冷却

在烧结机尾部卸下的热烧结饼，由单辊破碎机破碎后，送入鼓风式环冷机，冷却后，再由板式给矿机卸至皮带机上，运往成品整粒系统。由冷却机排出的高温废气经除尘后，送往点火炉、保温炉用作助燃空气。主要检测及控制项目有：

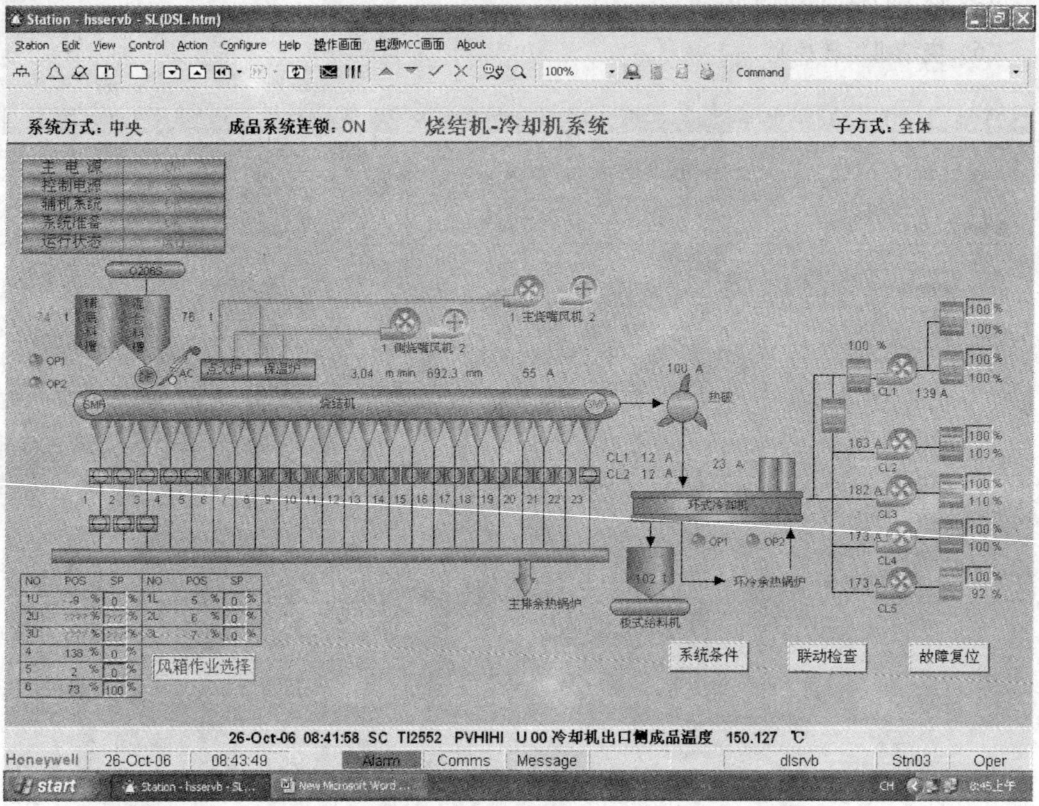

图 2-8　烧结机系统

（1）排矿温度检测及风机速度控制；

（2）废气压力、温度检测及冷风阀开度控制；

（3）余热风机转速控制；

（4）环冷机、板式给矿机的速度控制；

（5）环冷机排矿槽料位控制；

（6）环冷机给料处、卸料处状况监视（工业电视）。

f　烧结矿整粒、成品系统

对冷却后的烧结矿进行整粒。整粒采用一段破碎、四次筛分的流程，双系列同时进行。三次筛上 10 ~ 20 mm 粒级送往烧结机上部的铺底料槽，铺底料过多时也可转送成品系统。四次筛下小于 5 mm 的烧结粉作为返矿送回返矿配料槽。主要检测及控制项目有：

（1）成品物料输送量检测；

（2）自动除铁装置动作；

（3）成品取样、分析（粒度、强度、还原粉化率、化学成分）；

（4）成品输送状况监视（工业电视）；

（5）成品系统运转控制。

g　过程数据的采集处理和生产管理

主要检测及控制项目有：

（1）接收烧结矿槽料位、品名信息和高炉矿槽料位、品名信息，向原料计算机发送烧结矿槽料位、品名最新信息等；

（2）接收烧结矿成品和各种烧结原料的成分、粒度、水分等信息，向分析计算机转发烧结矿性状（自动采样）信息；

（3）向铁区管理计算机发送烧结日报、班报、时报等必要的信息；

（4）接收烧结矿性状信息（成品实验室通信）；

（5）接收小球生产状况和设备状况信息；

（6）接收 DCS 和 PLC 的各种生产状况和设备状况信息；

（7）按照生产和工艺的要求加工、整理各项生产和设备状况数据，生成合格的烧结时报、班报、日报等报表；

（8）对接收到的各种生产和设备状况数据等信息进行进一步的加工和处理，完成生产和工艺要求的各种计算，对信息进行必要的集成，以比较合理的结构保存到 ORACEL 数据库中，并生成满足生产工艺要求的数据和表格。

此外，系统还包括主排气余热回收、冷却机余热回收、纯水处理以及公共设施如集中润滑系统、UPS 电源、全厂指令电话系统等相关功能，这些设备的运转监视也大多在中央集散系统的操作站上进行。

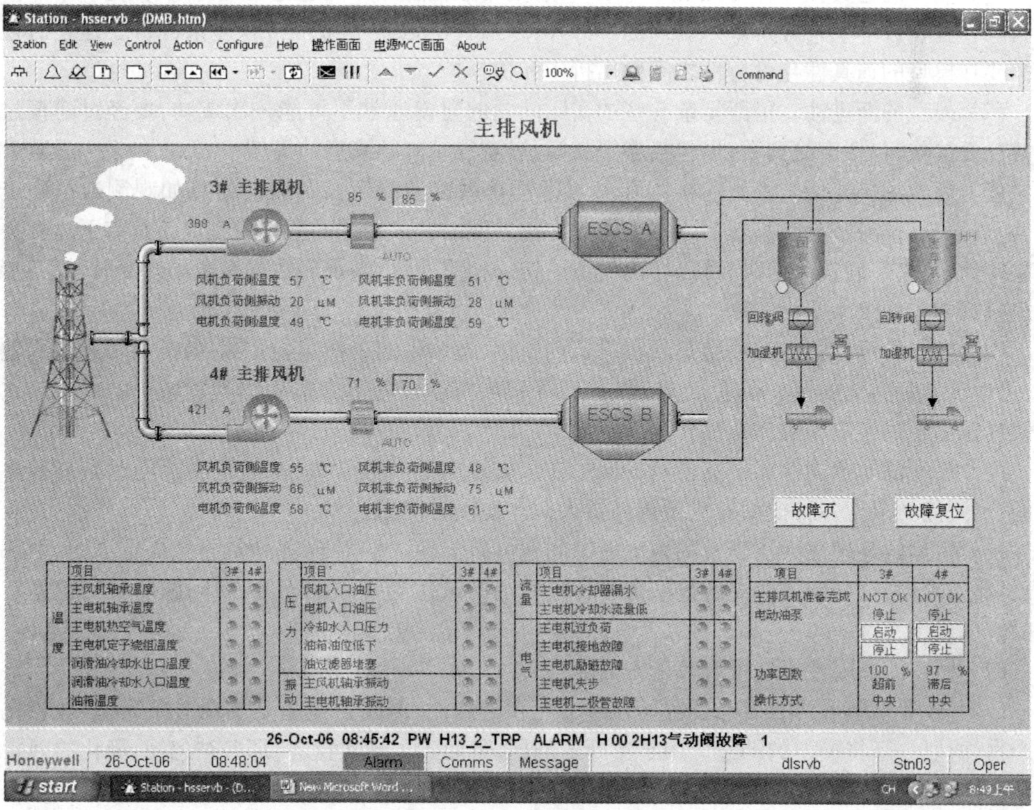

图 2-9 抽风与除尘系统

3 过程控制数学模型与人工智能基础

3.1 数学模型基础

3.1.1 数学模型及其特点

一般来说，数学模型可以定义为：对于现实世界的一个待定对象，为了一个特定的目的，根据特有的内在规律，做出一些必要的简化假设，运用适当的数学工具，得到的一个数学结构。

简单地说，数学模型则是由数字、字母或者其他数学符号组成的，描述现实对象数学规律的数学公式、图形或算法。

数学模型的特点为：

(1) 模型的逼真性和可行性。一般来说，总是希望模型尽可能逼近研究对象，但是一个非常逼真的模型在数学上常常是难以处理的。另外，越逼真的数学模型常常越复杂，所以，建模时往往需要在模型的逼真性与可行性之间做出折中和抉择。

(2) 模型的渐进性。稍微复杂一些的实际问题的建模通常不可能一次成功，要经过建模过程的反复迭代，包括由简到繁，也包括删繁就简，以获得越来越满意的模型。

(3) 模型的鲁棒性。模型的结构和参数常常是由模型假设及对象的信息如观测数据确定的，而假设不可能特别准确，观测数据也是允许有差误的。一个好的数学模型应该具有下述意义的鲁棒性：当模型假设改变时，可以导出模型结构的相应变化；当观测数据有微小改变时，模型参数也只有相应的微小变化。

(4) 模型的可转移性。模型是现实对象抽象化、理想化的产物，它不为对象的所属领域所独有，可以转移到其他领域。在生态、经济、社会等领域内建模就常常借用物理领域中的模型。这种属性显示了建模应用的广泛性。

(5) 模型的非预制性。虽然已经发展了许多应用广泛的数学模型，但是实际问题是多种多样的，不可能要求把各种模型做成预制品供人们在建模时使用。

(6) 模型的条理性。从建模的角度考虑问题可以促使人们对现实对象的分析更全面、更深入、更具条理性，这样即使建立的模型由于种种原因尚未达到实用的程度，对问题的研究也是有利的。

(7) 模型的局限性。这里有几个方面的含义：

1) 由数学模型得到的结论虽然具有通用性和精确性，但因为模型是实现对象简化、理想化的产物，所以一旦将模型的结论应用于实际的问题，就回到了现实世界，那些被忽视、简化的因素必须考虑，于是结论的通用性和精确性只是相对的和近似的；

2) 由于人们的认识能力和科学技术发展水平的限制，还有不少实际问题很难得到具有实用价值的数学模型。如一些内部机理复杂、影响因素众多、测量手段不够完善、技术性较强的生产过程，像冶金过程，常常需要开发专家系统与建立数学模型相结合才能获得较满意的应用效果。

数学模型可以按照不同的方式分类。

按照模型的表现特性，数学模型可分为：

(1) 确定性模型和随机性模型，取决于是否考虑随机因素的影响。

(2) 静态模型和动态模型，取决于是否考虑时间因素引起的变化。

(3) 线性模型和非线性模型，取决于模型基本关系，如微分方程是否是线性的。

(4) 离散模型和连续模型，指模型中的变量(主要是时间变量)取为离散的还是连续的。

虽然从本质上讲大多数实际问题是随机的、动态的、非线性的，但是由于确定性、静态、线性模型容易处理，并且往往可以作为初步的近似来解决问题，所以建模时常先考虑确定性、静态、线性模型。连续模型便于利用微积分方法求解析解作出理论分析，而离散模型便于在计算机上作数值计算，所以用哪种模型要看具体问题而定。在具体的建模过程中将连续模型离散化，或将离散变量视作连续的，也是常采用的方法。

按照建模目的分类，数学模型可分为描述模型、预报模型、优化模型、决策模型、控制模型等。

3.1.2 数学模型在冶金中的作用

冶金生产过程是以力学、热学、电学这些物理学科为基础的极其复杂的生产过程，生产过程中涉及的数学模型各种各样。如炼铁过程中的炉热指数计算模型、物料平衡模型、铁水含硅量和铁水温度预报模型等，炼钢过程中的炉料结构模型、终点控制模型、供氧计算模型等，压制过程中的压制力模型、前滑模型、轧机刚度模型、轧机弹跳模型等。

随着科技的进步和计算机技术的飞速发展及其广泛应用，冶金过程也发生了巨大的变化。现代冶金生产过程绝大多数都采用了以计算机控制为主的自动控制系统，从而大大提高了生产效率和产量，产品的质量也得到了很大的改善。在这一变化过程中，数学模型起到了极其重要的作用。

(1) 数学模型是计算机自动控制系统设定计算的基础。例如，在连轧生产过程中，只有利用能耗模型、轧制力模型、轧机刚度模型、轧制区材料形变模型等数学模型，事先对连轧机各架的带钢出口的厚度、轧制压力、前滑系数、带钢张力、轧制速度、辊缝、弯辊力等参数作出设定，在此基础上，连轧自动化控制系统才能正常投入工作。

(2) 从本质上讲，数学模型决定了将来生产过程的状态特性，其合理与否，对生产过程产量的高低、产品质量的优劣和生产事故的多少等均有重要的影响。

(3) 生产过程是否能够按照模型所设定的状态特性运行，或者偏离程度的大小，取决于模型设定计算精度，即数学模型的预报精度直接影响自动控制的精度和效果。

(4) 由于冶金生产过程中新技术、新工艺的不断涌现，提出了许多新问题，这些新问题往往需要用数学方法解决，数学模型是解决这类新问题的前提和基础。

(5) 随着通信、微电子、自动化等高新技术不断发展，以及新高技术进一步应用于冶金工业去创造新工艺、开发新产品，计算机技术支持下的建模和模拟都是经常使用的有效手段。数学建模、数值计算和计算机图形学等相结合形成的计算机软件，已经被固化于产品中，在冶金工业的许多新高技术领域起着核心作用。

3.1.3 数学模型的建立方法及步骤

数学建模指建立所研究对象的数学模型的全过程，它没有一般的固定法则可循。即使同一现象或过程，若观察的方法或角度不同，也可能得到不同的模型。当实际问题需要对所研究的现实对象提供分析、预报、决策、控制等方面的定量结果时，往往都离不开建立数学模型。“分析”系指定量研究现实对象的某种现象，或定量描述某种特性；“预报”是根据对象的固有特性预测当时间或环境变化时对象的发展规律；“决策”的含义很广，譬如根据对象满足的规律做出使某个数量指标达到最优的决策、使经济效益最大的价格策略、使总费用最少的设备维修方案都是这类决策;“控制”系指根据对象的特征和某些指标给出尽可能满意的控制方案。

建立一个实际问题的数学模型的方法大致分为两种:一种是实验归纳的方法,也称为测试研究的方法,所研究的对象为一个“黑箱”系统,内部机理无法直接获得,但可根据测试系统的输入输出数据,按照一定的数学方法,归纳出一个与所研究问题的数据拟合得很好的数学模型,这种方法称为系统识别(system identification);另一种是理论分析的方法,也称为机理分析方法,即根据客观事物本身的性质,分析因果关系,找出反应内部机理的规律,在适当的假设下用数学工具去描述其数量特征。第二种方法所建立的模型往往有明确的物理或现实意义。实际应用中,常将这两种方法结合起来使用,即用机理分析方法建立模型的结构,用系统识别来确定模型的参数。

建立数学模型的全过程一般可分为表述、求解、解释、验证几个阶段,并通过这些阶段完成从现实对象到数学模型,再从数学模型回到现实对象的循环。“表述”(formulation)是指根据建模的目的和掌握的信息(如数据、现象)将实际问题翻译成数学问题,用数学的语言确切地表达出来;“求解”(solution)即选择合适的数学方法求得数学模型的解;“解释”(interpretation)是指把数学语言表达的解释译回现实对象,给出实际问题的解析;“验证”(verification)是指用现实对象的信息检验得到的解,以确认结果的正确性。具体地讲,对冶金过程建立数学模型一般包括初步研究、建立数学模型、模型参数的估算、编制程序和计算、模型的适用性检验、模型的应用等步骤。

(1) 初步研究。初步研究阶段也称模型准备阶段。根据生产过程中需要提出的问题,在初步研究阶段,首先要了解问题的实际背景,弄清问题的主次,抓住问题的本质,明确已知与要达到的目标,明确建模的目的和模拟类型及可能的建模方法。作为目标,可以是开发一个新的过程,或设计一个反应器,或是针对现有生产操作的解析和优化等。

确定了目标,也就限定了所要描述的过程现象,据此可以进行参量分析,确定问题的有关变量和参数,搜集各种必要的信息,明确已知量和未知量、自变量和因变量、主要量和次要量,弄清这些量之间的关系和所属的基本理论范畴。为了便于建立模型,求得结果,只要误差在允许的范围内,通常还要舍弃一些次要的量,以使模型简化和便于求解。

对一些基本过程的描述,要选择合适的理论依据,同时要收集文献资料,对已有的类似过程数学模型进行仔细分析比较。然后,通过实验测定或利用从文献得到的可靠数据,结合对过程规律的了解,提出一个初级的数学模型,以便做一些必要的估算。

如果初步研究范围内所得结果已能满足要求,则可不必建立更详细的数学模型。否则,就必须对过程现象作进一步分析,对初步数学模型进行补充修改或重新建立数学模型。

(2) 建立数学模型。建立或选取数学模型是建模的核心,数学模型的正确性及边界条件的合理性是模拟成功的关键。当然,对于冶金高温体系,有关物性系数或反应动力学常数等的确定常常成为模拟成功的关键。

为了建立数学模型,首先可把冶金反应器内发生的复杂过程分解为流体流动、传热、传质和化学反应等基本单元过程,并正确描述这些单元过程现象的合适理论依据,建立相应的数学表达式。值得注意的是,由于对所有单元现象还不能完全了解,同时它们对反应器内的过程并不一定有决定性的影响,再加上计算方法上的限制以及计算精度上的原因,在列出描述这些现象的方程时,把一切因素都考虑进去是难以做到的。因此,在建立具体的数学模型之前,往往先要进行模型的假设,对所研究的问题进行一些合理的简化:分辨各个因素的主次,忽略那些对过程影响甚小的因素,尽量将问题线性化、均匀化、稳态化。根据对象的特征和建模的目的,对问题进行必要的、合理的简化,用精确的语言做出假设,有时是建模的关键。模型“合理简化”的原则是:简化仍能抓住过程的主要矛盾而不失其真实性;简化必须满足应用的精度要求;简化能适应当前的试验条件,以便进行模型识别和参数的估算;简化能适应现有计算机能力。

可见,建立复杂的过程的数学模型,最基本的方法就是对过程进行分解和简化,提出合理的模型假设。这两者是密切相关,互为基础,互为前提的。分解是把复杂的实际情况变为几个单纯的问题,便于用相应的学科理论研究其规律性,为简化创造条件,简化才能使数学描述成为可能。从某种意义上讲,没有简化就没有数学模型,过程分解也就失去了意义。

经过模型假设后,就可以根据所作的假设分析对象的因果关系,利用对象的内在规律(如冶金热力学和动力学原理、冶金传输原理)和适当的数学工具,构造各个量(常量和变量)之间的数学表达式。所建立的数学关系,既可以是一个方程也可以是多个方程所组成的联立的方程组,可以是非线性方程或线性方程,可以是常微分方程或偏微分方程等。有些情况下,按对过程机理认识的不同,对同一过程可能有一个以上的模型。例如,在反应动力学研究中,事先并不知道模型的形式,由不同的反应机理和速度控制步骤可以导出多个速度方程。因此,一般是在实验研究基础上,把模型识别和参数估算结合在一起进行研究。但在达到预期目的的前提下,通常要求所用数学工具越简单越好。

(3) 模型参数的估算。在大多数冶金过程数学模型中,都包含至少一个可调性模型参数,其数值不同,将对计算结果产生很大影响。因此,数学模型建立之后,模型参数的估算也是重要环节。

模型参数的估算主要有两种方法:一种是实验测定,如反应速度常数、流动模型参数及有效导热系数等可通过实验测定;另一种是对那些难以直接测定的参数,如在反应器的两相模型中,气泡相和乳化相间的物质交换系数,各种搅拌钢包内钢水的循环流量等,通常是通过对实际过程的拟合计算确定的。

(4) 编制程序和计算。数学模型及其初始、边界条件确定之后,就可以对数学模型进行求解。在反应工程研究中,大多数问题都需采用计算机数值法求解。在采用数值方法求解时,要根据所建立的数学模型的数学类型,合理地选用一种有效的数值计算方法进行求解。求解时,往往要根据所选用的数值算法用计算机进行计算。而采用计算机进行计算,可以采用 Fortran、Turbo C、Visual C++、Visual Basic 等目前流行的编程软件自行编制程序,然后在计算机上运行来求解;也可以采用现成的数值计算软件如 Mathematica、Matlab 等进行简单的编程计算;还可以采用专用软件进行求解,如进行流场计算可采用流场计算的专用软件如 Fluent、CFX 等进行计算,进行结构分析时采用专用的有限分析软件如 Ansys 等进行计算。

因此,当确定了适当算法并编制出计算程序后,数学模型就成了实际被研究的对象,改变参数和变量的输入值,通过数值计算就可达到对实际过程研究的目的。这种研究又称为“计算机实验”。它能排除实际操作中各种外界干扰因素,更能反映过程的本质和规律性。它又能方便地研究设备尺寸和操作参数对过程结果的影响。因此,无论在新型反应器和新工艺的开发中实现最优化设计,还是对现有反应器和工艺寻找其中的薄弱环节,挖掘潜力或优化操作条件,这种“计算机实验”都发挥了越来越重要的作用。由于这些实验均在计算机上进行,可以节省人力、物力、财力,加快研究进程,因此,其优越性是显而易见的。

在许多情况下,还需根据建模的目的要求,对模型求得的结果进行数学上的分析,利用相关知识结合研究对象的特点进行合理分析;根据问题的性质分析变量间的依赖关系或稳定状况,有时是根据所得结果给出数学上的预报,有时则可能要给出数学上的最优决策或控制。不论哪种情况,常常都需要进行误差分析、模型对数据的稳定性或灵敏性分析等。

(5) 模型的适用性检验。模型的适用性检验是指把模型计算的结果与实际反应器或模拟实验的实际现象的操作结果数据进行比较,检验模型的合理性和适用性,也称为模型的验证。这一步骤对建模的成败非常重要,它是考验所建立模型的合理性和适用性的重要步骤。

如果两者的偏差在要求的精度范围内,就说明计算结果和实际数据是吻合的。数学模型能用来描述所研究的过程,模型能反映实际过程的规律,检验结果是正确的或基本正确的。这样,所建立的模型就可以用来指导实际。

在模型计算中可以排除实际操作中难以避免的各种外界干扰因素。因此,模型计算结果与实际反应器或模拟实验的实测值间存在一定误差是正常的。但是,如果存在规律性偏差或较大误差,则必须详细分析其原因。它们可能来自程序错误、参数估算不准确或模型本身的问题,也可能是由于测定结果有问题。可根据原因,进行修改程序,重新估算参数或审查和修改模型,甚至有必要重新进行实验。总之,这是一个使数学模型符合实际情况的"理论、实践、再理论、再实践"的循环往复的过程,一般要经过多次反复,直至达到要求的误差范围,才能证明模型是适用的。

(6) 模型的应用。数学建模的目的就是为了应用。一方面,通过应用可以对模型进行进一步的客观公正的检验,从而使模型在实践的检验中不断改进、发展和完善;另一方面,可以充分体现建模的目的,充分挖掘模型用于分析、研究和解决实际问题的作用。

在模型正确的基础上,就可以做进一步的实验,如改变原料条件、设备参数、工艺参数或一些操作参数,然后在计算机上进行各种对比实验,通过对比实验的结果实现对所研究的设备或工艺提出相应的优化建议、措施和方案。

应该指出的是,并非所有建模过程都要经过上述这些步骤,有时各个步骤之间的界限也不那么明显。因此,在建模过程中不要局限于形式上的按部就班,重要的是根据对象的特点和建模的目的,去粗取精,去伪存真,从简到繁,不断完善。

3.2 人工智能基础

3.2.1 人工智能概述

人工智能(artificial intelligence),英文缩写为 AI,也称机器智能。它是研究、开发用于模拟、延伸和扩展人的智能的理论、方法、技术及应用系统的一门新的技术科学。它是从计算机应用系统的角度出发,研究如何制造出人造的智能机器或智能系统,来模拟人类智能活动的能力,以延伸人类智能的科学。

人工智能就其本质而言,是对人的思维的信息过程的模拟。人工智能不是人的智能,更不会超过人的智能。对于人的思维模拟可以从两条道路进行:一是结构模拟,仿照人脑的结构机制,制造出"类人脑"的机器;二是功能模拟,暂时撇开人脑的内部结构,而从其功能过程进行模拟。

人工智能的研究经历了以下几个阶段:

第一阶段:20 世纪 50 年代,人工智能从兴起到走入低谷。人工智能概念首次提出后,出现了一批显著的成果,如机器定理证明、跳棋程序、LISP 表处理语言等。但由于解法推理能力有限以及机器翻译失败等,使人工智能走入低谷。这一阶段的特点是:重视问题求解的方法,忽视知识的重要性。

第二阶段:20 世纪 60 年代末到 70 年代,专家系统的出现使人工智能研究出现新高潮。DENDRAL 化学质谱分析系统、MYCIN 疾病诊断和治疗系统、PROSPECTIOR 探矿系统、Hearsay-Ⅱ语音理解系统等专家系统的研究和开发,将人工智能引向了实用化。1969 年成立了国际人工智能联合会议(IJCAI)。

第三阶段:20 世纪 80 年代,随着第五代计算机的研制,人工智能得到了很大发展。日本于

1982 年开始了“第五代计算机研制计划”,即“知识信息处理计算机系统 KIPS”,其目的是使逻辑推理达到数值运算那么快。虽然此计划最终失败,但它的开展形成了一股研究人工智能的热潮。

第四阶段:20 世纪 80 年代末,神经网络飞速发展。1987 年,美国召开第一次神经网络国际会议,宣告了这一新学科的诞生。此后,各国在神经网络方面的投资逐渐增加,神经网络迅速发展起来。

第五阶段:20 世纪 90 年代,人工智能出现新的研究高潮。由于网络技术特别是国际互联网技术的发展,人工智能开始由单个智能主体研究转向基于网络环境下的分布式人工智能研究。不仅研究基于同一目标的分布式问题求解,而且研究多个智能主体的多目标问题求解,使人工智能面向实用。

目前,人工智能是与具体领域相结合进行研究的,有如下领域:

(1) 专家系统。这是依靠人类已有的知识建立起来的知识系统,目前专家系统是人工智能研究中开展较早、最活跃、成效最多的领域。

(2) 机器学习。机器学习主要在三个方面进行:一是研究人类学习的机理、人脑思维的过程;二是机器学习的方法;三是建立针对具体任务的学习系统。

(3) 模式识别。研究如何使机器具有感知能力,主要研究视觉模式和听觉模式的识别。

(4) 理解自然语言。计算机如能“听懂”人的语言,便可以直接用口语操作计算机,这将给人们带来极大的便利。

(5) 机器人学。机器人是一种能模拟人的行为的机械,对它的研究经历了三代发展过程:

1) 第一代(程序控制)机器人。这种机器人只能刻板地按程序完成工作,环境稍有变化就会出问题,甚至发生危险。

2) 第二代(自适应)机器人。这种机器人配备有相应的感觉传感器,能取得作业环境、操作对象等简单的信息,并由机器人体内的计算机进行分析处理,控制机器人的动作。

3) 第三代(智能)机器人。智能机器人具有类似人的智能,它装备了高灵敏度传感器,因而具有超过人的视觉、听觉、嗅觉、触觉的能力,能对感知的信息进行分析,控制自己的行为,处理环境发生的变化,完成各种复杂的任务,而且有自我学习、归纳、总结、提高已掌握知识的能力。

(6) 智能决策支持系统。20 世纪 80 年代以来专家系统在许多方面取得成功,将人工智能中特别是智能和知识处理技术应用于决策支持系统,扩大了决策支持系统的应用范围,提高了系统解决问题的能力,这就成为智能决策支持系统。

(7) 人工神经网络。在研究人脑的奥秘中得到启发,试图用大量的处理单元模仿人脑神经系统工程结构和工作机理。

智能控制是人工智能技术与现代控制理论及方法相结合的产物。随着计算机技术的不断发展及其应用的拓展,智能控制理论和技术获得了长足进展,在工业控制中取得了令人瞩目的成果。专家系统、神经网络、模糊控制已成为智能控制技术的三大支柱。

这些新技术在冶金行业也得到了极大关注。冶金工业要求必须对各个生产过程进行更加严格的控制,以满足用户对产品质量的高要求,同时也要努力将生产成本最小化。智能控制新技术可以有效地解决冶金工业生产中许多无法用传统数学模型精确描述的工艺过程,以及利用传统数字计算机难以获得令人满意效果的诸多问题,在冶金行业应用中已表现出了很大的优势,越来越受到广大冶金工作者的重视。

3.2.2 专家系统

专家系统(expert system)是一个智能计算机程序系统,其内部含有大量的某个领域专家水平的知识与经验,能够利用人类专家的知识和解决问题的方法来处理该领域问题。也就是说,专家系统是一个具有大量的专门知识与经验的程序系统,它应用人工智能技术和计算机技术,根据某领域一个或多个专家提供的知识和经验,进行推理和判断,模拟人类专家的决策过程,以便解决那些需要人类专家处理的复杂问题,简而言之,专家系统是一种模拟人类专家解决领域问题的计算机程序系统。

专家系统是人工智能中最重要的也是最活跃的一个应用领域,它实现了人工智能从理论研究走向实际应用、从一般推理策略探讨转向运用专门知识的重大突破。专家系统的发展已经历了三个阶段,正向第四代过渡和发展。第一代专家系统(dendral、macsyma 等)以高度专业化、求解专门问题的能力强为特点,但在体系结构的完整性、可移植性等方面存在缺陷,求解问题的能力弱;第二代专家系统(mycin、casnet、prospector、hearsay 等)属单学科专业型、应用型系统,其体系结构较完整,移植性方面也有所改善,而且在系统的人机接口、解释机制、知识获取技术、不确定推理技术、增强专家系统的知识表示和推理方法的启发性、通用性等方面都有所改进;第三代专家系统属多学科综合型系统,采用多种人工智能语言,综合采用各种知识表示方法和多种推理机制及控制策略,并开始运用各种知识工程语言、骨架系统及专家系统开发工具和环境来研制大型综合专家系统。在总结前三代专家系统的设计方法和实现技术的基础上,已开始采用大型多专家协作系统、多种知识表示、综合知识库、自组织解题机制、多学科协同解题与并行推理、专家系统工具与环境、人工神经网络知识获取及学习机制等最新人工智能技术来实现具有多知识库、多主体的第四代专家系统。专家系统的理论和技术不断发展,应用渗透到几乎各个领域,包括生物、医学、材料、冶金、农业、气象、地质勘探、军事、工程技术、计算机设计和制造等众多领域,在这些领域中开发了大量的专家系统,其中不少在功能上已达到甚至超过同领域中人类专家的水平,并在实际应用中产生了巨大的经济效益。

对专家系统可以按不同的方法分类。通常,可以按应用领域、知识表示方法、控制策略、任务类型等分类。如按任务类型来划分,常见的有解释型、预测型、诊断型、调试型、维护型、规划型、设计型、监督型、控制型、教育型等。

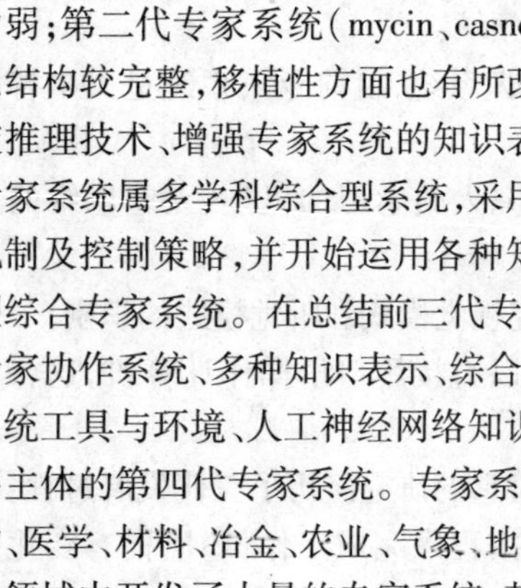

图 3-1　专家系统的一般结构

专家系统与传统的计算机程序系统有着完全不同的体系结构,通常它由知识库、推理机、综合数据库、知识获取机制、解释机制和人机接口等几个基本的、独立的部分组成,如图 3-1 所示,其中尤以知识库与推理机相互分离而别具特色。专家系统的体系结构随专家系统的类型、功能和规模的不同而有所差异。

为了使计算机能运用专家的领域知识,必须要采用一定的方式表示知识。目前常用的知识表示方式有产生式规则、语义网络、框架、状态空间、逻辑模式、脚本、过程、面向对象等。基于规则的产生式系统是目前实现知识运用最基本的方法。产生式系统由综合数据库、知识库和推理机三个主要部分组成,综合数据库包含求解问题的世界范围内的事实和断言。知识库包含所有用“如果:(前提),于是:(结果)”形式表达的知识规则。推理机(又称规则解释器)的任务是运用控制策略找到可以应用的规则。正向链的策略是寻找出前提可以同数据库中的事实或断言相匹配的那些规则,并运用冲突的消除策略,从这些都可满足的规则中挑选出一个执行,从而改变原来数据库的内容。这样反复地进行寻找,直到数据库的事实与目标一致即找到解答,或者到没有规则可以与之匹配时才停止。逆向链的策略是从选定的目标出发,寻找执行后果可以达到目标的规则:如果这条规则的前提与数据库中的事实相匹配,问题就得到解决;否则把这条规则的前提作为新的子目标,并对新的子目标寻找可以运用的规则,执行逆向序列的前提,直到最后运用的规则的前提可以与数据库中的事实相匹配,或者直到没有规则再可以应用时,系统便以对话形式请求用户回答并输入必需的事实。

早期的专家系统采用通用的程序设计语言(如Fortran、Pascal、Basic等)和人工智能语言(如Lisp、Prolog、Smalltalk等),通过人工智能专家与领域专家的合作,直接编程来实现。其研制周期长、难度大,但灵活实用,至今尚为人工智能专家所使用。大部分专家系统研制工作已采用专家系统开发环境或专家系统开发工具来实现,领域专家可以选用合适的工具开发自己的专家系统,大大缩短了专家系统的研制周期,从而为专家系统在各领域的广泛应用提供了条件。

3.2.3 人工神经网络

人工神经网络(artificial neural networks,简称ANN),是最近发展起来的十分热门的交叉学科,有着非常广泛的应用背景,这门学科的发展对目前和未来的科学技术的发展将有重要的影响。人工神经网络采用物理可实现的器件或采用现有的计算机来模拟生物体中神经网络的某些结构与功能,并反过来用于工程或其他的领域。人工神经网络是一个多学科、综合性的研究领域,涉及神经科学、语言学、脑科学、认知科学、计算机科学和数理科学等,是基于连接机制的人工智能模拟。神经网络系统是由大量的、同时也是简单的处理单元(或称神经元)广泛地互相连接而成的复杂网络系统。它是一个高度复杂的非线性动力学系统,具有高维性、广泛互联性和自适应性。

人工神经网络的着眼点不是用物理器件去完整地复制生物体中神经细胞网络,而是采纳其可利用的部分来克服目前计算机或其他系统不能解决的问题。与以往的基于符号机制的计算机理论不同,神经网络基于连接机制的大规模并行处理和分布式的信息存储,它是依靠大量神经元广泛互连以及这种连接所引起的神经元的不同的兴奋状态和系统所表现出的总体行为进行工作。

人工神经网络的一个重要特性是,在网络中处理过程是以数值方式进行的,而不是以符号方式进行的。网络可通过以下方式记忆信息:

(1) 通过网络的信息量的大小;

(2) 相邻节点的连接强度。

3.2.3.1 人工神经网络的性质

人工神经网络具有一系列使其优于其他计算方法的性质,如下所述:

(1) 信息分布在大量节点中,因而其灵活性强于符号处理。在符号处理中,信息是表达在某一固定位置的。

(2) 人工神经网络具有学习功能。如果有一误差或新情况出现,而导致系统结果不准确,需进行修正直至误差消失为止,这时系统也就有效地学会了这种修正方法。

在符号处理(如故障诊断专家系统)中,学习是非常困难的。系统在面临新情况时,就变得不可靠。程序员必须再编制一系列新的规则来修正这一情况。因此,具有学习功能的系统能显著地提高准确度。

(3) 人工神经网络能广泛地进行知识索引(knowledge indexing)。在采用基于规则的知识的符号处理程序中,知识索引可能是很笨拙的,可能很难对信息进行访问,在检索信息时可能要浪费很多时间。

人工神经网络具有内在的知识索引功能。例如,它能回响与一个化学名称、一个过程或一系列过程条件相联系的不同的信息。信息在网络中是以两种方式保留的:节点之间的连接,这些连接的权重。由于具有如此之多的相互连接,人工神经网络可以索引和存储大量与变量间相互联系、相对应的信息。

(4) 人工神经网络更适于处理带噪声的、不完整或不一致的数据。在人工神经网络中,某一输入与某一输出的联系不是由某个单独的节点直接负责的。相反,每一节点反映出输入-输出模式的一个微特征(microfeature)。微特征的概念意味着每个节点只是轻微地影响输入-输出模式。只有当将所有的节点组织在一起,构成一个单独的完整网络时,这些微特征才能反映出宏观的输入-输出模式。除了人工神经网络的微特征概念外,送入节点及由节点发出的信号是连续函数,所以人工神经网络可以从即使是带噪声的、不完整的或不一致的输入信号中导出恰当的结论。

(5) 人工神经网络能够模拟人类的学习过程。人类大多数的学习与问题求解过程都采用尝试法。人工神经网络以相同方式工作,可以通过反复调整节点之间的连接权重来训练网络。经过反复调整之后,人工神经网络可以很好地预测原因-结果关系。

3.2.3.2　人工神经网络节点的组成

人工神经网络的基础是神经节点(neurode)。在大多数科学与工程应用中,这种节点被称为处理单元(processing element,简称 PE)。图 3-2 给出了一个处理单元的结构。处理单元是人工神经网络中进行绝大部分计算的基本单元。

A　输入与输出

第 j 个处理单元的第一个组成部分是一个输入矢量 $\boldsymbol{a}$,其组成元素为 $a_1, a_2, \cdots, a_j, \cdots, a_n$,节点对这些输入或激活值进行处理,得到输出值 b_j,此输出值即构成其他处理单元输入的一部分。

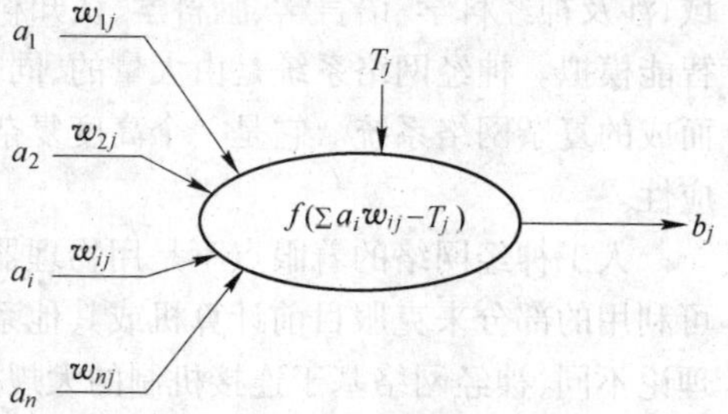

图 3-2　第 j 个处理单元的结构

B　权重因子

影响处理单元的因素除输入矢量 $\boldsymbol{a}$ 的元素值外,还有如权重因子 w_{ij}(weight factor)这样的因素,它反映出第 i 个输入 a_i 对于第 j 个节点的影响。每一个输入值要乘以相应的权重因子。权重因子具有抑制或激活处理单元的作用。调整 w_{ij} 使得 $a_i w_{ij}$ 的值为正(最好是足够大),即可激活处理单元。如果 $a_i w_{ij}$ 的值为负,该节点将被抑制。如果 $a_i w_{ij}$ 在数量上与其他信号相比非常小,则 $a_i w_{ij}$ 对该节点的影响将很小或无影响。

C　内部阈值

第 j 个处理单元的内部阈值(internal shreshold),记为 T_j,用来控制节点的激活值。将节点所有 $a_i w_{ij}$ 相加,然后减去内部阈值得到总激活值 TA(total activation):

$$\mathrm{TA} = \sum_{i=1}^{n} (a_i w_{ij}) - T_j \tag{3-1}$$

如果 T_j 值很大且为正,表明节点具有很高的内部阈值,将抑制节点的激活。如果 T_j 值为零(或为负),则表明节点具有低的内部阈值,低的内部阈值可刺激节点的激活。

并非所有的处理单元都有内部阈值,如果未指定内部阈值,则假定 T_j 为零。

D　函数形式

处理单元根据其输入进行计算,得到矢量 $\boldsymbol{a}$ 与矢量 $\boldsymbol{w}_j = [w_{ij}, w_{2j}, \cdots, w_{nj}]^{\mathrm{T}}$ 的点积(dot product),减去阈值 T_j,将此结果传给某一函数形式 f,因此,节点的计算为:

$$f(\boldsymbol{w}_j \cdot \boldsymbol{a} - T_j) = f(\sum_{i=1}^{n} w_{ij} a_i) - T_j \tag{3-2}$$

以上计算是输入函数与内部阈值之间的差(difference)或误差(error)的函数。

可以为f选择所希望的函数形式——平方根、乘积、对数 log 等。已发现 Sigmoid (S 型)函数具有特殊的优点。典型的 Sigmoid 函数为:

$$f(x)=\frac{1}{1+e^{-x}} \tag{3-3}$$

Sigmoid 函数是一种单调上升函数,其极限值为 0(当 $x=-\infty$)和 1(当 $x=+\infty$)。由于这两个极限值,Sigmoid 函数被称为阈值函数(threshold function)。当输入值很低时,阈值函数的输出为 0;当输入值很高时,阈值函数的输出值为 1。

另一可用的阈值函数是双曲正切函数:

$$f(x)=\tanh x=\frac{e^{x}-e^{-x}}{e^{x}+e^{-x}} \tag{3-4}$$

其极限值为 -1 和 +1。

第三个常用的函数是平方比,其极限值为 0 和 1。

$$f(x)=\begin{cases}\dfrac{x^2}{1+x^2}(x>0)\\ 0(x\leqslant 0)\end{cases} \tag{3-5}$$

通常来说,Sigmoid(S 型)函数可得到较好的人工神经网络行为。当采用 Sigmoid 函数时,可直接表达权重因子的抑制和激活作用(即 $w_{ij}<0$ 为抑制,$w_{ij}>0$ 为激活)。Sigmoid 函数为连续单调函数,即使当 x 趋于 $\pm\infty$ 时,其效果也很好。由于其是单调函数,训练更为有效。

3.2.3.3 人工神经网络的拓扑结构

人工神经网络的拓扑结构是指它的处理单元是如何相互连接的。图 3-3 所示为一种很常见的拓扑连接。该网络有三层,其中一层为隐含层,每一节点的输出被送到下一层的所有节点。通过将这些处理单元组成层,将其相互连接起来,并对连接进行加权,从而形成神经网络的拓扑结构或构造。

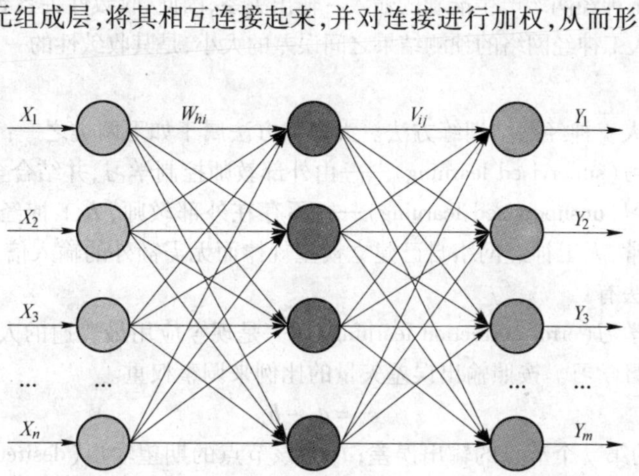

图 3-3 人工神经网络一般拓扑结构

节点之间的相互连接构成人工神经网络,其中每一层对于人工神经网络的成功都是至关重要的。可以把人工神经网络看成一个通过输入层的所有节点输入特定信息的“黑盒子”(black box)。人工神经网络通过节点之间的相互连接关系来处理这些信息。最后,从输出层的节点给出最终结果。

网络中每一层的作用总结如下：

输入层——从外部接收信息并将此信息传入人工神经网络,以进行处理。

隐含层——接收输入层的信息,静静地对所有的信息进行处理,整个处理步骤用户是看不见的。

输出层——接收人工神经网络处理后的信息,将结果送到外部接收器。

(1) 抑制或激活连接。如上所述,连接能够抑制或激活节点。如果权重为正,它将激活节点,增大处理单元的激活值。如果权重为负,将抑制节点。如果信号是高度抑制的,它可能会使输入下降到阈值水平以下,从而使节点关闭。

(2) 连接选择。有三种连接选择。在层内连接(interlayer connections)中,一个节点的输出被送到同一层的其他节点。在层间连接(interlayer connections)中,某一层的一个节点的输出被送到另一层的节点。在递归连接(recurrent connections)中,一个节点的输出被送回该节点本身。

在层间连接图中,有两种选择:1) 前馈连接;2) 反馈连接。

有关人工神经网络训练的严格数学理论尚不多见。大多数方法基于前馈网络,因为它们最适用于科学与工程领域,方法简单,运用起来直观。

3.2.3.4　人工神经网络的学习与训练

为了训练人工神经网络,要调整权重因子,直至基于给定的输入所得到的输出模式(响应)与所期望的原因-结果关系相匹配为止。学习是根据尝试法调整权重因子的实际过程。人工神经网络有许多自由变量可供调整。

A　稳定性与收敛性

训练过程需要产生一个既稳定又收敛的人工神经网络。一个全局稳定的人工神经网络能将任意输入集合映射到一个稳定的输出。稳定性能确保一个结果,但不一定能确保一个准确的结果。

一个收敛的人工神经网络产生准确的输入-输出关系,因此,收敛性关系到人工神经网络的准确性。实际结果与人工神经网络的预测结果之间误差的大小,是其收敛性的一个直接衡量指标。

B　学习类型

有许多不同的人工神经网络训练方法。大多数方法属于如下两类之一：

(1) 有监督学习(supervised learning)——由外部教师控制学习,并结合全局信息。

(2) 无监督学习(unsupervised learning)——不存在外部教师,人工神经网络依赖于内部控制和局部信息。通常,人工神经网络自己建立模型规律而无需额外的输入信息。

常用的学习方法有：

(1) 误差修正学习(error-correction learning)——是现今应用最普遍的人工神经网络学习方法。它是一种有监督学习。按照输出误差矢量的比例来调整权重。

$$\varepsilon_n = d_n - b_n \tag{3-6}$$

式中,ε_n 为输出层的第 n 个节点的输出误差;d_n 为该节点的期望输出(desired output);b_n 为该节点的计算输出。

输出误差矢量有 n 个元素,n 为输出层的节点数。然后计算输出层的总平方误差：

$$E = \sum_n \varepsilon_n^2 = \sum_n (d_n - b_n)^2 \tag{3-7}$$

已知 E,可以计算出与第 j 个节点连接的第 i 个连接权重因子的变化 Δw_{ij}：

$$\Delta w_{ij} = \beta_j a_i E \tag{3-8}$$

式中,β_j 为节点 j 的一个线性比例常数,通常 $0 < \beta_j < 1$;a_i 为节点 j 的第 i 个输入。

(2) 强化学习(reinforcement learning)——这是一种与误差修正学习很接近的有监督学习方

法。在误差修正学习中,计算误差值的一个矢量 $\boldsymbol{\varepsilon}$,因此,有 n 个不同的误差值反映人工神经网络的整体效果。相反,强化学习仅用一个标量误差值反映人工神经网络的整体效果。由于只考虑一个误差值,强化学习通常比经典误差修正学习更简单容易。强化学习是“有选择的监督”,需要较少的、也许是在很少的区间中的信息。

(3) 随机学习(stochastic learning)——应用统计学、概率论或随机过程调节连接权重,只接受可减小误差矢量 $\boldsymbol{\varepsilon}$ 的随机权重变化。如果随机权重变化使 $\boldsymbol{\varepsilon}$ 增大,通常放弃这种变化。然而,如果根据特定的概率分析,某种变化能使误差趋于全局最小的概率高于平均概率,也可接受这种变化。接受看起来较差的权重可使得随机过程避免局部最小,达到全局最小。

(4) Hebb 学习(hebbian learning)——根据两节点之间的关系调整权重。最简单的 Hebb 学习方式采用直接比例法。对于相互连接的某一层的节点 a_i 与另一层的节点 b_j 来说,根据下式调整权重:

$$w_{ij,\mathrm{new}} = w_{ij,\mathrm{old}} + \beta_j a_i b_j \tag{3-9}$$

式中,β_j 为节点 j 的学习速度常数,$0<\beta_j<1$。

3.2.3.5 人工神经网络的运行

人工神经网络的运行分为三个阶段:

(1) 训练或学习阶段(training or learning phase);

(2) 回响阶段(recall phase);

(3) 预测(推广)阶段(generalization phase)。

在训练或学习阶段,反复向人工神经网络提供一系列输入 - 输出模式,通过不断调整节点之间的相互连接权重,直至特定的输入产生出所期望的输出。通过这些活动,使人工神经网络学会(learns)正确的输入 - 输出响应行为,然后就可以用来预测推广了。

3.2.4 模糊控制

在传统的控制领域里,控制系统动态模式的精确与否是影响控制优劣的最关键的因素,系统动态的信息越详细,则越能达到精确控制的目的。然而,对于复杂的系统,由于变量太多,往往难以正确地描述系统的动态,于是工程师便利用各种方法来简化系统动态,以达成控制的目的,但却不尽理想。换言之,传统的控制理论对于明确系统有强而有力的控制能力,但对于过于复杂或难以精确描述的系统,则显得无能为力了。因此便尝试着以模糊数学来处理这些控制问题。

自从 Zadeh 提出模糊集合论以来,模糊数学有了迅速发展,对于不明确系统的控制有极大的贡献,自 20 世纪 70 年代以后,便有一些实用的模糊控制器相继完成,使得模糊控制在控制领域中又向前迈进了一大步,模糊控制(fuzzy control)理论逐渐成熟并广泛应用于工业过程控制。

3.2.4.1 模糊逻辑基础

A 模糊关系

描述元素之间是否相关的数学模型称为关系,描述元素之间相关的程度的数学模型称为模糊关系。两个非空集合 U 与 V 之间直积:

$$U \times V = \{ <u,v> u \in U, v \in V\} \tag{3-10}$$

其中的一个模糊子集 $\tilde{R}$ 被称为 U 到 V 的模糊关系,又称二元模糊关系。其特性可以由下面的隶属函数来描述:

$$\mu_{\tilde{R}}: U \times V \rightarrow [0,1] \tag{3-11}$$

隶属函数 $\mu_{\tilde{R}}(u,v)$ 表示序偶 $<u,v>$ 的隶属程度,也描述了 (u,v) 间具有关系 $\tilde{R}$ 的量级。当论域为 n 个

集合 $U_i(i=1,2,\cdots,n)$ 的直积 $U_1\times U_2\times\cdots\times U_n$ 时，它们对应的模糊关系 $\widetilde{R}$ 则被称为 n 元模糊关系。

B 模糊矩阵

模糊关系可以用模糊矩阵、模糊图和模糊集表示法等形式表示。通常用模糊矩阵来表示二元模糊关系。

当 $X=\{x_i \mid i=1,2,\cdots,m\}$、$Y=\{y_j \mid j=1,2,\cdots,n\}$ 是有限集合时，则 $X\times Y$ 的模糊关系 R 可用下列 $m\times n$ 阶矩阵表示：

$$\boldsymbol{R}=\begin{bmatrix} r_{11} & r_{12} & \cdots & r_{1j} & \cdots & r_{1n} \\ r_{21} & r_{22} & \cdots & r_{2j} & \cdots & r_{2n} \\ \vdots & \vdots & & \vdots & & \vdots \\ r_{i1} & r_{i2} & \cdots & r_{ij} & \cdots & r_{in} \\ \vdots & \vdots & & \vdots & & \vdots \\ r_{m1} & r_{m2} & \cdots & r_{mj} & \cdots & r_{mn} \end{bmatrix} \tag{3-12}$$

式中，元素 $r_{ij}=\mu_R(x_i,y_j)$。

C 模糊关系运算

设模糊关系 $\widetilde{P}$、$\widetilde{Q}$、$\widetilde{R}\in F(U\times V)$，且 $\forall(u,v)\in U\times V$，则有以下基本运算性质：

(1) “交”运算 $\widetilde{R}=\widetilde{P}\cap\widetilde{Q}\Leftrightarrow\mu_{\widetilde{R}}(u,v)=\mu_{\widetilde{P}}(u,v)\wedge\mu_{\widetilde{Q}}(u,v)$ (3-13)

(2) “并”运算 $\widetilde{R}=\widetilde{P}\cup\widetilde{Q}\Leftrightarrow\mu_{\widetilde{R}}(u,v)=\mu_{\widetilde{P}}(u,v)\vee\mu_{\widetilde{Q}}(u,v)$ (3-14)

(3) “补”关系 $\widetilde{R}^c=\mu_{\widetilde{R}^c}(u,v)=1-\mu_{\widetilde{R}}(u,v)$ (3-15)

D 模糊关系合成

设 $\widetilde{P}$ 是 $U\times V$ 上的模糊关系，$\widetilde{Q}$ 是 $V\times W$ 上的模糊关系，则 $\widetilde{R}$ 是 $U\times W$ 上的模糊关系，它是 $\widetilde{P}\circ\widetilde{Q}$ 的合成，其隶属函数被定义为：

$$\mu_{\widetilde{R}}(u,w)\Leftrightarrow\mu_{\widetilde{P}\circ\widetilde{Q}}(u,w)=\bigvee_{v\in V}\left(\mu_{\widetilde{P}}(u,v)\wedge\mu_{\widetilde{Q}}(u,w)\right) \tag{3-16}$$

若式中算子 $\wedge$ 代表“取小——min”，$\vee$ 代表“取大——max”运算，这种合成关系即为最大值－最小值合成(max-min composition)，“$\circ$”为合成算子，合成关系 $\widetilde{R}=\widetilde{P}\circ\widetilde{Q}$。

E 模糊推理的 Zadeh 法

用传统的二值逻辑进行演绎推理和归纳推理时，只要大前提或推理规则是正确的，小前提是肯定的，那么就一定会得到确定的结论。对于利用模糊信息进行判断和决策问题，传统的形式逻辑和近代的数理逻辑均无法解决，需要采取模糊推理方式。模糊逻辑推理是一种不确定性的推理方法，是在二值逻辑三段论的基础上发展起来的，以模糊判断为前提，运用模糊语言规则，推出一个新的近似的模糊判断结论。

设模糊蕴含关系“若 A 则 B”用 $A\to B$ 表示，且 $A\in U$，$B\in V$，则 $A\to B$ 是 $U\times V$ 上的模糊关系，即：

$$(A\to B)(u,v)\Rightarrow R(u,v)\in U\times V \tag{3-17}$$

取

$$R(u,v)=(A(u)\wedge B(v))\vee(1-A(u)) \tag{3-18}$$

$$R(u,v)=1\wedge(1-A(u)+B(v)) \tag{3-19}$$

在确定了上述模糊关系之后，有如下模糊推理方法：

(1) 模糊取式推理。已知模糊蕴含关系 $A\to B$ 的关系矩阵 $\boldsymbol{R}$，对于给定的 A^*，$A^*\in U$，则可推得结论 B^*，$B^*\in V$，且

$$B^* = A^* \circ \boldsymbol{R} \tag{3-20}$$

（2）模糊拒式推理。已知模糊蕴含关系 $A \to B$ 的关系矩阵 $\boldsymbol{R}$，对于给定的 B^*，$B^* \in V$，则可推得结论 A^*，$A^* \in U$，且

$$A^* = \boldsymbol{R} \circ B^* \tag{3-21}$$

F 模糊推理的 Mamdani 法

Mamdani 模糊蕴含关系 $A \to B$ 用 A 和 B 的直积表示：

$$A \to B = A \times B \tag{3-22}$$

即

$$R(u,v) = A(u) \wedge B(v) \tag{3-23}$$

有如下推理过程：

（1）模糊取式推理。已知模糊蕴含关系 $A \to B$ 的关系矩阵，对于给定的 A^*，$A^* \in U$，则可推得结论 B^*，$B^* \in V$，且

$$B^* = \sup_{u \in U} \{A^*(u) \wedge (A(u) \wedge B(v))\} \tag{3-24}$$

（2）模糊拒式推理。已知模糊蕴含关系 $A \to B$ 的关系矩阵，对于给定的 B^*，$B^* \in V$，则可推得结论 A^*，$A^* \in U$，且

$$A^* = \sup_{u \in V} \{(A(u) \wedge B(v)) \wedge B^*(v)\} \tag{3-25}$$

3.2.4.2 模糊控制系统

模糊控制系统是一种自动控制系统，它以模糊数学、模糊语言形式的知识表示和模糊逻辑的规则推理为理论基础，采用计算机控制技术构成的一种具有反馈通道的闭环结构的数字控制系统。其核心是具有智能性的模糊控制器。

A 模糊控制系统组成

模糊控制系统通常由输入/输出接口、模糊控制器、执行机构、被控对象和测量装置等部分组成，如图 3-4 所示。

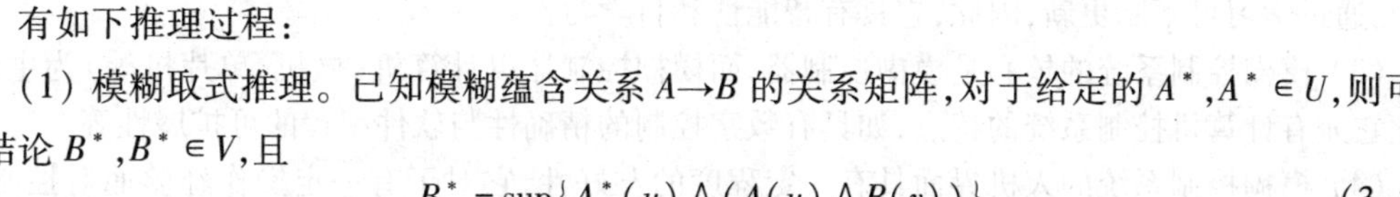

图 3-4 模糊控制系统组成框图

（1）被控对象。它可以是一种设备或装置以及它们的群体，也可以是一个生产的、自然的、社会的、生物的或其他各种的状态转移过程。这些被控对象可以是确定的或模糊的、单变量的或多变量的、有滞后或无滞后的，也可以是线性的或非线性的、定常的或时变的，以及具有强耦合和干扰等多种情况。对于那些难以建立精确数学模型的复杂对象，更适宜采用模糊控制。

（2）执行机构。执行机构有电气的，如各类交、直流电动机，伺服电动机，步进电动机等，还有气动的和液压的，如各类气动调节阀和液压马达、液压阀等。

（3）控制器。控制器是各类控制系统的核心部分。由于被控对象的不同，以及对系统静态、动态特性的要求和所应用的控制规则（策略）相异，可以构成各种类型的控制器。在模糊控制理论中，采用基于模糊知识表示和规则推理的语言型“模糊控制器”，是模糊控制系统区别于其他自动控制系统的特点所在。

（4）输入/输出（I/O）接口。模糊控制系统与其他全数字控制系统或混合控制系统一样，必须具备模/数（A/D）、数/模（D/A）转换单元。不同的是在模糊控制系统中，还应该有“模糊化”

与“解模糊”环节。

(5) 测量装置。它是将被控对象的非电量,如流量、温度、压力、速度、浓度等转换为电信号的一类装置。测量装置的精度往往直接影响整个系统的性能指标,因此要求精度高、可靠且稳定性好。

B　模糊控制系统特点

模糊控制系统具有如下特点:

(1) 模糊控制系统不依赖于系统精确的数学模型,特别适宜于复杂系统或过程采用,因为它们的精确数学很难获得或根本无法找到。

(2) 模糊控制中的知识表示、模糊规则和合成推理是基于专家知识或熟练操作者的成熟经验,并通过学习可不断更新,因此,它具有智能性和自学习性。

(3) 模糊控制系统的核心是模糊控制器,而模糊控制器以计算机(微机、单片机等)为主体,因此它兼有计算机控制系统的特点,如具有数字控制的精确性与软件编程的可扩展性等。

(4) 模糊控制系统的人机界面具有一定程度的友好性,它对于有一定操作经验而对控制理论并不熟悉的工作人员来说,很容易掌握和理解。

3.2.4.3　模糊控制器

模糊控制器(FC,fuzzy controller)也称为模糊逻辑控制器(FLC,fuzzy logic controller),是模糊控制系统的核心。一个模糊控制系统的性能优劣,主要取决于模糊控制器的结构,所采用的模糊规则、合成推理算法,以及模糊决策方法等因素。由于其所采用的模糊控制规则是由模糊条件语句来描述的,因此模糊控制器是一种语言型控制器。

模糊控制器由输入量模糊化接口、数据库、规则库、推理机和输出解模糊接口五个部分组成,如图 3-5 所示。

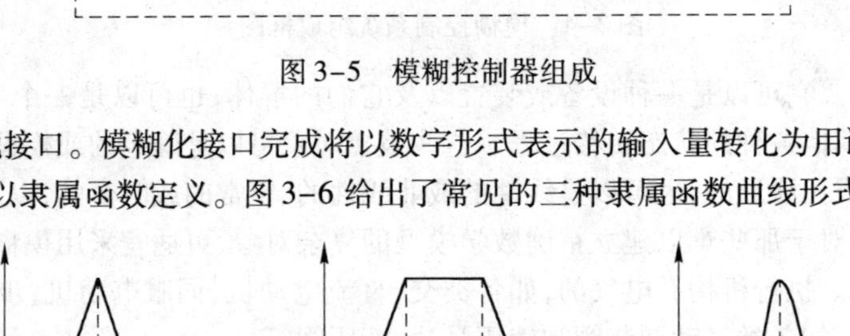

图 3-5　模糊控制器组成

(1) 模糊化接口。模糊化接口完成将以数字形式表示的输入量转化为用语言变量表示的模糊子集的任务,以隶属函数定义。图 3-6 给出了常见的三种隶属函数曲线形式。

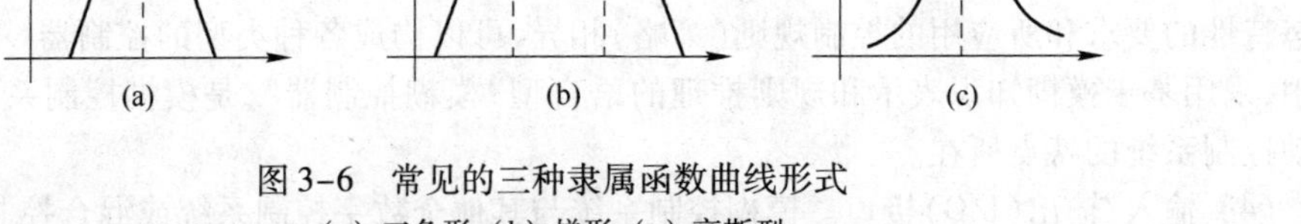

图 3-6　常见的三种隶属函数曲线形式

(a) 三角形;(b) 梯形;(c) 高斯型

(2) 数据库。数据库所存放的是所有输入、输出变量的全部模糊子集的隶属度矢量值(即经过论域等级的离散化以后对应值的集合),若论域为连续域,则为隶属函数。此外数据库还包括量化等级的选择、量化方式、比例因子等。

(3) 规则库。用一系列模糊条件描述的模糊控制规则,常采用“IF…THEN…”的形式,如:

Rule1:IF Ai IS PB AND Bi IS PB THEN Ci IS NB

…… …… …… ……

RuleN:IF Ai IS NM AND Bi IS NS THEN Ci IS PM

它们构成了模糊控制规则库。

目前规则库的建立方法主要有专家经验法、系统辨识模型法、自组织法等。

(4) 推理机。模糊逻辑推理是模糊控制器的核心,它利用数据库和规则库的信息,主要是隶属函数与控制规则,运用模糊数学理论,模拟大脑的推理决策过程,根据规则对输入的一系列条件进行综合评估,给出合适的模糊输出量。

(5) 解模糊接口。显然,模糊输出量是不能直接去控制或驱动执行机构的,还须确定一个认为最具代表性的值作为真正的输出控制量,这就是解模糊计算(defuzzification)(又称为反模糊化)。常用的解模糊计算方法有最大隶属度法、重心法、加权平均法等,具体选择因系统特性而异。

3.3 过程控制常用模型及其算法

3.3.1 基于时间序列的预报模型

时间序列是随时间改变而随机变化的序列。时间序列分析的目的是找出它的变化规律,它是基于实测数据的统计分析方法,是对时间(或空间)轴上的随机变量建立数学统计模型而进行的。目前的统计模型有两种形式:回归模型(回归分析法)以及在此基础上发展起来的时间序列模型(时间序列分析法,或简称为时序分析或时序方法)。随着时间序列理论的发展,逐渐形成了一整套模拟、估计、建模、预测和控制的理论及方法,它们在动态数据的处理分析、复杂信息的加工提取、预测未来和在线控制等方面显示出比传统的数理统计静态处理手段无可比拟的优越性。随着计算技术的发展,时间序列方法越来越多地渗透到工业、农业、经济及社会科学等各个领域,呈现出越来越旺盛的生命力。

时间序列$\{x_t\}$的预测是指:如果x_t已经知道,要求对$t+1(1>0)$的未来数值x_{t+1}进行预测,该预测值用$x_t(1)$表示,并称为在起始时刻t向前1步的预测值。预测的目的是使时间序列未来值的预测误差尽可能地小,由于预测误差是一个随机变量,应该使这个随机变量的方差最小,因此希望这样选择预测值$x_t(1)$,使得

$$E[\hat{e}_t(l)]^2 = E[x_{t+1} - \hat{x}_t(l)]^2 \tag{3-26}$$

成为最小,这样的预测称为在时刻t对未来时刻$t+1$的最小方差预测,而最小方差预测是由x_{t+1}的条件期望得出的,即:

$$\hat{x}_t(l) = E[x_{t+1} | x_t, x_{t-1}, \cdots, x_l] \tag{3-27}$$

时间序列模型主要有三种:AR模型(自回归模型)、MA模型(滑动平均模型)和ARMA模型(自回归滑动平均模型或混合模型)。其中,ARMA模型是时间序列模型中最常用、最成熟的一种模型。

ARMA模型时间序列分析法简称为时序分析法,是一种利用参数模型对有序随机振动响应

数据进行处理,从而进行模态参数识别的方法。1969 年 H. Akaike 首次利用自回归滑动平均 ARMA 模型进行了白噪声激励下的模态参数识别。

N 个自由度的线性系统激励与响应之间的关系可用高阶微分方程来描述,在离散时间域内,该微分方程变成由一系列不同时刻的时间序列表示的差分方程,即 ARMA 时序模型方程:

$$\sum_{k=0}^{2N} a_k x_{t-k} = \sum_{k=0}^{2N} b_k f_{t-k} \tag{3-28}$$

式(3-28)表示响应数据序列 x_t 与历史值 x_{t-k} 的关系,其中等式的左边称为自回归差分多项式,即 AR 模型,右边称为滑动平均差分多项式,即 MA 模型。$2N$ 为自回归模型和滑动均值模型的阶次,a_k、b_k 分别表示待识别的自回归系数和滑动均值系数,f_t 表示白噪声激励。当 $k=0$ 时,设 $a_0=b_0=1$。

由于 ARMA 过程 $\{x_t\}$ 具有唯一的平稳解为:

$$x_t = \sum_{i=0}^{\infty} h_i f_{t-i} \tag{3-29}$$

式中,h_i 为脉冲响应函数。

x_t 的相关函数为:

$$R_\tau = E[x_t x_{t+\tau}] = \sum_{i=0}^{\infty}\sum_{k=0}^{\infty} h_i h_k E[f_{t-i} f_{t+\tau-k}] \tag{3-30}$$

f_t 是白噪声,故:

$$E[f_{t-i} f_{t+\tau-k}] = \begin{cases} \sigma^2 & k=\tau+i \\ 0 & \text{other} \end{cases} \tag{3-31}$$

式中,σ^2 为白噪声方差。

将此结果代入式(3-30),即可得:

$$R_\tau = \sigma^2 \sum_{i=0}^{\infty} h_i h_{i+\tau} \tag{3-32}$$

因为线性系统的脉冲响应函数 h_i 是脉冲信号 δ,激励该系统时的输出响应,故由 ARMA 过程定义的表达式为:

$$\sum_{k=0}^{2N} a_k h_{t-k} = \sum_{k=0}^{2N} b_k \delta_{t-k} = b_t \tag{3-33}$$

利用式(3-32)和式(3-33),可以得出:

$$\sum_{k=0}^{2N} a_k R_{l-k} = \sum_{i=0}^{\infty} h_i \sum_{k=0}^{2N} a_k \delta_{i+l-k} = \sigma^2 \sum_{i=0}^{\infty} h_i b_{i+l} \tag{3-34}$$

对于一个 ARMA 过程,当 l 大于其阶次 $2N$ 时,参数 $b_k=0$。故当 $l>2N$ 时,式(3-34)恒等于零,于是有:

$$R_l + \sum_{k=0}^{2N} a_k R_{l-k} = 0, l > 2N \tag{3-35}$$

或写成:

$$\sum_{k=0}^{2N} a_k R_{l-k} = -R_l, l > 2N \tag{3-36}$$

设相关函数的长度为 L,并令 $M=2N$。对应不同的 l 值,代入以上公式可得一组方程:

$$\begin{cases} a_1 R_M + a_2 R_{M-1} + \cdots + a_M R_1 = R_{M+1} \\ a_1 R_{M+1} + a_2 R_M + \cdots + a_M R_2 = R_{M+2} \\ \vdots \\ a_1 R_{L-1} + a_2 R_{L-2} + \cdots + a_M R_{L-M} = R_L \end{cases} \tag{3-37}$$

将式(3-37)方程组写成矩阵形式，则有：

$$\begin{bmatrix} R_M & R_{M-1} & \cdots & R_1 \\ R_{M+1} & R_M & \cdots & R_2 \\ \vdots & \vdots & & \vdots \\ R_{L-1} & R_{L-2} & \cdots & R_{L-M} \end{bmatrix} \begin{Bmatrix} a_1 \\ a_2 \\ \vdots \\ a_M \end{Bmatrix} = \begin{Bmatrix} R_{M+1} \\ R_{M+2} \\ \vdots \\ R_L \end{Bmatrix} \tag{3-38}$$

或缩写为：

$$[R]_{(L-M)\times M}\{a\}_{M\times 1} = \{R'\}_{(L-M)\times 1} \tag{3-39}$$

式(3-39)为推广的 Yule-walker 方程。一般情况下，由于 L 比 $2N$ 大得多，采用伪逆法可求得方程组的最小二乘解，即：

$$\{a\} = ([R]^{\mathrm{T}}[R])^{-1}([R]^{\mathrm{T}}\{R'\}) \tag{3-40}$$

由此求得自回归系数 $a_k(k=1,2,\cdots,2N)$。

滑动平均模型系数 $b_k(k=1,2,\cdots,2N)$ 可通过以下非线性方程组来求解：

$$\begin{cases} b_0^2 + b_1^2 + \cdots + b_M^2 = c_0 \\ b_0 b_1 + \cdots + b_{M-1} b_M = c_1 \\ \qquad\vdots \\ b_0 b_M = c_M \end{cases} \tag{3-41}$$

其中：

$$c_k = \sum_{i=0}^{2N}\sum_{j=0}^{2N} a_i a_j C_{k-i+j}, k = 0,1,2,\cdots,2N \tag{3-42}$$

式中，c_k 为响应序列 x_t 的自协方差函数。

滑动平均模型 MA 系数 b_k 的估算方法很多，主要有基于 Newton-Raphson 算法的迭代最优化方法和基于最小二乘原理的次最优化方法。

当求得自回归系数 a_k 和滑动均值系数 b_k 后，可以通过 ARMA 模型传递函数的表达式计算系统的模态参数，ARMA 模型的传递函数为：

$$H(z) = \frac{\sum_{k=0}^{2N} b_k z^{-k}}{\sum_{k=0}^{2N} a_k z^{-k}} \tag{3-43}$$

用高次代数方程求解方法计算分母多项式方程的根：

$$\sum_{k=0}^{2N} a_k z^{-k} = 1 + a_1 z + a_2 z^{-2} + \cdots + a_{2N} z^{-2N} = 0 \tag{3-44}$$

或表示成以下形式的方程：

$$z^{2N} + a_1 z^{2N-1} + \cdots + a_{2N-1} z + a_{2N} = 0 \tag{3-45}$$

求解得到的根为传递函数的极点，它们与系统的模态频率 ω_k 和阻尼比 ξ_k 的关系为：

$$\begin{cases} z_k = \exp(s_k \Delta t) = \exp[(-\xi_k\omega_k + j\omega_k\sqrt{1-\xi_k^2})\Delta t] \\ z_k^* = \exp(s_k^* \Delta t) = \exp[(-\xi_k\omega_k - j\omega_k\sqrt{1-\xi_k^2})\Delta t] \end{cases} \tag{3-46}$$

并且由式(3-46)可求得模态频率 ω_k 和阻尼比 ξ_k，即：

$$\begin{cases} R_k = \ln z_k = s_k \Delta t \\ k\omega_r = |R_k|/\Delta t \\ \xi_k = \sqrt{\dfrac{1}{1+(\mathrm{Im}R_k/\mathrm{Re}R_k)^2}} \end{cases} \tag{3-47}$$

为计算模态振型,需要先求出留数。设 q 点处激励 p 点响应的传递函数 $H_{pq}(s)$ 的第 k 阶留数为 A_{kpq},可用下式计算留数:

$$A_{kpq} = \lim_{z \to z_k} H_{pq}(z)(z - z_k) = \left. \frac{\sum_{k=0}^{2N} b_k z^{-k}}{\sum_{k=0}^{2N} a_k z^{-k}} (z - z_k) \right|_{z = z_k} \tag{3-48}$$

振型向量可以通过对一系列响应测点求出的留数处理得到。对于一个有 n 个响应测点的结构,首先需要从 n 个对应同一阶模态的留数中找出绝对值最大的测点,假设该点是测点 m,对应第 k 阶模态的归一化复振型向量可由下式求出:

$$\{\phi_k\} = [A_{k1q} \quad A_{k2q} \quad \cdots \quad A_{knq}]^T / A_{kmq} \tag{3-49}$$

下面是在 Matlab 环境下建立一个简单时间序列分析 ARMA 模型的代码。

```
% ARMA 模型的一般形式用黑盒子模型表示为 A(q)y(t) = C(q)e(t)。q 是滞后算子。
% 或者是:(1 + a1 * q^( -1) + a2 * q^( -2) + a3^( -3) + a4 * q^( -4))y(t) = (1 + c1 * q^( -1)
+ c2 * q^( -2) + c3^( -3) + c4 * q^( -4))e(t)
% 这里多项式 A 和 C 都只写出 4 阶。
clear all
clc
% 首先设定 ARMA 模型的多项式系数。ARMA 模型中只有多项式 A(q)和 C(q),
% 把 A(q)的系数都设为 0 就得到 MA 模型,把 C(q)的系数都设为 0 就得到 AR 模型。
a1 = -(0.5)^(1/3);
a2 = (0.5)^(2/3);
a3 = 0;
a4 = 0;
c1 = 0;
c2 = 0;
c3 = 0;
c4 = 0;
obv = 3000;                    % obv 是模拟的观测数目。
A = [1 a1 a2 a3 a4];
B = [];                        % 因为 ARMA 模型没有输入,因此多项式 B 是空的。
C = [1 c1 c2 c3 c4];
D = [];                        % 把 D 也设为空的。
F = [];                        % ARMA 模型里的 F 多项式也是空的。
m = idpoly(A,B,C,D,F,1,1)      % 这样就生成了 ARMA 模型,把它存储在 m 中。
                               % NoiseVariance 被设定为 1,1 也是默认值。抽样间隔 T s 设为 1。
error = randn(obv,1);          % 生成一个 obv * 1 的正态随机序列。准备用作模型的误差项。
e = iddata([],error,1);        % 用 randn 函数生成一个噪声序列。存储在 e 中。抽样间隔是 1 s。
% u = [];                      % 因为是 ARMA 模型,没有输出。所以把 u 设为空的。这句可省略。
y = sim(m,e);
get(y)                         % 使用 get 函数来查看动态系统的所有性质。
r = y.OutputData;              % 把 y.OutputData 的全部值赋给变量 r,r 就是一个 obv * 1 的向量。
figure(1)
plot(r)                        % 绘出 y 随时间变化的曲线,或者写成 plot(y),结果是一样的。
```

3.3.2 基于 BP 算法的预报模型

3.3.2.1 标准的 BP 算法

明斯基(Minsky)和波普特(Papert)在《感知机》一书中指出,造成感知机对“异或”问题无能的主要原因在于网络无中间隐单元作为输入模式的“内部表示”,提高网络联想能力的一个有效途径是给网络加上一个隐单元。然而,对于加入隐单元的多层网络,当输出存在误差时如何确定是哪一个连接权的“过错”并调整它,这在当时是一个没有解决的问题。误差逆传播(error back propagation,简称 EBP)或称逆传播(back fropagation,简称 BP)学习算法为解决这一问题提供了可能。逆传播学习在解决该问题时,把网络输出出现的误差归结为各连接权的过错,通过把输出层单元的误差逐层向输入层逆向传播以分摊给各层单元从而获得各层单元的参考误差以便调整相应的连接权。

最基本的 BP 网络是三层前馈,即输入层、隐含层和输出层单元之间前向连接。通常,网络可以有多个隐含层,可以跨层连接,可以有单元的自身反馈连接,也可以有层内单元的横向连接。网络通过多层误差修正梯度下降法离线学习,按离散时间方式运行。

误差逆传播学习通过一个使代价函数最小化过程完成从输入到输出的映射。通常,代价函数定义为所有输入模式上输出层单元希望输出与实际输出的误差平方和。

误差逆传播学习可分为两个阶段。在第一个阶段中,对于给定的网络输入,通过现有连接权将其正向传播,获得各个单元的实际输出(激活值);在第二个阶段中,首先计算出输出层各单元的一般化误差,这些误差逐层向输入层方向传播,以获得调整各个连接权所需的各单元参考误差。

误差逆传播学习实现了定义在整个模式训练集上代价函数曲面上的梯度下降,它可以被看成 LMS 算法在多层网络中的推广。这一点可以从误差逆传播学习算法的推导过程中看出。

设 E_k 为给网络提供模式对(A_k, C_k)时输出层上的代价函数,整个模式训练集上的全局代价函数为:

$$E = \sum_{k=1}^{p} E_k \tag{3-50}$$

对于第 k 个模式对,输出层单元 j 的加权为:

$$c_{j\text{net}} = \sum_{i=1}^{m} w_{ij} b_i \tag{3-51}$$

该单元的实际输出为:

$$c_j = f(c_{j\text{net}}) \tag{3-52}$$

面隐含层单元 i 的加权输入为:

$$b_{i\text{net}} = \sum_{h=1}^{L} v_{hi} a_h \tag{3-53}$$

该单元的实际输出为:

$$b_i = f(b_{i\text{net}}) \tag{3-54}$$

式(3-52)和式(3-54)中的函数为可微分非递减函数。

对于输出单元 j,定义一般化误差为:

$$d_j = -\frac{\partial E_k}{\partial c_{j\text{net}}} \tag{3-55}$$

式(3-55)可写成下面的形式:

$$d_j = -\frac{\partial E_k}{\partial c_j}\frac{\partial c_j}{\partial_{j\text{net}}} = -\frac{\partial E_k}{\partial c_j} f^{\gamma}(c_{i\text{net}}) \tag{3-56}$$

对于隐含单元 i,同样定义一般化误差为:

$$e_i = \frac{\partial E_k}{\partial b_{i\text{net}}} \tag{3-57}$$

类似地,e_i 有下面的形式:

$$\begin{aligned} e_i &= -\frac{\partial E_k}{\partial b_i}\frac{\partial b_i}{\partial b_{i\text{net}}} \\ &= f'(b_{i\text{net}})\left(-\frac{\partial E_k}{\partial b_i}\right) \\ &= f'(b_{i\text{net}})\left(-\sum_{i=1}^{n}\frac{\partial E_k}{\partial c_{j\text{net}}}\frac{\partial c_{j\text{net}}}{\partial b_i}\right) \\ &= f'(b_{i\text{net}})\sum_{j=1}^{n} d_j w_{ij} \end{aligned} \tag{3-58}$$

式(3-58)可视为前层单元误差逆传播到该层单元的误差。

在现有的连接权 w_{ij} 和 v_{hi} 下,为了减小代价函数 E_k,需决定如何变化连接权。这可由梯度下降规则来完成(即使连接权的变化正比于负梯度)。因此,有:

$$\begin{aligned} \Delta w_{ij} &= -\alpha\frac{\partial E_k}{\partial w_{ij}} \\ &= -\alpha\frac{\partial E_k}{\partial c_{j\text{net}}}\frac{\partial c_{j\text{net}}}{\partial w_{ij}} \\ &= \alpha d_j\left[\frac{\partial\left(\sum_{i=1}^{m} w_{ij} b_i\right)}{\partial w_{ij}}\right] \\ &= \alpha d_j b_i \end{aligned} \tag{3-59}$$

同理:

$$\begin{aligned} \Delta v_{hi} &= -\beta\frac{\partial E_k}{\partial v_{hi}} \\ &= -\beta\frac{\partial E_k}{\partial b_{i\text{net}}}\frac{\partial b_{i\text{net}}}{\partial v_{hi}} \\ &= \beta e_i \alpha_h \end{aligned} \tag{3-60}$$

式(3-59)、式(3-60)中,$\alpha(0<\alpha<1)$ 和 $\beta(0<\beta<1)$ 为学习率。

由于全局代价函数 E 是定义在整个训练集上的,要实现 E 曲面上真正的梯度下降,需在整个模式训练集中每一模式对提供给网络期间,保持连接权不变,求出 E 对连接权的负梯度,即:

$$-\frac{\partial E}{\partial w_{ij}} = \sum_{k=1}^{p}\left(-\frac{\partial E_k}{\partial w_{ij}}\right) \tag{3-61}$$

和

$$-\frac{\partial E}{\partial v_{hi}} = \sum_{k=1}^{p}\left(-\frac{\partial E_k}{\partial v_{hi}}\right) \tag{3-62}$$

此时,连接权的变化为:

$$\Delta w_{ij} = -\alpha\frac{\partial E}{\partial w_{ij}}$$

$$= \sum_{k=1}^{p}\left(-\alpha\frac{\partial E_k}{\partial w_{ij}}\right) \tag{3-63}$$

和

$$\begin{aligned}\Delta v_{hi} &= -\beta\frac{\partial E}{\partial w_{ij}}\\ &= \sum_{k=1}^{p}\left(-\beta\frac{\partial E_k}{\partial v_{hi}}\right)\end{aligned} \tag{3-64}$$

从式(3-63)和式(3-64)可以看出,连接权变化正比于整个模式集上各个模式对应的负梯度之和,因此这种算法的梯度下降偏离了 E 上真正的梯度下降。但是,当式(3-59)和式(3-60)中的学习率 α 和 β 足够小时,这种偏离是可以忽略的。这种每提供一模式对便进行一次连接权调整的学习算法通常称为标准误差逆传播。上面描述的误差逆传播算法就是标准的误差逆传播学习算法。

3.3.2.2 改进的 BP 算法

因为 BP 算法是建立在函数梯度基础上,按误差函数梯度下降的方向进行收敛的,这就不可避免面临下面的主要问题:

(1) 收敛因子 β 过大,会引起振荡甚至发散或收敛于局部极小值,β 太小,训练会很慢。

(2) 当训练过程随着向目标函数的极小点接近时,收敛速度逐渐下降,导致收敛速度缓慢。

为了解决上述问题,很多学者都提出了诸多改进算法,取得了很好的效果,以下介绍一种带动量项自适应调节的改进 BP 算法。

本算法是将梯度法与最优化的思想有机地结合起来,充分利用 $t-1$ 时刻的有效信息,提出的一种新的寻优算法。其基本思路为:如果连续迭代两次使$\frac{\partial E}{\partial BP(t)}$符号相同,表明“下降得慢了一点”,步长太小,这时应对其奖,增加步长;反之,如连续迭代两次使$\frac{\partial E}{\partial BP(t)}$符号相反,表明“下降得过头了”,步长太大,这时应对其罚,减少步长。为了使步长的每次改变不致幅度太大,采用如下的线性再励学习算法:

$$\Delta\eta(t) = \varepsilon\lambda\eta(t-1) \tag{3-65}$$

其中 $0 \leqslant \varepsilon \leqslant 1$ 为常数,一般可取 $\varepsilon = 0.20 \sim 0.30$,且 λ 定义为:

$$\lambda = \operatorname{sgn}\left(\frac{\partial E}{\partial BP(t)} \cdot \frac{\partial E}{\partial BP(t-1)}\right) \tag{3-66}$$

这时 BP 算法为:

$$BP(t+1) = BP(t) - \eta(t)\frac{\partial E}{\partial BP(t)} \tag{3-67}$$

则得到,带动量项的自适应调节步长快速通用 BP 算法为:

$$BP(t+1) = BP(t) - \eta(t)Z(t) \tag{3-68}$$

$$Z(t) = \frac{\partial E}{\partial BP(t)} + \alpha Z(t-1) \tag{3-69}$$

将神经网络各层的连接权值与阈值写成上式的形式得到三层误差反向传播带动量项的自适应调节步长快速 BP 算法:

$$W_{hi}(t+1) = W_{hi}(t) - \eta(t)Z(t) \tag{3-70}$$

$$Z(t) = \frac{\partial E}{\partial W_{hi}(t)} + \alpha Z(t-1) \tag{3-71}$$

$$\theta_i(t+1)=\theta_i(t)-\eta(t)Z(t) \tag{3-72}$$

$$Z(t)=\frac{\partial E}{\partial \theta_i(t)}+\alpha Z(t-1) \tag{3-73}$$

$$V_{ij}(t+1)=V_{ij}(t)-\eta(t)Z(t) \tag{3-74}$$

$$Z(t)=\frac{\partial E}{\partial V_{ij}(t)}+\alpha Z(t-1) \tag{3-75}$$

$$\gamma_j(t+1)=\gamma_j(t)-\eta(t)Z(t) \tag{3-76}$$

$$Z(t)=\frac{\partial E}{\partial \gamma_j(t)}+\alpha Z(t-1) \tag{3-77}$$

式中，$\alpha(0<\alpha<1)$为动量因子；$\beta(0<\beta<1)$为学习因子；t 为训练时间；E 为网络能量函数；$W(t)$ 为权值函数；$Z(t)$为引入的函数。

改进的 BP 算法程序设计流程如图 3-7 所示。

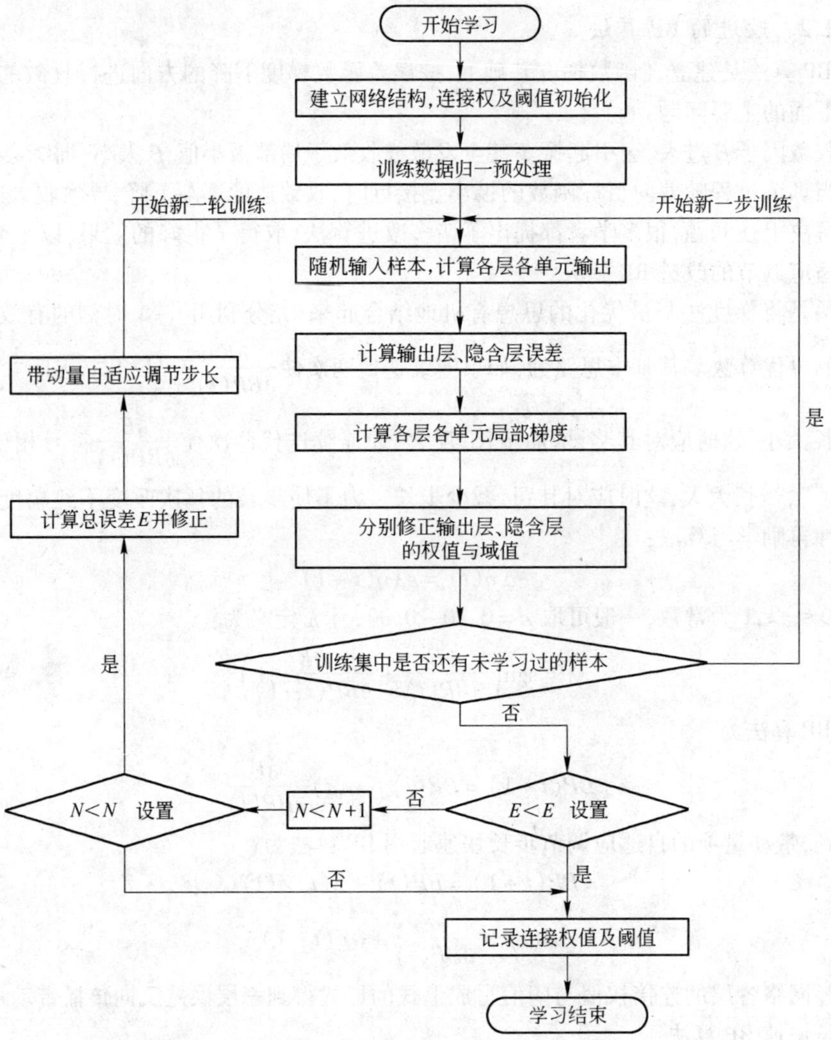

图 3-7 改进的 BP 算法程序设计流程

使用带动量项的线性再励的自适应变步长快速 BP 算法，在学习过程中使得权值的调节向着底部的平均方向变化，不致产生大的摆动，即起到缓冲平滑的作用，若系统进入函数曲面的平坦区，那么误差将变化很小，于是 $\Delta W(t+1)$ 近似于 $\Delta W(t)$，而平均的 ΔW 将变为：$\Delta W \approx \frac{-\beta}{1-\alpha} \cdot \frac{\partial E}{\partial W}$，式中的 $\frac{-\beta}{1-\alpha}$ 变得更为有效，使调节尽快脱离饱和区。这能有效地解决学习效率低和易收敛于局部极小值的问题。

3.3.3 基于遗传算法的最优化模型

从本质上讲，遗传算法(genetic algorithm)是一种非线性的优化方法。和一般的优化方法比较，遗传算法的优点是：不必知道优化目标和自变量的函数关系；不必求其导数，即允许目标函数不连续；从算法讲，只要时间足够，可避免传统优化算法陷入局部最小，能在全局收敛。

顾名思义，遗传算法模拟生物进化的遗传过程，保持达尔文进化论的优胜劣汰原则，达到优化目的。同时，应用算法的这种特点，寻找人工神经网络的连接权，求得模式识别的判据。所以，遗传算法也被归于人工智能算法，广泛应用于工艺过程优化。

3.3.3.1 遗传算法原理

遗传是复杂的生物过程，这里仅简述与遗传算法有关的遗传过程，以便了解模拟算法的背景。

假设从亲代说起，数量巨大的遗传基因(gene)随机组合成决定生物特性的染色体(chromosome)，在染色体中存在着若干基因构成的等位(对偶)基因(allele)。在许多染色体之间，根据环境要求进行竞争，留下显示出适应需要特性的良种，淘汰劣种。优良性能的染色体进行再生(reproduction)、杂交(crossing)、变异(mutation)，形成新的染色体，它们中属于良种的几率比先前要大些，传给子代。如此循环，传宗接代，染色体良种的几率一代比一代大。其中，变异就是常说的突变，可能变得更好，也可能变得更坏，坏种绝大多数被淘汰，而突变成更好的良种有了质的飞跃，在更优的层次上再进行遗传。

为了模拟遗传过程，在算法上，用目标函数所对应的一组自变量模拟一个染色体，其中的一个自变量模拟对偶基因，用逼近目标函数最优的一部分解(例如目标值极大或极小)模拟良种；用构成变量的二进制位(bit)具体数值0或1模拟基因。最优的这一部分解中的变量组(染色体)，直接留到下一批解去，以此模拟再生，有的变量组的变量进行随机交叉组合，或在组合过程数值上略有随机变化，借以模拟杂交，然后令最优解的变量数值进行很大的变化，甚至符号相反，模拟突变。

为此，在计算过程中首先应有一个衡量变量组优劣的尺度，称它为目标函数适合度(fitness)。它的定义方式和目标具体要求有关，例如求极大或求极小或加限制条件等。其次，应有一个储存留下良种染色体，即留下一批批最优解的变量组的仓库(大数组)。另外，还应有产生基因的方法，让各种可能的变量数值能够出现，以待被选去构成变量组(染色体)。

从工业优化角度来说，遗传算法的染色体是一套工艺条件，对偶基因是一个个工艺参数的具体数值，这些数值化成二进制时，基因是二进制的位(0或1)，适应环境的竞争标准是优化目标，染色体的适合度则根据这套工艺参数产生的目标值来衡量，因此需要能从工艺参数计算出目标函数的算法。无论它是解析函数或是一套复杂的网络或是通过其他途径得到。

3.3.3.2 染色体的编码

编码是遗传算法与其他算法的重要区别之一，通常采用二进制编码。假设数据范围为[a，b]，由变量的编码换算为数值的公式如下：

$$x = a + \frac{(b-a)\sum_{i=1}^{l} g_i 2^{i-1}}{2^l - 1} \tag{3-78}$$

式中，g_i 为第 i 位的数据（0 或 1）；l 为表示一个变量的二进制的位数。

例如，若 $a=0$，$b=100$，位数取 10，依据式（3-78），编码和数值对应如表 3-1 所示。由表 3-1 可见，位数决定了所表达的数值精度。

表 3-1　编码及其对应的数值

编　码	x
1111111111	100.0
1111111110	99.9
1111111101	99.8
…	…
1000000000	50.1
0111111111	50.0
…	…
0000000010	0.2
0000000001	0.1

通常用一个字符串代表一组变量（染色体），其中用若干连续的位（对偶基因）表示一个变量。例如字符串：

1	0	0	0	1	0	0	1	0	1	1	0	1	0	0	1	1	0	1	0

用两个 10 位表示两个变量的变量组。

3.3.3.3　遗传操作

再生操作——重复拷贝该染色体，一般指对良种的复制。

杂交操作——一对染色体中对应的对偶基因的基因进行交换。可发生随机数确定交换的起始位，从这一位以下的位进行交换。例如下面两个染色体在箭头所示位置以下交换：

																	↓		
1	0	0	0	1	0	0	1	0	1	1	0	1	0	0	1	1	0	1	0
0	0	0	0	1	1	0	1	0	1	1	1	0	1	0	0	1	1	1	0

交换结果为：

1	0	0	0	1	0	0	1	0	1	1	0	1	0	0	1	1	1	1	0
0	0	0	0	1	1	0	1	0	1	1	1	0	1	0	0	1	0	1	0

上述图例是最普遍使用的。另外还有其他交换方式，如双交换、循环交换等。

变异操作——发生随机数确定变异的位置，令该位的数据变化，1 变 0 或 0 变 1。也可以令整个对偶基因代表的数据改变符号。变异的方式没有统一的要求。

上述三种操作发生的几率不同。一般是再生操作几率最大，杂交操作次之，变异操作很小，应根据研究对象确定。

遗传算法的发展，已对是否非用编码表示变量提出异议，出现所谓实数编码。实数编码已完全脱离原来编码意义，是一种实数运算。在两个实数之间进行杂交和变异也用实数直接随机变化，杂交和变异的范围通过物理意义加以限制。实数编码可免去二进制编码的繁琐，当变量组的变量很多时，用实数进行操作比较方便，也能达到同样的效果，工业过程涉及变量多，可以采用实数编码进行优化。

3.3.3.4 遗传算法计算步骤

下面针对工艺优化介绍遗传算法计算步骤：

(1) 确定计算目标适合度算法、参与竞争染色体数目、良种比例、交叉方式、突变方式、良种复制数目和最大迭代次数。

(2) 确定工艺参数限制条件，在有效范围内，产生大量的随机数值，并随机地形成相当数量的工艺参数(模拟染色体)，存于一个数组(染色体库)。

(3) 随机从数组里取出规定套数的工艺参数(竞争数)。计算它们的工艺参数所对应的目标值，换算成适合度。

如果它们的适合度相差很小，或已达到某个阈值，且连续多次重复，转第(6)步；否则，如果迭代次数超过最大迭代次数，转第(6)步；否则，转第(4)步。

(4) 竞争，淘汰适合度差的工艺参数，留下若干好的。

(5) 繁殖，好的工艺参数复制进数组，并进行交叉和突变，形成新的工艺参数，顶替原来被淘汰的工艺参数，进到数组。转第(3)步。

(6) 迭代结束。

应该说明，遗传算法作为一种优化新方法，有许多不同的具体方案。它们根据处理对象不同，在具体环节上采取不同的处理方式。上述步骤仅为根据我们在工业过程优化的算法所介绍的计算步骤。

下面是采用面向对象的程序设计语言 C++ 编写的遗传算法类 CGenetic：

```
class CGenetic
{
    public:
        bool IsStoped;
        double dblAngle;
        CHROM best;
        Mm mData,mResult;
        double dblDifference;      //差异
        double dblCre;      //适应度
        int iBestNum;      //符合条件的染色体数目
        CBpNet * bpnet;
        double CalFitness(CHROM chrome);      //计算适应度函数
        long gen;      //当前进化代数
        void setscope(double scope[MAXVARNO][2],int iNo);      //设置染色体取值范围
        double randxy(double x,double y);      //产生 x、y 之间的随机数
```

```
    void statistic(CHROM pop[]);
    CHROM bestchrom[MAXBESTNUM];    //最优染色体
    bool begin();    //主函数
    void generation();    //一次进化
    int rselect();    //轮盘赌选择
    CHROM newpop[POPSIZE];    //种群
    CHROM oldpop[POPSIZE];    //种群
    double pmutation;    //变异概率
    double pcross;    //交叉概率
    long maxgen;    //最大进化代数
    int iVarNo;    //染色体数目
    double sumfitness;
    CGenetic();
    virtual ~CGenetic();
private:
    double angle(CHROM ch1,CHROM ch2);
    bool IsNew(CHROM ch);    //判断是否为符合条件的新染色体
    double difference(CHROM ch1,CHROM ch2);    //两个染色体之间的差异,用以区别

    bool identify(CHROM chrome);    //验证是否为合法的染色体
    double varminmax[MAXVARNO][2];
    void init();    //初始化,设置初始染色体
    void mutation(CHROM *chrome);    //对新染色体进行变异
    bool flip(double possibility);    //测试
  void cross(CHROM chrom1,CHROM chrom2,int iPlace);
                              //交叉操作,iPlace 指明新染色体位置
    bool IsSetScope;
};
```

类的实现代码从略。

4 冶金过程数学模型

4.1 烧结过程数学模型

对烧结数学模型的研究,国外是从20世纪60年代开始的,而我国的研究工作始于20世纪80年代。由于烧结技术和计算机技术的发展,烧结数学模型的发展很快,应用范围在不断扩大,它从过程模拟、参数优化向过程控制及新工艺开发等方面迅速发展。

4.1.1 烧结配料模型

烧结矿配料是钢铁生产中最基本同时也是最重要的工序之一,尤其对于铁前系统的生产,涉及的原料种类多、成分复杂,而且原料成本是生产成本的重要组成部分,因此研究各种原料之间的合理搭配,既要满足产品成分要求,又要降低混合料成本,对钢铁企业来说具有很重要的现实意义。

4.1.1.1 配料多变量决策模型的提出

利用最优化方法建立冶金配料数学模型,即在问题性质所决定的一系列约束条件下,把有限的资源进行规划使之得到最优的分配。根据这一思想,把冶金配料模型归纳成数学规划所要求的形式,模型主要包括三部分:决策变量、目标函数和约束条件。决策变量取参与配料的各种原料配比,它包括了所有的决策变量,并同时满足多个技术规范约束的要求,下面重点讨论目标函数和约束条件的建立过程。

A 目标函数

目标函数确定为原料成本最低。

B 约束条件来源和种类

在建立配料模型时,约束条件主要来自两方面:一方面是原料环境提供的资源约束;另一方面为来自生产过程的技术规范约束。为了提高铁水生产率,降低能耗,对烧结矿的要求越来越高。以往只考察烧结矿品位、碱度及其成品率,现在看来是远远不够的,对其中的 SiO_2、MgO、Al_2O_3 等都要求在一定的范围内波动。

C 约束条件的建立思想

讨论配料问题的目的是由配料端的成本和成分来估算产品成本和成分,如图4-1所示,即由 *B* 点情况估计 *C* 点情况。在建立约束条件方程式时并不考虑生产过程中所发生的化学反应,只考察物料组分或元素的流向。因此把 *B* 点与 *C* 点之间的生产过程当作“黑箱”处理,并不深究其单元特性。

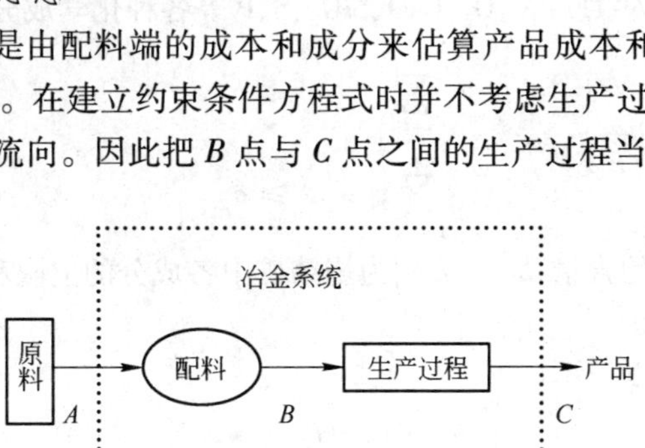

图4-1 配料模型的黑箱化处理示意图

"黑箱"原理是建立冶金配料模型约束条件时所采用的重要研究方法，也是系统科学方法论在处理复杂系统时常用到的基本概念。一个物体或系统如果无法或不允许打开，不能获取有关其内部结构、机制、状态的信息，就被称为黑箱。相应地单纯就系统的输入 - 输出关系进行分析和综合，称为黑箱方法。被当作黑箱的对象并非不可控制和研究。黑箱方法主要是观测系统的外部特征和参数，利用它们可以对系统的内部特性有所了解。输入和输出就是这种外部信息。凡是不把对象分解为组成部分，不是从研究内部结构和机制入手去了解系统，而是通过外部观察和试验，输入一定的激励作用，测量所产生的输出响应，通过对输出信息的分析来了解系统特性，找出排除故障、实施控制的途径，都称为黑箱方法。

对于接近物质守恒状态的冶金过程，建立配料模型约束条件方程式的另一个重要思想是物质守恒定律，即在图 4-1 所示的 A 端和 C 端之间建立衡算表达式。严格来说，任何冶金过程系统都是不守恒的，因为系统并不严格封闭，时刻与外部环境进行物质和能量的交换，以溢出为主。但是对于某些生产过程，如铁合金、电炉炼钢、烧结等，系统向外部环境溢出的物质比例基本是固定的，并不随时间变化而产生大的波动，因此通过估计这一参数，可估计物质元素或组分在生产过程中的回收系数，通过回收系数的设置，可认为系统输入原料变量与系统输出变量之间满足物质守恒定律。这类配料问题，可称为衡算配料问题。铁合金、电炉、烧结生产均属于衡算配料问题，在前两者中提到的金属收得率、成分收得率以及烧结配料中的烧损等等均是根据日常生产情况估计得到的参数，通过这些参数的引入，可认为系统的输入输出之间满足物质守恒定律，进而在衡算基础上建立约束条件表达式。

4.1.1.2　模型的建立

A　成本计算和目标函数

铁矿石的种类很多，如何在众多的铁矿石中选出适合烧结配料的部分铁矿石，并使其成本最低则是很关键的。

设 P_i 代表了第 i 种原料的价格，x_i 代表了第 i 种原料在总配料中的比例，i 取值从 1 到 n，n 指本期配料使用的原料种类数。计算 1 t 配料成本：

第 i 种原料的成本是 $C_i = P_i \times x_i \times 1$，总成本是 $C = \sum C_i = \sum P_i \times x_i$，其中 i 取值为 $1,2,\cdots,n$。目标函数即为：

$$\min C = \sum C_i = \sum P_i \times x_i \tag{4-1}$$

B　约束条件

a　化学成分约束

配料首先要满足烧结对 TFe、Al_2O_3、CaO、SiO_2、S、P 等各种化学成分的要求。即：

$$\sum_{i=1}^{n} x_i \times a_j^i \leqslant b_j \tag{4-2}$$

$$\sum_{i=1}^{n} x_i \times a_j^i \geqslant d_j \tag{4-3}$$

式中，a_j^i 为物质 i 中成分 j 的含量；b_j、d_j 分别为烧结矿中各成分的上限和下限约束。

b　烧结矿的碱度约束

烧结矿的碱度约束可以表示如下：

$$\frac{w(\mathrm{CaO})}{w(\mathrm{SiO_2})} \leqslant b \tag{4-4}$$

$$\frac{w(\mathrm{CaO})}{w(\mathrm{SiO_2})} \geqslant d \tag{4-5}$$

式中，b、d 分别为烧结矿碱度控制的上限和下限。

c 其他约束条件

各原料还要满足最大供应量的约束，以及原料总量为100%的等式条件。

等式条件为：

$$0 \leqslant x_i \leqslant X_i \tag{4-6}$$

$$\sum_{i=1}^{n} x_i = 1 \tag{4-7}$$

式中，X_i 为原料 i 的最大供应量。

4.1.1.3 模型的求解

求解的方法很多，可以自己采用VB、VC等程序设计语言编制程序代码计算，也可以直接用Matlab语言的各种工具箱如线性规划法、蒙特卡洛法、遗传算法等实现。下面以用Matlab语言编写最简单的线性规划法程序为例说明。

通过在MATLAB中建立M文件，对上述参数赋值，并调用linprog函数，可对规划问题进行求解。

函数linprog可使用的参数很丰富，现逐一说明：

格式 x = linprog(f, A, b) %求 min f' * x 线性规划的最优解。

x = linprog(f, A, b, Aeq, beq) %等式约束，若没有不等式约束，则 A = [ ], b = [ ]。

x = linprog(f, A, b, Aeq, beq, lb, ub) %指定 x 的范围，若没有等式约束，则 Aeq = [ ], beq = [ ]。

x = linprog(f, A, b, Aeq, beq, lb, ub, x0) %设置初值 x0。

x = linprog(f, A, b, Aeq, beq, lb, ub, x0, options) % options 为指定的优化参数。

[x, fval] = linprog(...) %返回目标函数最优值，即 fval = f' * x。

[x, lambda, exitflag] = linprog(...) % lambda 为解 x 的 Lagrange 乘子。

[x, lambda, fval, exitflag] = linprog(...) % exitflag 为终止迭代的错误条件。

[x, fval, lambda, exitflag, output] = linprog(...) % output 为关于优化的一些信息。

下面以某钢铁厂的原料条件为例计算，原料条件如表4-1～表4-3所示，烧结矿化学成分要求如表4-4所示。

表4-1 各种含铁原料化学成分的含量

原 料	价格 /元·t^{-1}	化学成分 w/%									
		TFe	SiO_2	CaO	MgO	Al_2O_3	FeO	S	P	烧 损	H_2O
OYD-S	390	58.65	5.12	0.05	0.09	1.57	0.27	0.02	0.147	9.62	5.08
OHA-S	700	63.61	3.16	0.04	0.09	2.05	0.58	0.022	0.051	2.53	1.60
ZBG-S	50	47.59	3.44	0.08	0.48	1.41	6.28	0.004	0.044	19.0	8.10
ONE-S	690	63.51	4.09	1.85	0.19	2.32	0.51	0.02	0.154	2.08	3.20
钢 渣	100	20.06	10.81	40.87	6.47	0.34	10.83	0.1	0.3	9.69	5.20
峨口铁精矿	800	66.61	5.32	0.41	0.28	0.37	28.59	0.3	0.023	1.28	8.08
云南精矿	750	61.13	9.16	0.43	0.40	1.93	23.72	0.024	0.074	1.59	8.10
程潮精矿	700	66.05	2.51	0.88	1.41	1.03	26.50	0.022	0.051	2.53	1.60
卡拉加斯矿	850	66.54	1.21	0.028	0.045	0.85	0.80	0.004	0.055	1.88	0.02

表 4-2　焦粉的化学性质

名　称	价格 /元 · t^{-1}	化学成分 w/%							
		TFe	SiO_2	MgO	CaO	Al_2O_3	S	H_2O	烧　损
焦　粉	480	1.08	4.39	0.07	0.54	4.34	0.37	5.48	80.41

表 4-3　熔剂的化学性质

配　料	价格 /元 · t^{-1}	化学成分 w/%							
		TFe	SiO_2	MgO	CaO	Al_2O_3	FeO	H_2O	烧　损
蛇纹石	88	5.02	38.19	36.29	0	0.98	0	1.09	13.72
白云石	80	0.19	1.34	20.27	31.61	0.31	0	7.19	44.14
石灰石	85	0.01	0.39	0.32	55.12	0.08	0	1.06	42.77
生石灰	470	0	0.08	0.75	90.61	0.03	0	0	2.54

表 4-4　烧结矿化学成分要求

名　称	w(TFe)	碱　度	$w(Al_2O_3)$	w(P)	$w(SiO_2)$
指　标	57% ~59%	1.8 ~2.2	<2.5%	<0.1%	<5.5%

目前,钢铁厂所产烧结矿的 TFe 含量(质量分数)在 57% ~59% 左右。根据高炉的造渣要求,烧结矿的碱度限定在 1.8 ~2.2 之间,由于进口矿特别是澳大利亚矿和印度矿的大量使用,高炉入炉原料中 Al_2O_3 增多,一般高炉渣中 Al_2O_3 控制在 10% 左右,如果超过 15%,会对高炉炉渣的黏度、稳定性及脱硫产生较大的影响,如果控制不好则会造成料柱的透气性变差、炉温下降等一系列破坏炉况的事故发生。MgO 也是影响高炉造渣的重要因素,适当增加 MgO 可以起到降低炉渣黏度、增强炉渣脱硫、排碱能力的作用。所以,根据目前钢铁厂高炉操作、配料情况计算得出烧结矿中 Al_2O_3 的质量分数应该小于 2.5%,MgO 的质量分数应该稍微大于 2.0%。由于高炉炼铁和铁水预处理可以脱硫,所以,对烧结矿硫含量要求可以适当放宽,但是,为以后炼钢工序做铺垫,对烧结矿的 P 含量则要严格控制。故应该控制烧结矿中 P 的质量分数小于 0.1%,为了降低焦比,并缩短炼钢的冶炼时间,就要减少生铁中 Si 含量,从原料角度入手直接控制烧结矿中 SiO_2 的质量分数小于 5.5% 是控制 Si 最有效的途径。具体的约束不再一一列举。

设 OYD-S、OHA-S、ZBG-S、ONE-S、钢渣、峨口铁精矿、云南精矿、程潮精矿、卡拉加斯精矿、蛇纹石、白云石、石灰石、生石灰、焦粉的含量分别为 $x_i\,(i=1,2,3,\cdots,14)$,min$C$ 为最低成本价,单位统一换算为 kg,则所得烧结矿配矿 linprog 函数模型的标准型为:

$$\min C = 0.390x_1 + 0.700x_2 + 0.050x_3 + 0.690x_4 + 0.100x_5 + 0.800x_6 + 0.750x_7 + 0.700x_8 + 0.850x_9 + 0.088x_{10} + 0.080x_{11} + 0.085x_{12} + 0.470x_{13} + 0.480x_{14}$$

在 M-file 输入的表达式如图 4-2 所示。

将该 M-file 以 aaa. m 文件名保存在 Matlab 的 work 目录下,直接在 Matlab 命令窗口中输入 aaa 即可运行,初步计算结果如图 4-3 所示,$\boldsymbol{x}$ 矩阵即为各原料的配比,1000 kg 原料的最低配料成本为 561.137 元。随着生产的变化,通过不断调整不等式约束矩阵 $\boldsymbol{b}$,最后就可以得到满足经济、生产指标条件的最优解,不再一一赘述。

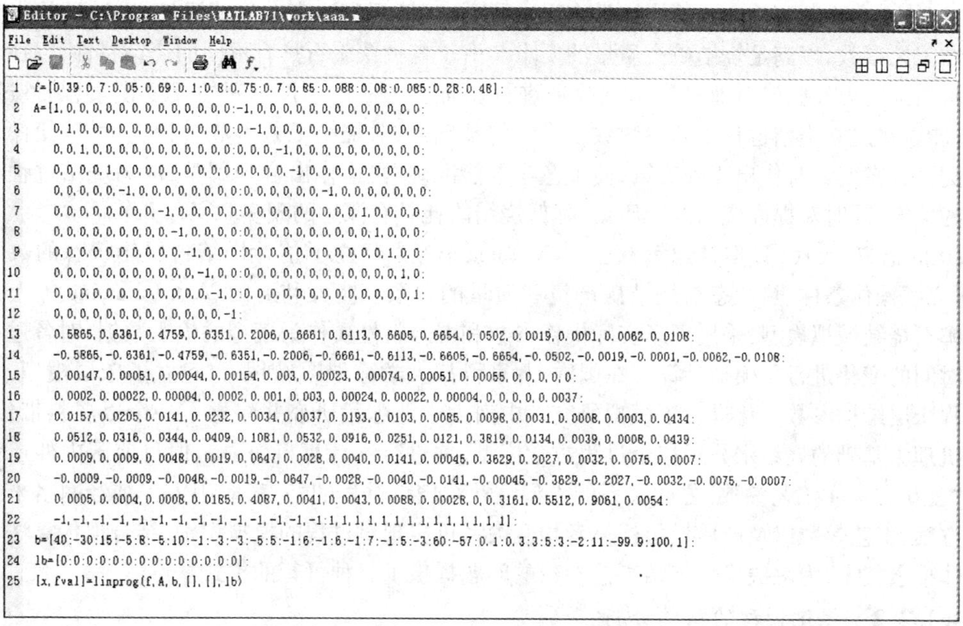

图 4-2 M-file 中的表达式

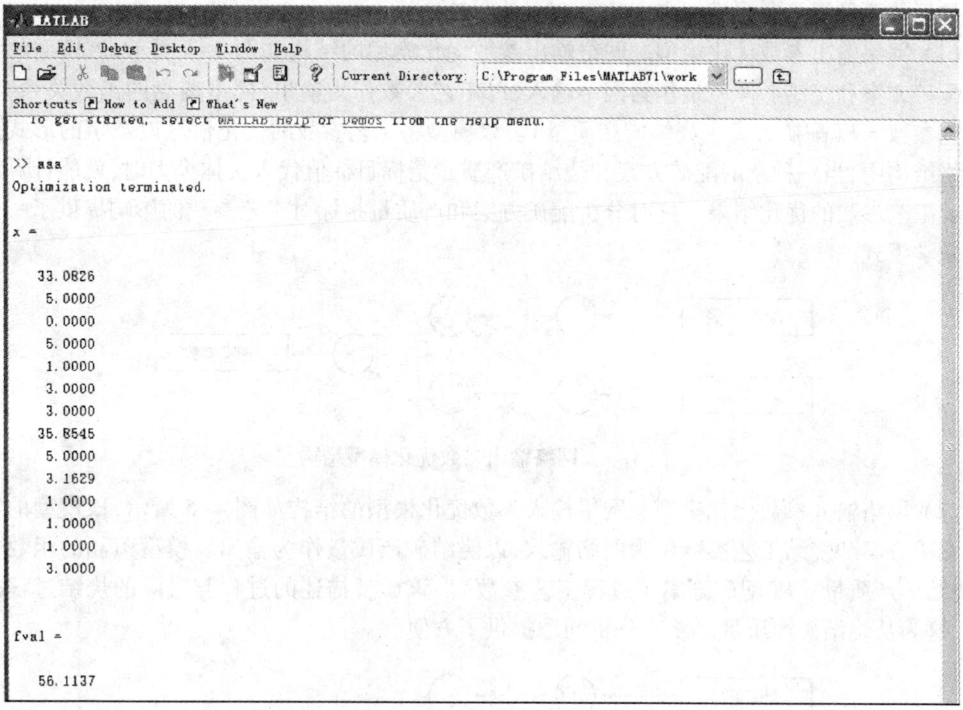

图 4-3 Matlab 命令窗口下的运行结果

4.1.2 烧结工艺参数优化模型

4.1.2.1 模型概述

随着世界铁矿石资源的不断变化,以及企业不断深入的降本增效要求,烧结生产用的铁矿石种类、配比也在不断调整。这给烧结操作提出了要求:矿石配比变动后能迅速、准确地给出合适的烧结工艺参数,以满足烧结矿产质量的要求。由于各种铁矿石具有不同的烧结特性,以往烧结操作常借助历史经验或者通过烧结试验来进行。而这又是一个长时间的反复摸索、调整过程。因此,能否在建立烧结过程工艺参数数学模型的基础上,对烧结工艺参数进行选优,以便操作者能在配矿方案变化时作出正确决策,使工艺参数能准确、快速作出合理调整,成为烧结过程稳定控制的关键,同时对提高烧结的产质量,降低烧结能耗具有深远的现实意义。

20 世纪 80 年代,日本神户钢铁公司 N. Tamura 等人建立了估计烧结料层热状态的数学模型,研究了操作条件、热状态与烧结矿产量和质量的关系。澳大利亚的 M. J. Cumming 等人开发的铁矿石烧结模拟模型,采用现场实际操作参数和混合料性质作为模型的输入数据,对各过程变量随时间的变化进行了模拟计算。在国内,北京科技大学徐瑞图、周取定建立了床层模型,对烧结过程床层结构参数变化进行了模拟研究。中南大学邹志毅研究并建立了一个以湿料带传热、传质机理为基础的烧结水分迁移全过程数学模型,并进行了计算机仿真。但目前国内外还没有建立"配矿方案 + 工艺参数"之间关系的模型。针对烧结过程的特点,应用人工神经网络来描述配矿方案、工艺参数以及产质量指标三者相互关系可实现对过程的模拟识别,结合遗传算法卓越的群体搜索技术,为解决优化烧结工艺参数的问题提供了一种可行的模式。

4.1.2.2　优化模型的结构分析

应用人工神经网络来分析烧结过程中配矿方案、工艺参数以及产质量指标三者相互关系时,应用如下的两种网络逻辑模型来表达:

(1) 网络输出参数优化模型。网络输出参数优化模型的结构如图 4-4 所示,该模型的特点是以配矿方案和烧结矿产质量作为网络输入,以工艺参数作为输出,模型蕴涵的函数关系为:过程工艺参数 = F(配矿方案 + 烧结矿产质量)。该模型将工艺参数的优化信息以数字的形式蕴涵在网络结构中,当一种新的配矿方案和烧结矿产质量指标目标值代入实体模型时,就能计算出烧结过程工艺参数的优化结果。这对分析配矿方案和产质量指标对工艺参数的影响提供了一个显示的数学模式。

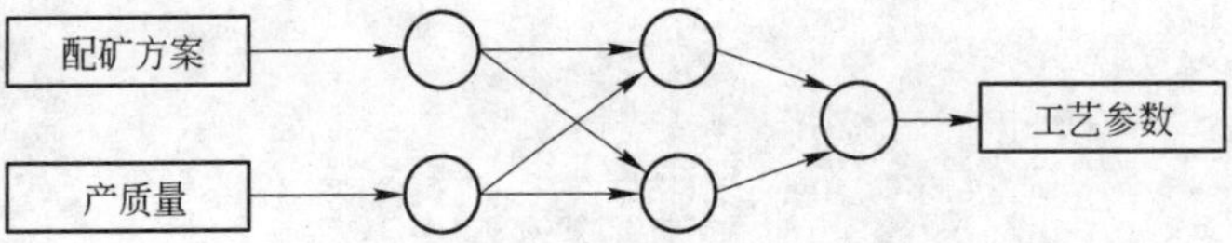

图 4-4　网络输出参数优化模型结构

(2) 网络输入参数优化模型。网络输入参数优化模型的结构如图 4-5 所示,该模型的特点是以配矿方案和烧结工艺参数作为网络输入,以烧结矿产质量作为输出。模型蕴涵的函数关系为:烧结矿产质量 = F(配矿方案 + 过程工艺参数)。该模型描述的过程与实际的烧结过程是一致的,这为从烧结矿产质量出发来分析问题提供了方便。

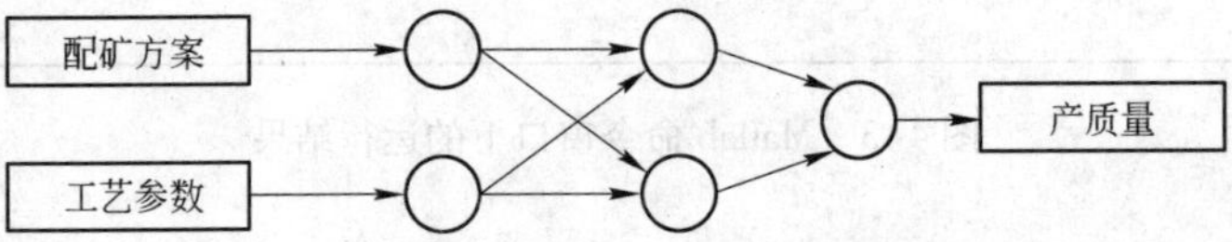

图 4-5　网络输入参数优化模型结构

上述模型中,配矿方案涉及 29 种铁矿,产质量指标有 4 个,分别是:(1)生产率;(2)成品率;(3)烧结矿 −5 mm(筛分指数);(4)TI(烧结矿冷强度);工艺参数有 10 个,分别是:(1)混合料水分;(2)料层厚度;(3)料层压入量;(4)机速;(5)BTP(烧结终点)温度;(6)主排风机风量;(7)大烟道负压;(8)生石灰配比;(9)焦粉配比;(10)点火温度。对某烧结厂一段时间的生产实际配矿方案数据进行处理后共得到116组数据(即116组生产中用的配矿方案,每组配矿方案对应一组相应的最优的烧结工艺参数)。

模型的优劣是通过它的泛化能力来体现的。泛化能力好说明模型的系统拟合性好。通过建立神经网络模型,采用80组数据训练,剩下的36组预报,比较以上两种优化逻辑模型最佳的建模结果得出:网络输入参数优化模型的预报准确率比网络输出参数优化模型更好,泛化能力更强,因此采用网络输入参数优化模型对工艺参数进行优化。

4.1.2.3 网络输入参数优化模型的建立

系统映射模型可数学表达为:$\boldsymbol{Y}=\boldsymbol{F}(\boldsymbol{X})$,其中$\boldsymbol{X}$是系统输入参数矩阵,$\boldsymbol{Y}$是系统输出参数矩阵。在神经网络建模的基础上结合遗传算法可更好地实现模型参数优化。GA-BP求解问题的模式表示为:

$$\begin{cases}\max f(y_1,y_2,\cdots,y_i);\\ \boldsymbol{Y}=Bp(\boldsymbol{X});\\ \boldsymbol{Y}=[y_1,y_2\cdots,y_i]^{\mathrm{T}};\\ \boldsymbol{X}=[x_1,x_2,\cdots,x_i]^{\mathrm{T}}\end{cases}\tag{4-8}$$

式中,x_i为BP网络的输入;y_i为BP网络的输出;f为非线性的优化指标综合评价函数。

优化过程是:对建立好的系统模型,随机产生多组输入向量$\boldsymbol{X}$(输入向量$\boldsymbol{X}$的各分量必须在其值域内)。通过BP网络求得相应的输出向量$\boldsymbol{Y}$,再由评价函数f计算出各个输出向量$\boldsymbol{Y}$的目标适应度。利用GA算法,通过适应度值来重新调整输入向量$\boldsymbol{X}$。调整方法为遗传操作:选择、复制、交叉、变异等。在给定的综合评价函数的指导下(通过适应度值选择个体),新产生的输入向量$\boldsymbol{X}$较之旧值具有更好的适应性。通过遗传计算后,可得到具有最优或次优的优化目标$\boldsymbol{Y}$,相应的$\boldsymbol{X}$也即为此目标时的优化结果。这种优化具有很强的自适应性和鲁棒性。由于在解域空间内采用的是全局最优搜索,参数优化的结果有更高的可靠性。其示意图如图4-6所示。

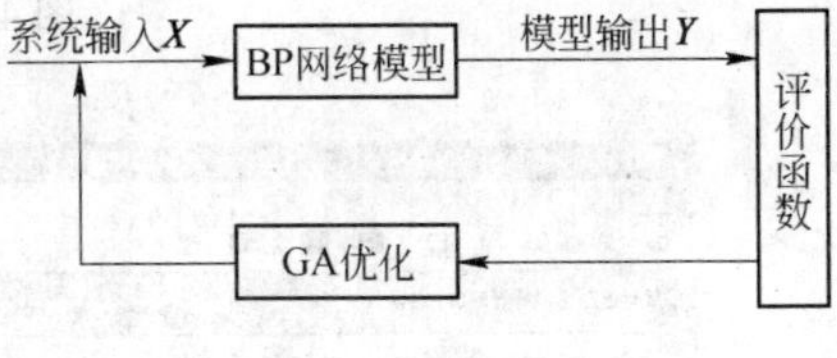

图4-6 GA-BP优化模型

4.1.2.4 优化模型系统的开发与应用

系统采用功能强大的Visual C++6.0作为开发语言,利用其建立于Win32 API(应用程序接口,application programming interface)基础上的MFC(microsoft foundation class library)类库,采用面向对象的程序设计方法和基于ADO(activeX data object)的数据库编程技术,充分利用其多任务、高效内存管理、数据共享、与设备无关的图形接口等优势,有效地缩短了应用程序开发周期。系统的功能结构如图4-7所示,采用遗传算法优化神经网络的主界面如图4-8所示。

系统于2004年10月在某烧结厂投入运行,经连续长时间运行表明:系统在稳定(或提高)烧结矿产质量指标的前提下,优化出10个工艺参数的值,为生产提供了准确的指导。以生产过的一组配矿方案(BD1-053)为例,通过系统优化,将优化值与之前实际生产采用的参数对比,结果如表4-5所示,与此对应的产质量指标如表4-6所示。

表4-5 工艺参数对比

工艺参数	优化值	实际值	变化偏差
BTP温度	429.96℃	426℃	0.93%
大烟道负压	16665.32 Pa	16686 Pa	-0.13%

续表 4-5

工 艺 参 数	优 化 值	实 际 值	变 化 偏 差
主排风机风量	14940.72 m^3/min	15275.25 m^3/min	2.20%
点火温度	1015.09℃	1014.5℃	0.058%
料层压入量	16.58 mm	5.75 mm	188.35%
料层厚度	631.63 mm	647 mm	-2.38%
机　速	2.8 m/min	2.58 m/min	8.53%
混合料水分	7.22%	7.32%	-1.37%
焦粉配比	3.2%	3.54%	-9.60%
生石灰配比	2.49%	2.58%	-3.49%

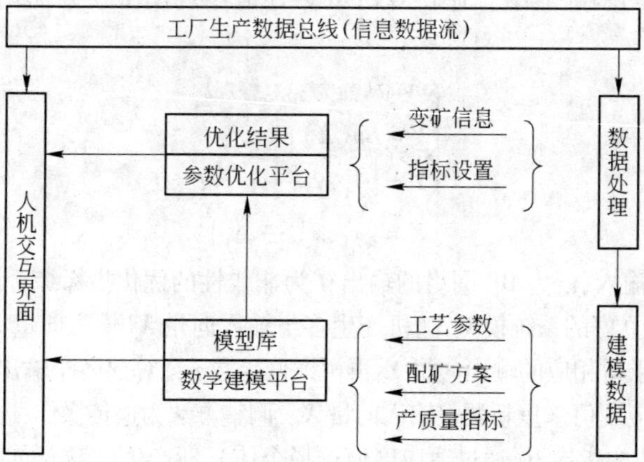

图 4-7　系统的功能结构

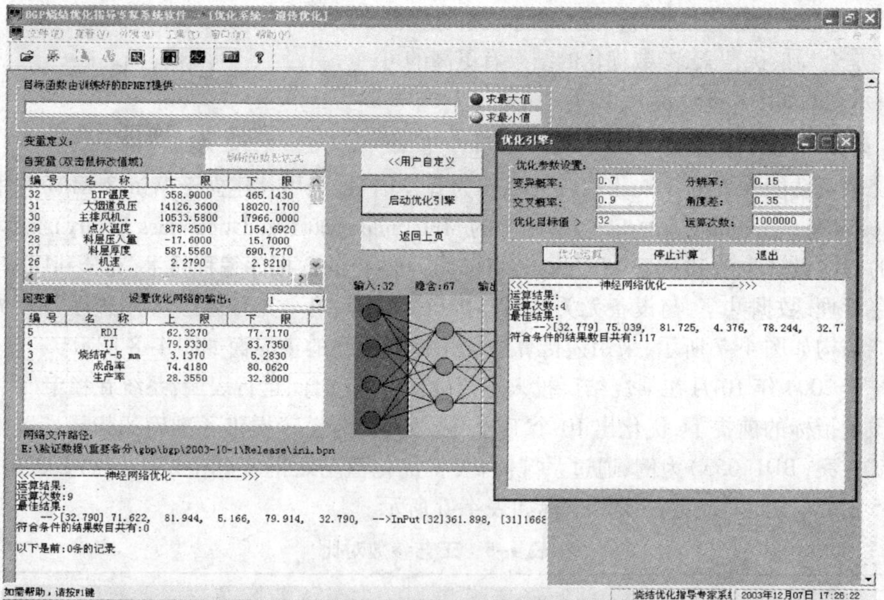

图 4-8　系统主界面

表4-6　产质量指标对比　%

产质量指标	优化值	实际值	变化偏差
TI	83.05	82.52	0.64
烧结矿 -5 mm	3.24	3.52	-7.95
成品率	75.88	75.75	0.17
生产率	32.04	29.75	7.70

从表中数据可以看出，通过模型优化，如果采用优化的工艺参数进行生产，在焦粉配比降低9.6%、生石灰配比降低3.49%的条件下，产质量指标中生产率提高7.7%，而烧结矿中 -5 mm含量降低7.95%，因此，优化模型不仅能降低烧结能耗，而且能使烧结矿的产质量得到较大提高，通过现场的长时间应用，使烧结厂的产质量达到了一个新的水平，降低了能耗，从而也验证了模型的有效性和实用性。

4.1.3　烧结过程热状态模型

4.1.3.1　烧结过程热状态原理分析

对整个烧结工艺而言，热状态是烧结过程是否正常进行的重要标志，处于合理热状态分布的烧结过程必然能生产出优质的烧结矿，同时能使烧结机面积得到有效合理的利用，从而提高生产率。热状态在整个烧结工艺中有着“承上启下”的关键作用，它既是一定原料参数（含铁原料配比、熔剂配比、燃料配比等）、设备参数（抽风面积、风机能力、漏风率等）、操作参数（加水量、料层厚度、台车机速等）在烧结料层中的综合反映，又直接影响着烧结矿转鼓强度、成品率等烧结产质量指标。因此可以认为烧结过程热状态是整个烧结过程的核心，掌握烧结过程的热状态是研究烧结过程的关键所在。

烧结过程三维热状态即烧结过程三维温度分布状态，是指在烧结体系内，温度在空间（x,y,z 方向）随时间的分布状态。如图4-9所示，x 方向表示烧结机长度方向，y 方向表示烧结机宽度方向，z 方向表示烧结机高度方向，在该研究中分别称之为烧结机的纵向，横向和竖向。在三维温度场中的传热过程称为三维传热问题。

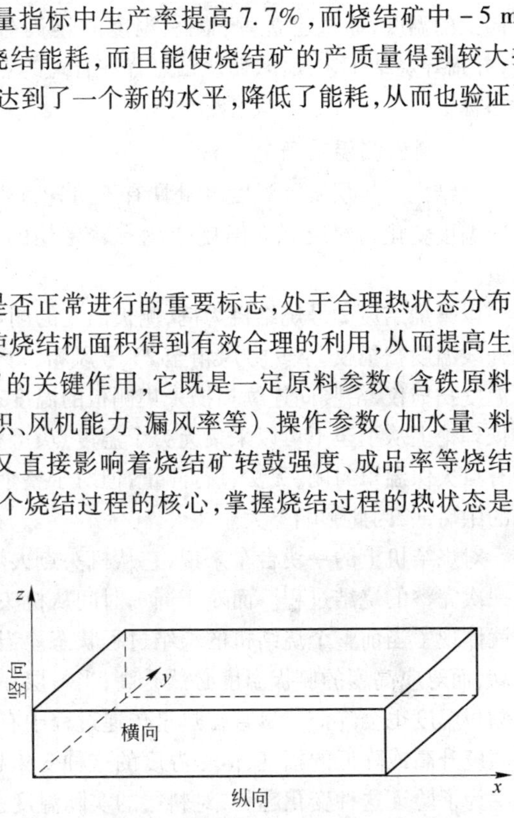

图4-9　烧结机三维方向示意图

对于在带式烧结机上进行的烧结过程而言，其竖向热状态与纵向热状态是紧密联系的，它们共同构成了热状态中最关键的因素。从竖向和纵向的烧结平面上看，在抽风和热量传递作用下，料层各带依次向下迁移，直到湿料带、干燥预热带、燃烧带相继消失，最后全部变成烧结矿带，与此同时各带的迁移速度和厚度在发生变化，体现出烧结过程热状态的分布情况。而在横向上，热状态的波动体现为烧结的不均匀性，对于稳定的烧结过程而言，其变化很小。因此，研究烧结过程竖向热状态和纵向热状态是关键。

对正在烧结的烧结机进行解剖，根据温度的高低和其中的物理化学变化，将正在烧结的料层分为四个带，即湿料带、干燥预热带、燃烧带和烧结矿带。烧结过程四个带的厚度分布是烧结过程中气 - 固相热交换和燃料燃烧共同作用的结果，它们反映了烧结机上某一时刻烧结过程进行的温度分布状态，即热状态。同时，各带的迁移速度反映了烧结进行过程中热状态的变化及其趋势。因此，烧结过程热状态可以描述为烧结料层四个带的厚度分布及其迁移速度的变化。

4.1.3.2　热状态模型建立的方法及步骤

目前国内外有关烧结过程热状态的研究只能通过一些间接或者非连续的方法来判断和测量。如采用废气温度能间接判断烧结机长度方向和宽度方向的热状态,但是却不能反映料层高度方向的热状态变化。而要真正全面了解烧结过程的热状态,沿料层高度方向的热状态是关键,但是目前国内外还未见有关料层高度方向温度的在线检测的文献报道。另外,由于烧结机是闭环式连续运转设备,无法安装连续检测料层温度装置,只能通过在料层内打孔直接将热电偶插入料层,非连续地检测料层内部温度,无法对烧结过程热状态进行连续在线分析。该模型在上述测量料层温度方法的基础上,采用非接触式红外线温度扫描仪在线测量烧结台车侧板沿料层高度方向上的温度,通过建立基于侧板温度的热状态模型,对烧结过程的热状态进行实时判断与分析,并指导烧结工艺操作,使烧结过程在合理的热状态分布下进行,从而提高烧结矿的产量和质量指标。

A　侧板测温的研究方法

烧结机上料层实际温度测量具有不可连续性,但作为与料层"接触"最紧密的台车侧板,其竖向温度变化与料层竖向温度变化有着密切的关系,而且台车侧板的温度能做到在线的连续测量。

以某烧结厂2号烧结机为例,侧板温度的测量方法是:在烧结机台车侧板两侧安装非接触式红外线温度扫描仪,从9号风箱至23号风箱,每个风箱中心对应的台车侧板两侧各1个,共30台温度扫描仪,沿竖向连续扫描采集侧板的温度,数据经PLC处理后传输至上位机,每台温度扫描仪理论上从上至下可以采集无穷个温度点,可根据需要确定。而9号风箱之前对应的台车由于有点火保温罩封闭,无法进行测量,但对于整个烧结过程来说,重要的热状态变化发生在烧结机的中后部,因此影响不大。

对烧结机上的一块台车来说,它从机头点火炉运行到机尾卸料,其竖向侧板温度的变化经历了一次完整的烧结过程。而对于同一时间从机头到机尾的多个台车而言,它们的侧板温度的状态就体现了当前整个烧结机的烧结过程状态。当燃烧带经过料层的某一高度时,此处料层温度升高,而对应高度的侧板温度必然升高;当料层在某一高度发生过湿冷凝,温度降低,则对应高度的侧板温度也会降低。尽管在热量传递过程中有损失,侧板温度升高或者降低的幅度要低于料层温度升高或降低的幅度,但是温度的这种变化趋势是一致的。

为了验证这种变化趋势,对料层的实际温度进行了测量。料层温度的测量方法是:在侧板打孔,即在一块台车的侧板上沿竖向打上、中、下三个孔,当台车运行到9号风箱对应的位置时,立即将长为1 m的热电偶套入导管直接沿横向水平插进料层,热电偶随着台车一起移动,一直跟踪到机尾防尘罩(23号风箱对应的位置),一次性地测量料层温度,数据经PLC处理后传输至上位机,即获得一组数据。料层实际温度的变化是烧结过程热状态最直接的表示,烧结料层的传热与化学反应进行的状态最终都反映为料层温度的变化。掌握了烧结过程的实际料层温度,烧结过程的"黑箱"系统将直接"透明化"。

B　侧板温度与烧结过程热状态的关系分析

a　侧板温度与料层温度分析

对测量的侧板温度和料层实际温度数据进行分析,沿烧结机纵向(从9号风箱位置对应的侧板至23号风箱位置对应的侧板)均匀取39个测温点,沿侧板竖向均匀取上、中、下3个点,其温度曲线如图4-10所示,与之相对应同一位置的料层温度如图4-11所示。从图中可以看出:

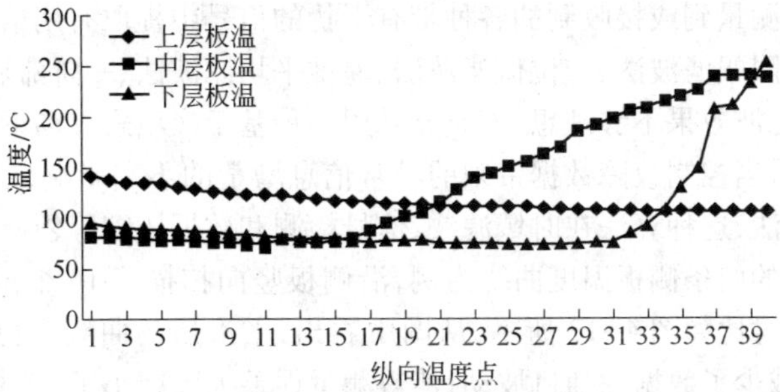

图 4-10 台车侧板温度

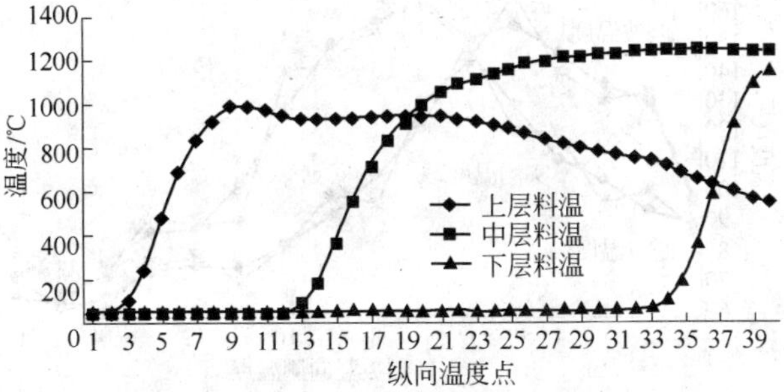

图 4-11 烧结料层温度

(1) 在上层,侧板温度变化平缓,与料层温度没有明显的对应关系,这是由于在侧板上部周围空间的空气温度低,而且料层实际温度较下层低,侧板能迅速地将热量通过辐射传递给空气而使自身温度降低。

(2) 在中层,侧板温度与料层温度几乎在同一位置开始上升,说明侧板温度能及时地反映出料层温度的变化,料层的这个温度拐点是料层由湿料带过渡到预热干燥带的转折点,显然,侧板温度能反映出料层的这一重要特征。另外,侧板温度和料层温度到达最高点的位置也是相同的,其差别仅仅是侧板的升温过程较平缓,而料层的升温过程较剧烈,说明侧板温度反映料层的燃烧带信息也是准确的。

(3) 在下层,其对应关系更加明显,除了开始升温点和最高点的位置对应较好外,经过预热的侧板升温过程显然比在中层迅速,有逐渐接近料层实际升温速率的趋势。

从上述对比可以看出,侧板温度能反映料层温度的变化,但也是有差别的,为了弥补其中的信息损失,首先通过传热原理建立数学模型,建立侧板温度与料层温度的直接对应关系。结果表明,计算值与实际值误差较大,由于随着烧结过程的进行,侧板与料层之间有不均匀的缝隙,上层温度趋势的差距不能得到修正,从模型表达式计算出来的曲线的趋势基本上与侧板温度类似,未能与料层实际温度趋势进一步接近。因此,采用这种方法不能达到要求。但基于它们变化趋势相似的特点,可以增加侧板竖向的温度扫描点数,采用数学方法剔除数据的异常点,提高数据的准确性,以通过侧板温度的变化趋势和侧板温度曲线的特征来反应料层温度的变化特征,从而划分出各带的厚度,并计算其迁移速度。

b 侧板温度数据预处理

由于烧结车间环境差,过多的粉尘以及高温的工作环境对于较精密的红外线温度扫描仪来说,会造成检测精度的下降,因此,在使用数据之前要对原始数据进行滤波、剔除异常点,以保证模型使用的数据是真实、可靠、有效的数据。

所谓滤波就是从测量到或接收到的各种带有干扰的信号中提取有用信号的方法或技术。常用的软件滤波方法有限幅滤波法、中位值滤波法、递推平均滤波法、一阶滞后滤波法等，这些滤波方法的算法较简单，滤波效果不够理想，该研究采用一种基于多项式移动平滑算法的滤波方式来消除测量噪声，通过适当控制故障数据带来的异常信息增量的不利影响，建立一套可靠性高、计算方便的容错处理算法，这种算法在时域滤波、信号检测和数据压缩等领域中有广泛应用。

以某时间段测量的两条侧板温度曲线为例，沿侧板竖向扫描了 16 个温度点，实测数据与滤波算法平滑后的曲线对比如图 4－12 所示，从图中看出，平滑后的曲线变得光滑，既保留了原有数据曲线的特征，又减少了数据的随机波动，使得测量误差大大减小了，而曲线的趋势更加明显。

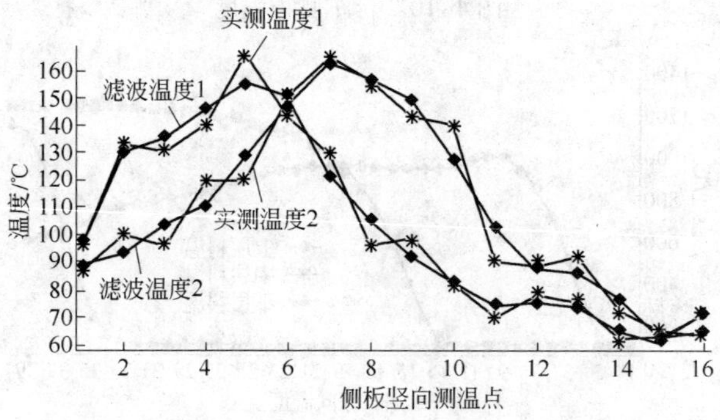

图 4－12　实测温度曲线与滤波后温度曲线对比

c　料层划分模型的确定

烧结过程中料层温度曲线具有如下特征：沿竖向从料层底部至料层表面，首先在湿料带，温度变化不大，进入干燥区后，温度明显上升，因此形成了湿料带与干燥预热带之间的温度拐点。干燥预热带的温度区间较大，而温度上升的时间非常短，可以认为此带温度的上升是近似线性的上升。进入燃烧带后，其温度上升的斜率发生变化，其上升轨迹近似椭圆的一段圆弧，也形成了一个拐点，此后温度一直上升到最高点，然后进入烧结矿带。

对滤波后的侧板温度分析后发现，侧板温度曲线也具有相似的规律，以某一段时间 12 号风箱对应位置的侧板温度为例（如图 4－13 所示），从竖向的侧板温度曲线可以清晰地看出，对应湿料带位置的侧板温度变化平缓，在湿料带与干燥预热带之间存在明显的拐点，图 4－13 中用小椭圆 1 标出。进入干燥预热带后，侧板温度迅速上升，直到出现第二个拐点，用小椭圆 2 标出，此后升温速率降低，即进入燃烧带，直到温度的最高点后，烧结矿冷却，温度降低。因此，可以利用侧板温度曲线的特征来直接对料层各带进行划分。

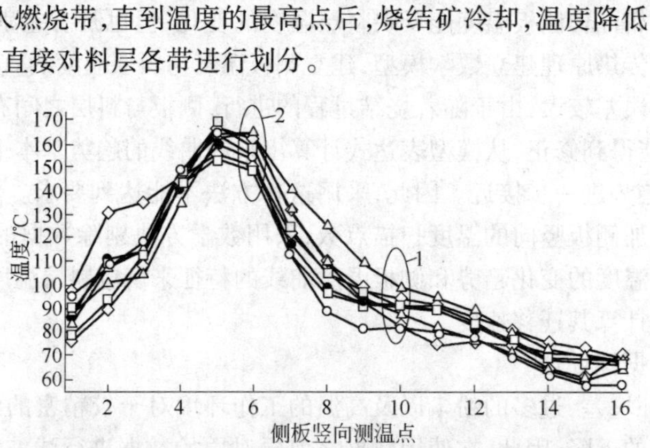

图 4－13　侧板竖向温度曲线

利用侧板温度划分料层方法的示意图如图 4-14 所示。在图中,以某一条温度线为例,纵坐标 r 定义为带宽系数,表示某一位置侧板从上到下各带的温度区间占这一位置侧板从上到下形成的整个温度区间(最高温度与最低温度的差值)的比例系数,显然 r 为无量纲常数,取值范围为 0~1.0。横坐标表示侧板从上到下竖向的温度区间。

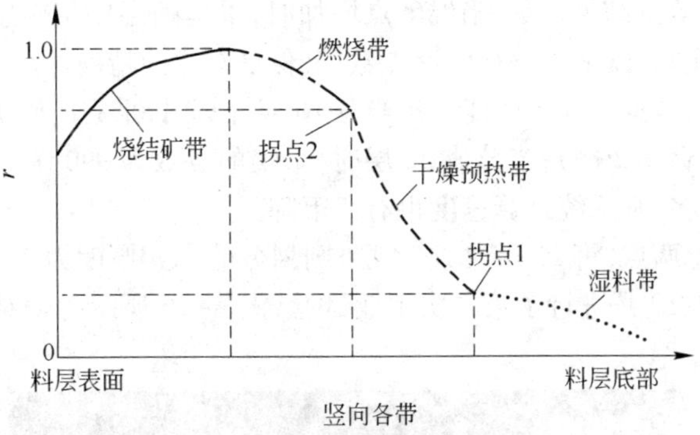

图 4-14 利用侧板温度划分料层方法示意图

通过图中的拐点 1、拐点 2 和最高温度点可以将一条温度曲线分为 4 个区间。从 9 号风箱位置对应的侧板至 23 号风箱位置对应的侧板共 15 条竖向温度曲线,将每条温度曲线划分 4 个相对温度区间,然后将 15 条曲线的各对应区间边界连接起来,就形成 4 个温度带,即对应料层 4 个带的厚度分布。由此得到温度曲线的划分模型如下:

(1) 湿料带与干燥预热带温度分界点 $T_1 = T_{min} + (T_{max} - T_{min}) \times r_1$;

(2) 干燥预热带与燃烧带温度分界点 $T_2 = T_{min} + (T_{max} - T_{min}) \times r_2$;

(3) 燃烧带与烧结矿带温度分界点 $T_3 = T_{min} + (T_{max} - T_{min}) \times r_3$。

其中,T_{max} 为侧板温度的最大值,℃;T_{min} 为侧板温度表示的湿料带、干燥预热带和燃烧带的温度最小值(即不包括烧结矿带),℃;r_i $(i=1,2,3)$ 为各带的带宽系数,取值范围为 0~1.0。

带宽系数的准确性直接关系着料层划分模型的精确性,对烧结过程热状态的准确分析有着重要的影响。随着生产的进行,烧结的工艺参数会不断地调整,甚至原料结构也会发生变化,而与之对应的带宽系数也应该得到及时的调整。模型采用了两种带宽系数调整方法:一种方法是采用系统软件的带宽系数自动寻优模型自动寻找当前最优的系数值;另一种方法是人工进行调整,在模型的系统软件中提供了带宽系数设置的界面。

d 侧板温度划分层数的优化

2006 年 6 月,该厂在 2 号烧结机进行了第一次工业试验,采用上述模型对料层竖向 17 个温度点(16 个温度区间)进行划分,模型能对烧结终点进行较准确的判断,图 4-15 所示为烧结终点正常时的料层各带分布图形(图形的水平方向为烧结机纵向 9 号风箱的中心至 23 号风箱的中心,垂直方向为烧结料层铺底料到料层表面)。但是,从图中也可以看出,燃烧带的厚度变化不明显,而且在烧结机中部垂直烧结速度较慢时,出现了燃烧带的平台,而其他带的厚度变化也不够平缓,即各带边界的曲线不够光滑,与实际变化有一定差异。

图 4-15 采用 16 个温度区间时烧结终点正常画面

2 号烧结机的料高为 680 mm，分成 16 层则每层厚度为 42.5 mm，也就是说能分出的最小厚度为 42.5 mm，对于本身较窄的燃烧带来说，无法精确地描述其厚度的变化。因此必须对料层进一步细分，同时需要考虑如下问题：

（1）红外线扫描仪本身的采集温度能力。理论上红外线扫描仪可以将竖向的温度分为无穷个温度点，但是实际的测试结果显示，当温度点增加时，采集的温度精确度有所下降、效率变低，因此必要找到一个平衡点，既适当增加温度点数，又保证数据的精确性。

（2）系统实时读取数据并计算的能力。当分 16 层计算时，采集的侧板温度点数为 17×15×2=510 个（15 个风箱，台车 2 侧）；当分成 32 层时，采集的点数为 990 个；当分成 64 层则是 1950 个温度点，点数增加过多，则系统计算速度也有所下降。

因此综合考虑以上两点，将 16 层改成 32 层，则划分的单元厚度为 21.25 mm，读取的温度点数为 990 个，于 2006 年 10 月进行了第二次工业试验，图 4-16 所示为烧结终点正常时的料层各带分布图形。

图 4-16　采用 32 个温度区间时烧结终点正常画面

从图 4-16 中可以看出，将料层分成 32 层后，各带厚度的变化非常平滑，燃烧带没有出现平台现象，效果非常明显，达到了预期的要求，因此确定采用将料层分成 32 层的方案。

4.1.3.3　模型的软件开发与应用

A　软件系统的总体结构设计

系统的开发主要包括两部分：一是在线数据的采集；二是烧结过程热状态的实时监测。为了使模型的系统软件与烧结机的控制系统有效地链接起来，同时考虑采集的数据量大，热状态在线监测对数据的要求，因此将数据采集和热状态分析作为两个独立的系统，数据采集系统通过烧结机的控制系统提供的数据通信服务对侧板温度数据以及其他所需要的烧结过程工艺参数、产质量指标等数据进行采集，存储在系统数据库中，热状态监测系统从数据库中读取数据进行分析，并将计算结果存入数据库，系统结构如图 4-17 所示。

B　软件系统的功能实现

a　基于 OPC 的数据采集

安装在台车侧边的温度扫描仪由罗克韦尔（Rock Well）公司的 Control Logix 型 PLC 控制，从上向下扫描，产生 33 个温度点，每 6 min 利用通信软件送出一组温度数据（共 990 个温度点）。通信软件采用罗克韦尔公司的 RSLINX 通信软件，RSLINX 支持最新的 OPC 技术，提供符合 OPC 规范的 OPC 服务器（RSLinx OPC Server），经过配置后可实现与 Control Logix 的连接。通过 OPC 客户程序访问 RSLINX 内含的 OPC 服务器（RSLinx OPC Server），即可实现与 Control Logix 的通信。

b　主要功能模块

设计并实现了系统的六大功能模块。需要说明的是竖向热状态和纵向热状态是密不可分的，所以系统软件中的竖向热状态模块实际上包括了竖向热状态和纵向热状态，即该系统的主要研究内容，而纵向热状态模块和横向热状态模块是为了热状态研究的完整性而采用传统研究方法设计的辅助功能模块，即通过纵向废气温度来判断烧结终点、横向多点废气温度判断横向烧结的均匀性。

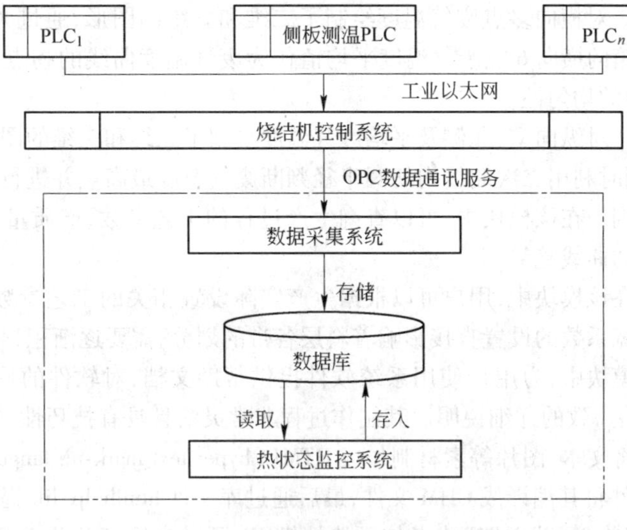

图 4-17 模型软件系统的结构

(1) 竖向热状态。由于 2 号烧结机台车宽度较大(5.5 m),两侧温度分布差异可能较大,因此除了显示平均热状态,还将南、北侧分开显示,可以更详细地分析对比它们的差异,同时可以使系统在某一侧扫描仪出现设备故障时仍能正常工作。竖向平均热状态如图 4-18 所示。从图中可以看出,平均竖向热状态界面中显示了料层各带的分布,并对各带的厚度、迁移速度进行了分析(鼠标双击各带的颜色区域),同时配合丰富的语音提示,为生产提供方便、快捷而有效的指导。

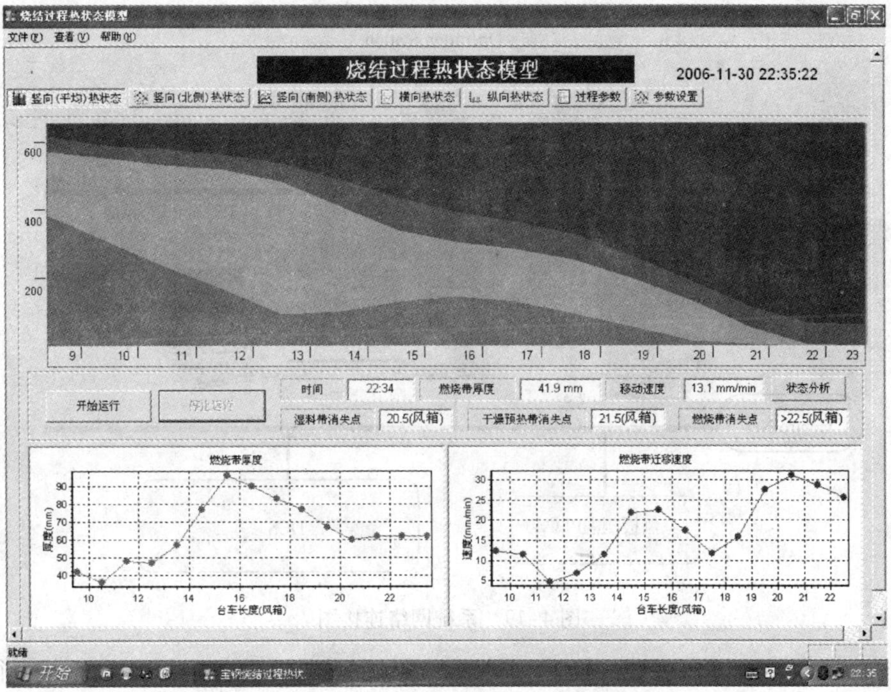

图 4-18 竖向平均热状态界面

（2）横向热状态。对横向多点废气温度绘制了二维和三维的图形，通过大量的数据拟合与分析确定，以18号风箱的横向6点废气温度平均值作为废气温度曲线的拐点温度，其他各点与之比较，从而判断横向的均匀性。

（3）纵向热状态。对纵向南、北侧及平均废气温度绘制了二维和三维的图形，采用拟合二次曲线判断终点位置，同时利用二次曲线内切圆半径判断废气温度最高点并进行分析。

（4）过程数据查询。在该模块中，可以查询生产过程的工艺参数、产质量指标、废气温度和侧板原始温度及相应的曲线趋势。

（5）参数设置。在该模块中，用户可以根据生产实际设置相关的工艺参数和根据温度划分料层的带宽系数。带宽系数的设置直接影响着料层各带的划分，需要逐渐积累相关的经验。

（6）帮助。在该模块中，为用户使用系统软件提供帮助文档，对软件的操作和维护提供与Windows帮助文件风格一致的详细说明。其制作过程非常灵活且具有技巧性，首先采用Microsoft Office FrontPage 2003将文本、图片等素材制作成HTML（hyper text mark-up language）文件，然后选用Visual CHM 4.1软件将其编译成CHM文件，最后通过库文件htmlhelp.lib提供的接口，集成到该系统中，点击系统菜单"帮助文档"或者按下快捷键F1可以直接打开此CHM文件，使用户能非常方便快捷地获得操作帮助。

c　系统的应用及其效果

2号烧结机的控制系统采用DCS + PLC + Data Server的配置方式，DCS完成烧结的过程控制，PLC完成烧结的顺序控制，Data Server完成生产过程中数据管理以及与外部数据连接。其网络结构分为两个层次，即信息层和控制层。信息层包括Data Server、E-Server、Operation Station（操作站）以及Fault Tolerant Ethernet（容错以太网），控制层包括DCS、PLC以及开放的ControlNet网。Process Server（过程服务器）采用冗余配置，将信息层与控制层相连，并提供全局实时数据库。控制系统的网络连接如图4-19所示。

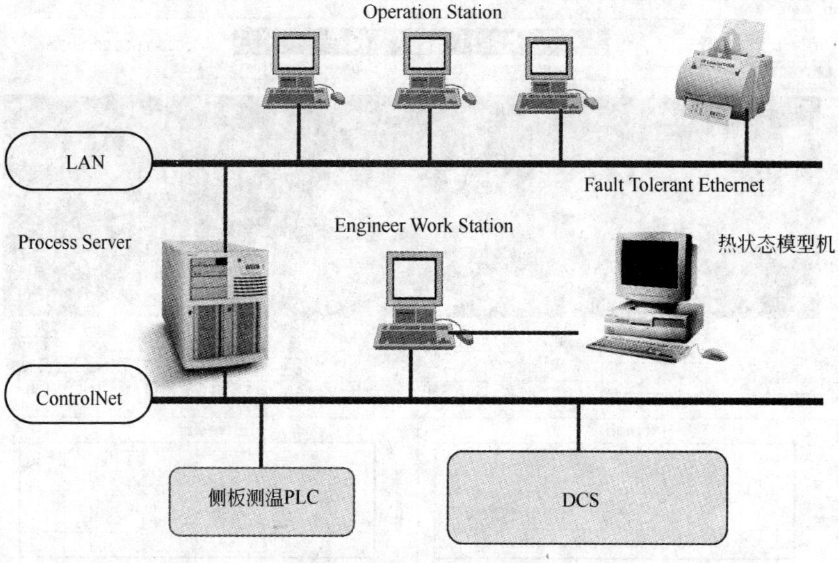

图4-19　系统网络连接图

系统软件于2006年10月正式投入生产运行。系统的长时间连续运行表明：系统运行稳定，模型能准确地分析判断烧结过程的热状态。操作方便灵活，能很好地指导实际生产。通过系统给出的烧结过程热状态信息，技术人员调整工艺参数，使烧结过程在合理的热状态分布下生产，取得良好的效果。以系统应用前后的产量和质量指标作为评价标准,其效果如表4-7所示。

表4-7　系统应用前后产质量指标比较

试验阶段	试验时间	层厚 /mm	装入密度 $/t \cdot m^{-3}$	通气度 JPU	生产率 $/t \cdot (m^2 \cdot d)^{-1}$	成品率 /%	固体燃耗 $/kg \cdot (t \cdot s)^{-1}$	转鼓强度 /%
应用前	06-08~06-10	673	1.463	46.7	32.84	71.74	56.50	75.68
应用后	06-11~06-12	660	1.534	47.8	34.07	72.78	60.17	76.54
应用前后差异		-13	0.071	1.1	1.23	1.04	3.67	0.86

表4-7中系统应用前的(8~10月)和应用后的(11~12月)各项指标表明,系统应用后,生产率提高了1.23 t/(m^2·d),成品率提高了1.04%,转鼓强度提高了0.86%,燃料消耗虽然增加了3.67 kg/(t·s),由于在系统应用后的期间内,炼铁厂的高炉大修,导致发热值较高的焦炭(29500 kJ/kg)供应不足,只能增加发热值相对较低的无烟煤(26500 kJ/kg)的配比,无烟煤消耗从正常时的约15 kg/(t·s)增加到25~35 kg/(t·s),并且无烟煤的燃烧效率偏低,影响了燃料的总消耗量。因此,模型系统总体应用效果良好,烧结矿产质量得到提高,经济效益明显。

4.1.4　烧结矿性能预报模型

4.1.4.1　概述

随着钢铁工业的不断发展,我国越来越多地使用国外铁矿石,进入21世纪以来,以每年20%以上的速度增长,2000年进口量达到6997万吨,2001年猛增到9200万吨,2002年进口量为11148万吨,2003年进口增长到14812万吨,而且铁矿石种类在不断增多,来源越来越广泛。如何在烧结生产中合理利用这些日益变化的铁矿石资源,使之满足钢铁工业生产需要,已成为钢铁工业研究的一大内容。尤其是当有新品种的铁矿石用于烧结生产时,往往要进行不断摸索和重复基础实验,才能满足产质量指标的要求,这样浪费了大量的人力和财力。如果能根据铁矿石的一些基础性质,预报出铁矿石的烧结性能,就能很好地解决上述问题。

目前对烧结矿产质量预报模型的研究比较多,国内的有北京科技大学周取定等人通过对烧结过程影响烧结矿质量的状态变量进行了分析研究,建立了基于热波状态的烧结矿质量预报模型;米浩等人通过统计分析系统软件建立了烧结矿性能指标预测模型,分析了烧结工艺参数对烧结矿质量指标的影响;昆明理工大学刘怀通过烧结混合料的化学成分的研究,建立了BP网络,对其烧结矿的质量进行预测;张军红等人利用遗传算法与神经网络相结合的方法,建立了烧结矿质量预测模型。国外在这方面的研究有:R. Venkataramana等人通过混合料综合制粒和冷料层透气性建立了铁矿石烧结过程混匀制粒阶段颗粒粒度分布和冷料层透气性的复合模型;M. J. Cumming等人通过传质传热、水分的干燥冷凝、熔融凝固、料层特性(如颗粒直径、烟道因素及孔隙等)的变化等,对烧结过程进行了研究;日本TAKAZO KAWAGUCHI等人开发了铁矿石烧结综合模拟模型,用以评价各种控制因素对烧结矿质量的影响,该模型包括透气性、热状态、熔融、孔隙率、矿物和质量六个子模型。以上这些都仅考虑了烧结过程中的状态变量(如床层结构、熔融与凝固过程等)、工艺参数(如烧结料层厚度、烧结机速、点火温度与负压、混合料水分、原料配比等),而对烧结过程中的主体原料铁矿石的基础物理化学微观性质考虑得比较少,有些仅涉及化学性质或者物理性质某一方面,对主体原料铁矿石的微观性质考虑甚少。

本节所要介绍的模型拟阐明铁矿石的物理性质、化学性质、微观性质与其烧结性能之间的对应关系,在此基础上建立铁矿石烧结性能预报模型。

4.1.4.2　铁矿石的烧结性能及其影响因素分析

A　铁矿石烧结性能的评价指标

铁矿石烧结性能的好差是指铁矿石烧结后其产品的产质量指标的高低，评价烧结矿的产质量指标是由烧结过程本身及高炉的要求而决定的。转鼓强度用来评价烧结矿抗压和耐磨性能，是烧结矿的一项重要质量指标；烧结速度是指单位时间内烧结料层燃烧的厚度，它的快慢既反映了矿种的性能，又对烧结矿的产质量指标有影响；成品率是指粒度大于 5 mm 的烧结矿(成品烧结矿)占总烧结饼的质量百分比，它是衡量烧结矿产量的重要参数；利用系数是指单位时间内单位面积的成品烧结矿的质量，它是烧结速度和成品率的综合反映，是烧结矿产量的指标。所以转鼓强度、烧结速度、成品率和利用系数从不同角度反映了烧结矿的产质量情况，可以作为铁矿石烧结性能的评价指标。

B　铁矿石烧结性能的影响因素

影响铁矿石烧结性能的因素很多，在烧结设备和操作条件一定的条件下，主要影响因素是铁矿石本身的性质，即铁矿石的物理性质、化学性质和微观结构等。为了满足烧结矿化学成分和产质量指标的要求，烧结用含铁原料都是由多种含铁原料经过配矿组成的中和料，所以，影响烧结矿产质量指标的因素是中和料的性质。因此下面讨论的是中和料的物理性质、化学性质、微观结构性质对铁矿石烧结性能的影响。

a　物理性质

物理性质包括粒度组成、孔隙率与堆密度等。

(1) 铁矿石的粒度是体现铁矿石物理性能的主要指标，彭甲平在铁矿石质量评价的研究中指出，对于铁矿石烧结生产而言，烧结中和料中 3 ~ 0 mm 的粒级含量与烧结生产率成反比关系，小于 3 mm 部分比率越高，烧结生产率越低，同时随着烧结料中 3 ~ 0 mm 部分的减少，烧结过程进行得更加均匀，消除了烧结的夹生料，从而使烧结矿的机械强度得到改善。而且烧结中和料合适的粒度组成是：3 ~ 0 mm 料的含量(质量分数)小于 15%，3 ~ 5 mm 料的含量在 40% ~ 50% 之间，5 ~ 10 mm 料含量不要超过 30%，大于 10 mm 的料不得超过 10%，即尽量减少 3 ~ 0 mm 的粒级而增加 3 ~ 10 mm 的粒级，尤其是增加 3 ~ 5 mm 粒级的含量。这样才能使烧结料在减少粉末的基础上，粒度更加均匀，从而提高烧结矿的质量和产量。对烧结混合料制粒小球的结构研究表明，球粒一般是由成核颗粒和黏附细粒组成的，称为“准颗粒”。“准颗粒”的形成条件与粒度组成密切相关。理想的为 1 ~ 3 mm 作核颗粒，0.25 ~ 1.0 mm 的中间颗粒难以粒化，越少越好。对于铁精矿烧结，配加一定数量的返矿作核颗粒，有利于制粒。

(2) 中和料的孔隙率、堆密度是由铁矿石的孔隙率和堆密度大小来分别决定的，而铁矿石的孔隙率、堆密度是由铁矿石的地质生成条件所决定的。一般而言，孔隙率大的总体烧结性能较好，烧结矿的产质量指标较好，尤其可以改变烧结矿的冶金性能。堆密度与中和料的含铁品位、粒度组成、孔隙率有关。中和料的堆密度足够影响到烧结矿的产量，与烧结矿的产量相关。

b　化学性质

中和料的化学性质是影响铁矿石烧结性能的一个重要因素，化学成分主要有 TFe、SiO_2、Al_2O_3、MgO、MnO、TiO_2、K_2O、Na_2O、P、S 等。

(1) 对烧结用料，首先要保证铁矿石的铁品位，它直接影响到烧结矿的化学组成和全铁；另外，含铁量低，脉石含量就高，高炉冶炼就需多用熔剂和焦炭，产率也下降。因此，中和料中铁矿石的铁品位对烧结矿的产质量有极大的影响。

(2) SiO_2 是烧结过程必需的造渣物质，烧结混合料中必须保持一定的 SiO_2 含量，但过多的

SiO_2 会降低铁矿石的品位，从而影响到烧结矿的品位，另外 SiO_2 含量过低则液相量不足，影响烧结成矿。

（3）由于 Al_2O_3 为高熔点化合物，高 Al_2O_3 含量烧结需要更高的烧结温度和更长的烧结时间来维持所需的烧结矿强度，因此烧结生产中希望铁矿石的 Al_2O_3 含量越低越好。但低含量 Al_2O_3 的铁矿石价格比较高，且在生产中所使用的铁矿石普遍含有 Al_2O_3，因此在保证烧结矿产质量的基础上，允许一定品位的 Al_2O_3 存在。

（4）适量的 MgO 能提高烧结矿的强度，改善烧结矿的冶金性能，提高烧结矿的质量。

中和料 3 ~ 5 mm 料的含量是混合料的主要组成部分，其中 SiO_2、Al_2O_3、MgO 的含量对烧结性能起到不可忽视的作用。经研究，相同配比条件下，中和料粒度化学成分等基本相同，但是 3 ~ 5 mm 料中 SiO_2、Al_2O_3、MgO 的含量不同，发现其烧结性能完全不同。

c 微观结构性质

巴西 CVRD 公司在研究铁矿石微观结构与其烧结性能及过程行为的关系中指出，影响铁矿石烧结性能的一个重要而又容易忽视的主要因素是矿物组成与显微结构。铁矿石的矿物组成和显微结构大致可归纳为赤铁矿、磁铁矿、褐铁矿和菱铁矿，而赤铁矿中结晶的赤铁矿称为镜铁矿，它外观上为黑色，结构更致密和光滑，而且赤铁矿可能部分水化（针铁矿或水合赤铁矿）。不同显微结构的铁矿石其冶炼性能不同（铁含量不同、有害杂质不同、强度及还原性不同）。

微观结构特征如铁矿物的晶粒大小和水合程度取决于成矿时的温度和压力。成矿温度高，则晶粒尺寸大且水合程度低。水合程度高，利用系数增加，转鼓强度较小，晶粒尺寸大，利用系数减少，强度变化不是太大。

在铁矿石烧结中，中和料中铁矿石的微观结构性质是决定烧结矿矿物组成的内在因素。因此，通过对内因的研究有利于提高烧结产量和质量的矿物组成。认清这些关系对于设计混匀料以优化烧结过程和产品的质量是至关重要的。

综上所述，影响铁矿石烧结性能的主要因素有中和料 3 ~ 5 mm 的含量、小于 0.25 mm 黏附粒子的含量、大于 1.0 mm 成核粒子的含量、堆密度、孔隙率、TFe、烧损、赤铁矿的含量和中和料 3 ~ 5 mm 料中 SiO_2、Al_2O_3、MgO 的含量及中等晶粒的数量。

4.1.4.3 预报模型的建立

近几年来得到迅速发展的神经网络方法，从理论上讲可以逼近任意的非线性函数，加之其具有并行和学习两大功能，已经引起了许多领域专家的极大兴趣。针对一般 BP 神经网络算法的固有局限性，即存在收敛速度慢、易产生局部极值或振荡、训练易瘫痪产生发散现象等问题，对该算法进行改进措施。

目前用于建模的神经网络大多是反向传播网络（采用 BP 算法的多层前馈网络），Kolmogrow 等人已经证明，三层反向传播网络模型可以表征任意的非线性关系。基于此，该模型也采用了三层前馈网络作为基本神经网络。为了加快基本 BP 算法的收敛速度，采用线性再励思想使步长自适应变化。其算法见第 3 章，不再赘述。改进之后的 BP 神经网络算法具有很好的训练效果：很快的收敛速度，不仅可以有效地缩短训练时间，保证足够高的预报精度，而且可以有针对性地限制振荡甚至发散。网络训练误差趋势如图 4-20 所示。

4.1.4.4 模型效果

模型所需数据来自烧结实验数据，用 Visual C++6.0 编程工具结合 Matlab 语言进行了铁矿石烧结性能预报模型系统软件的开发。为预报模型设计了样本数 150 组，前 120 组作为模型的训练样本数，后 30 组作为模型的预报样本数。模型输入参数为影响铁矿石烧结性能的 12 个关键因素，即中和粉 3 ~ 5 mm 的含量、小于 0.25 mm 黏附粒子的含量、大于 1.0 mm 成核粒子的含

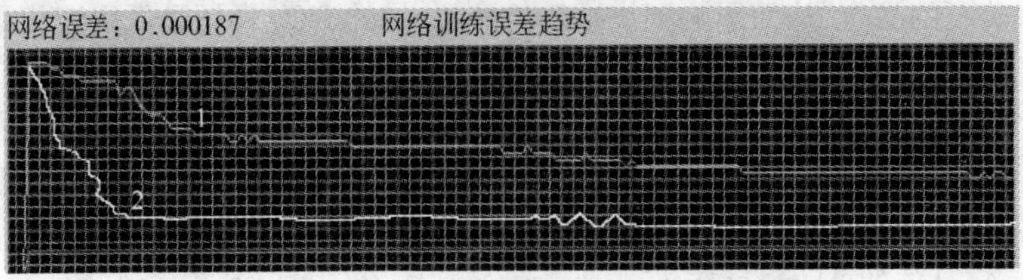

图 4-20　预报模型网络训练误差趋势图

1——一般 BP 学习算法；2—误差修正的带动量项的线性再励自适应变步长 BP 学习算法

量、堆密度、孔隙率、TFe、烧损、赤铁矿的含量和中和粉 3 ~ 5 mm 料中 SiO_2、Al_2O_3、MgO 的含量及中等晶粒的数量，模型输出参数为铁矿石烧结性能 4 个评价指标：转鼓强度、烧结速度、成品率和利用系数。

铁矿石烧结性能预报模型参数为：输入层神经元 12 个、输出层神经元 4 个、隐含层节点个数 34，采用误差修正的带动量项的线性再励自适应变步长 BP 学习算法，动量项 $\alpha = 0.60$，学习初始速率 $\beta = 0.70$，初始权值与初始阈值都为 0.80，训练步数为 6700，网络训练误差 $E = 0.000187$，隐层激发函数采用 $f(x) = \dfrac{2}{1 + e^{-x}} - 1$ 函数。

该预报模型预报结果如表 4-8、表 4-9 所示。铁矿石烧结性能评价指标转鼓强度、烧结速度、成品率和利用系数的预报命中率见表 4-8，各指标前 10 个样本的实际值与预报值，命中与否见表 4-9。

表 4-8　铁矿石烧结性能预报模型各评价指标命中率

评价指标	转鼓强度	烧结速度	成品率	利用系数
预报命中率/%	85.82	83.57	91.47	85.73

注：转鼓强度、烧结速度、成品率的绝对误差不大于 1.0 为命中，利用系数的绝对误差不大于 0.1 为命中，反之否。

表 4-9　铁矿石烧结性能预报模型各评价指标实际值与预报值的比较

编号	转鼓强度/%			烧结速度/mm · min^{-1}			成品率/%			利用系数/t · (m^2 · h)$^{-1}$		
	实际	预报	命中否	实际	预报	命中否	实际	预报	命中否	实际	预报	命中否
1	56.84	56.450	是	20.57	20.69	是	71.72	72.167	是	1.509	1.525	是
2	57.95	57.759	是	21.05	21.017	是	73.44	72.805	是	1.594	1.536	是
3	61.07	61.682	是	18.95	18.929	是	73.60	74.033	是	1.518	1.426	是
4	61.04	60.441	是	19.46	19.055	是	72.41	72.678	是	1.493	1.385	否
5	58.45	57.215	否	16.98	16.273	是	76.89	77.071	是	1.531	1.533	是
6	57.68	57.910	是	21.53	20.734	是	77.09	76.831	是	1.810	1.629	否
7	58.65	57.908	是	17.98	18.615	是	70.20	70.382	是	1.390	1.355	是
8	56.37	56.063	是	16.62	16.284	是	69.81	69.378	是	1.239	1.177	是
9	57.14	57.642	是	22.56	21.164	否	75.20	75.578	是	1.678	1.635	是
10	56.00	56.450	是	20.51	20.071	是	71.72	72.169	是	1.514	1.525	是

由表 4-8、表 4-9 可知，该预报模型具有良好的泛化能力和自适应能力，各个指标的命中率均达到 83.5% 以上，网络的预报误差比较小，能够比较准确地预报铁矿石的烧结性能。为烧结

厂中铁矿石的合理有效利用提供一种有效方便的新方法。

4.2　高炉数学模型

高炉数学模型的出发点是把高炉过程和热风炉状态以工艺或控制理论描述，计算出操作量以进行在线控制或操作指导，它是高炉操作优化的主要手段和过程自动化级的灵魂。

高炉数学模型有许多分类方法，按其使用功能分类，可分为长期、中期和短期三种。长期主要是针对原燃料供应或钢铁产品市场需求的变化，调整企业经营方针或生产计划，或者是针对企业内部总体需求的平衡变化等，对高炉生产效率、消耗、质量和成本等产生的影响，进行分析和评估，作出高炉操作制度等方面的重大变更决策；中期主要是某一时期内高炉状态的趋势变化预测和分析，如炉热水平发展趋势、软熔带及异常炉况变化和发生的趋势进行预测和预报等，使操作人员及时调整炉况；短期主要针对炉热水平的跟踪与调控，防止恶化和生铁质量控制等，如炉热指数模型、铁水含硅量预报、布料控制模型等。此外，高炉数学模型按建模方法分类，可分为统计模型、机理模型、统计和机理综合模型、智能模型等；按对传热和传质现象的处理方法分类，可分为热化学模型和动力学模型；按所考虑的空间坐标维数和时间变量分类，可分为一维、二维和三维模型，以及静态模型和动态模型等。

本节主要介绍几个比较典型的高炉数学模型，包括布料模型、软熔带形状模型、炉缸炉底侵蚀模型、铁水硅含量预报模型、热风炉温度场模型。

4.2.1　高炉无料钟布料模型

4.2.1.1　概述

无钟布料溜槽的倾角可以任意变动，不像大钟那样固定为一个度角，因此炉料可以布到炉喉任何位置，而无需借助于变径炉喉，从根本上改变了大钟布料的局限性。溜槽角度变动和控制都很容易，改变布料十分灵活。溜槽布料器的上、下密封阀直径很小，又嵌有弹性良好的橡胶密封圈，密封性能良好，能承受高压操作。下密封阀上部有一个截流阀承受罐内炉料重量，密封阀只管密封，不与炉料接触，因此阀体寿命长，密封有保证。因此无钟布料在国内外得到了广泛的应用。

高炉是一个巨大的密闭反应器，一旦投入生产就很难停下来，在日常生产中很难直接观测到炉料在炉内的实际分布状态，只能靠间接手段来推断布料状况。建立布料数学模型可以了解炉料在炉内分布的真实状态。近几十年，国内外在无钟炉顶布料方面的研究取得了长足的进步。许多冶金学者做了大量的实验和理论研究，开发了许多高精度的数学模型。许多厂家进行了炉顶布料的模拟实验，有些厂还进行了 1∶1 的大规模实验，尽可能多地考虑影响炉料分布的各种因素。

日本在高炉布料模型建立方面做了很多基础性工作，通过模拟试验和高炉剖体分析获得了许多有益的结论和经验。最典型的是日本新日铁公司的炉顶布料模型，简称 RABIT，它考虑了上升煤气流和焦炭层坍塌现象对料面形成的重要作用，是基于实测数据和理论分析建立起来的。模型假设焦炭的坍塌现象遵循土壤力学的斜坡稳定理论。将焦炭层在径向分成 n 个同心环形薄片，对每个环片引起坍塌的滑动力和防止坍塌的阻力进行计算，求得各个环片的安全因子，找到最小安全因子，最小安全因子对应的圆弧面为滑动圆弧面；再计算被推向中心的焦炭量，原来的地方将被矿石所填充；而这部分矿石的载荷又将引起新的坍塌，如此反复计算，直到不再发生新的坍塌为止。实验室试验和高炉装料的实际测量，证实了此模型预报炉顶煤气流分布的精度较高。该模型已被引进到澳大利亚 BHP 公司的高炉上。

我国的研究人员对布料模型也做了很多创新性的研究。1990 年,杨天均等研究了采用直线加曲线分成 4 段的方法描述料面形状;1999 年,美钢联和北京科技大学的高征凯等开发了 Fairfield 厂 8 号高炉布料仿真模型,2002 年武钢 5 号高炉也开发了类似的高炉布料模型;2000 年,南昌钢铁有限公司的径文波等开发布料模型用于南钢 1 号高炉离线指导生产,2001 年又将该模型在线应用于南钢 1 号高炉,获得了较好的经济效益;2004 年,武汉科技大学的毕学工等人的文献详细阐述了焦炭坍塌理论在钟式高炉炉顶炉料分布模型中的应用,并且建立了一个钟式高炉炉料分布模拟模型作为宝钢 1 号高炉布料推定模型的子模块。生产实践表明,尽管高炉内部状态对操作员来说依然是一个黑箱,但在一定条件下,可将生产过程局部简化,采用数学模型指导高炉操作。

4.2.1.2　无料钟布料模型原理分析

高炉布料模型的主要目的是确定炉内焦炭层和矿石层的位置、厚度、形状及其比值,并将料面分布的计算结果与高炉生产经验相结合,指导操作工改进装料制度,提高料面透气性,改善煤气利用率,实现高炉生产稳定运行,从而达到降低焦比的目的。

A　无料钟布料的影响因素分析

无料钟高炉布料主要受到以下因素的影响:

(1) 炉料在溜槽上受溜槽旋转离心力作用而做变加速滑落运动;

(2) 炉料在炉喉空区中受到煤气阻力作用而做近似抛体运动;

(3) 炉料分布受炉料堆角规律的作用;

(4) 炉料分布受到高炉上部具体装料制度的影响;

(5) 炉料分布与高炉本体参数、溜槽布料方式、布料参数的选择等密切相关。

B　炉喉内炉料分布规律总结

高炉布料经验表明,炉料在炉喉内的分布具有如下特点:

(1) 采用多环布料方式时,主堆尖只有一个,且位于主料流落点的位置上;

(2) 矿石与焦炭就堆角相比,矿石堆角一般略大于焦炭堆角;

(3) 炉料在炉内以高炉中心线为对称轴呈层状分布;

(4) 无钟高炉布料时,由于料流较小,布料时间较长,当矿石加到焦层斜面上时所形成的混合层相对较薄。

4.2.1.3　布料模型的建立

A　数学模型的设计

综合考虑高炉布料的影响因素、炉喉内炉料分布规律以及现场操作人员的实际经验,对布料模型做出如下假设:

(1) 炉料在炉内沿圆周以环状的形式呈中心对称均匀分布;

(2) 炉料在炉内为层状分布,矿石层与焦炭层的混合和超越现象可以忽略;

(3) 炉料的下降为活塞流,在下降过程始终保持层状结构;

(4) 每批料下完之后,可认为料面主堆尖只有一个,且位于主料流落点的位置上;

(5) 由布料经验可知,每罐料的布料时间不到 2 min,在如此短的时间内,料面下降量很小,故可假设在布料过程中料面不下降。

B　无料钟布料的模型构成及其设计方法

a　炉料运动轨迹的求解

为了定量地分析炉料分布,现以炉料质心 C 点为研究对象,以高炉中心线为 z 坐标、垂直于 z

轴的平面为 xy 平面建立坐标系，如图 4-21 所示。

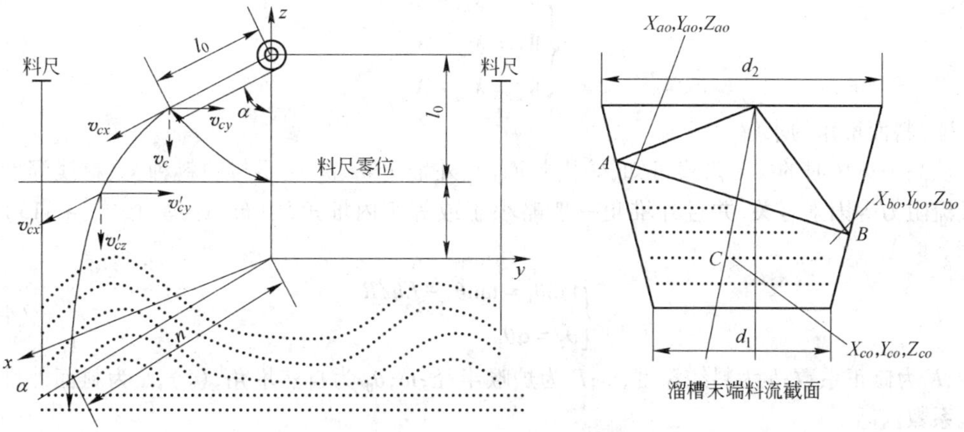

图 4-21 炉料运动轨迹示意图

高炉布料过程实质上是炉料运动过程，溜槽与 z 轴构成溜槽倾角 α，溜槽以 ω 的角速度围绕 z 轴做旋转运动，炉料由料流阀以出口速度 v_1 排出，进入中心喉管经自由落体运动后到达其末端时的速度为 v_2，炉料离开中心喉管并与旋转溜槽发生碰撞而使得运动方向发生改变，以初速度 v_3 在旋转溜槽内做变加速运动，到达溜槽末端时的速度为 v_4，炉料离开溜槽后受自身重力和煤气阻力的作用（在炉料直径较小的情况下，煤气阻力可以忽略）。因此，炉料离开溜槽后的运动可分解为沿 x、y 以及 z 方向的自由落体运动，其速度分量分别设为 v_{cx}、v_{cy}、v_{cz}。设 C 点在溜槽末端的初始位置为（X_{co}，Y_{co}，Z_{co}），炉料从溜槽末端下落到料面的高度为 H，炉料在炉内空间下落时间为 t，利用物理运动学知识，可分别求出 C 点沿 x 轴和 y 轴方向的运动距离 X_c 和 Y_c，可得到质心 C 点在炉内的运动轨迹 X_{nc}，其计算公式及步骤为：

$$\begin{cases} v_1 = Q/(\rho S) \\ v_2 = (v_1^2 + 2gh)^{1/2} \\ v_3 = \lambda v_2 \cos\alpha \end{cases} \tag{4-9}$$

$$v_4 = [2g(\cos\alpha - \mu\sin\alpha)l_0 + 4\pi^2\omega^2\sin\alpha(\sin\alpha + \mu\cos\alpha)l_0^2 + v_3^2]^{1/2} \tag{4-10}$$

式中，Q 为炉料流量，kg/s；S 为料流阀开口面积，m^2；ρ 为炉料堆密度，kg/m^3；h 为中心喉管高度，m；g 为重力加速度，m/s^2；λ 为削减系数；α 为旋转溜槽倾角，(°)；l_0 为溜槽有效长度，m；ω 为溜槽旋转角速度，rad/s；μ 为溜槽对炉料的摩擦系数。

将溜槽末端速度 v_4 在 x、y 以及 z 方向上进行分解，于是便可得到式（4-11）。

$$\begin{cases} t = [(v_{cz}^2 + 2gH)^{1/2} - v_{cz}]/g \\ X_c = X_{co} + v_{cx}t \\ Y_c = Y_{co} + v_{cy}t \\ X_{nc} = (X_c^2 + Y_c^2)^{1/2} \end{cases} \tag{4-11}$$

式中，v_{cx}、v_{cy}、v_{cz} 分别为溜槽末端速度 v_4 在 x、y 和 z 轴方向上的分速度，m/s；H 为炉料从溜槽末端下落到料面的高度，m。

通过上述公式求出了炉料质心 C 点的落点位置，即为主料流落点位置，采用同样的计算方法求出溜槽末端料流截面上两端点 A、B 的落点位置 X_{na}、X_{nb}，由 A、B、C 三点的落点位置便可求出靠近炉墙侧的料流宽度 W_1，靠近高炉中心侧的料流宽度 W_2 以及料流总宽度 W_n，如式

(4-12)所示。

$$\begin{cases} W_1 = X_{nc} - X_{na} \\ W_2 = X_{nc} - X_{nb} \\ W_n = X_{na} - X_{nb} \end{cases} \tag{4-12}$$

b 料面堆角的求解

从高炉休风时的实际观察可知,炉内料面内、外堆角 θ_1、θ_2 主要与炉料种类、料线深度以及煤气流阻力等因素有关,并且外堆角一般略小于或等于内堆角,由布料经验按式(4-13)进行计算。

$$\begin{cases} \tan\theta_1 = \tan\theta_0 - Kh/R \\ \theta_2 = \alpha\theta_1 \end{cases} \tag{4-13}$$

式中,K 为修正系数;h 为料线深度,m;R 为炉喉半径,m;θ_0 为自然堆角,(°);α 为料面外堆角的修正系数。

c 料面形状的求解

根据高炉开炉实测结果,并结合对布料模型所做的假设条件,将炉喉在其径向上分为四个区域:区域1($0 < X_{nc} < 0.2R$),区域2($0.2R \leqslant X_{nc} < X_r$),区域3($X_r \leqslant X_{nc} < X_w$),区域4($X_{nc} \geqslant X_w$)。其中,$X_{nc}$为主料流落点位置,$R$ 为炉喉半径,X_r 为料尺位置,X_w 为炉墙至高炉中心的距离。按照主料流落点位置的不同,实际的料面如图 4-22 所示。

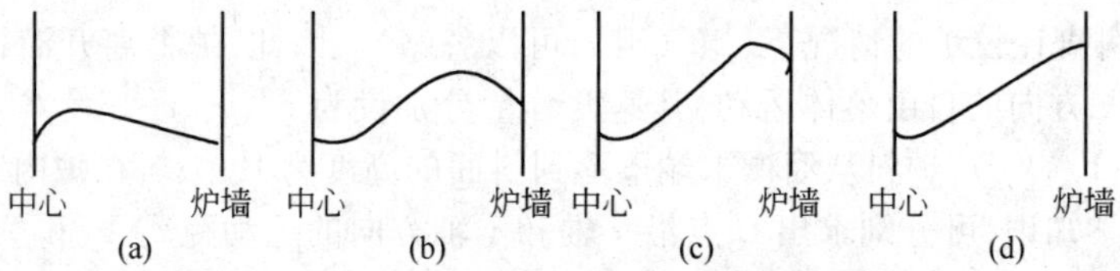

图 4-22 料面拟合曲线类型

图 4-22 中,(a)、(b)、(c)、(d)四类料面曲线方程可进行分段表示。

$$X_1 = K(1-\theta),\ X_2 = X_{nc} - W_2,\ X_3 = X_{nc} - W_1$$

当主料流落点位于区域1时,采用图 4-22(a)所示的料面曲线来表示,方程形式为:

$$\begin{cases} y = a_0 + a_2x^2 & 0 \leqslant x < X_{nc} \\ y = b_0 + b_1x & X_{nc} \leqslant x < X_w \end{cases} \tag{4-14}$$

当主料流落点位于区域2时,采用图 4-22 (b)所示的料面曲线来表示,方程形式为:

$$\begin{cases} y = a_0 + a_1x + a_2x^2 & 0 \leqslant x < X_1 \\ y = b_0 + b_1x & X_1 \leqslant x < X_2 \\ y = c_0 + c_1x + c_2x^2 & X_2 \leqslant x < X_3 \\ y = d_0 + d_1x & X_3 \leqslant x < X_w \end{cases} \tag{4-15}$$

当主料流落点位于区域3时,采用图 4-22 (c)所示的料面曲线来表示,方程形式为:

$$\begin{cases} y = a_0 + a_1x + a_2x^2 & 0 \leqslant x < X_1 \\ y = b_0 + b_1x & X_1 \leqslant x < X_2 \\ y = c_0 + c_1x + c_2x^2 & X_2 \leqslant x < X_w \end{cases} \tag{4-16}$$

当主料流落点位于区域4时,采用图 4-22 (d)所示的料面曲线来表示,方程形式为:

$$\begin{cases} y = a_0 + a_2 x^2 & 0 \leqslant x < X_{nc} \\ y = b_0 + b_1 x & X_{nc} \leqslant x < X_w \end{cases} \tag{4-17}$$

式中，a_0、a_1、a_2、c_0、c_1、c_2 为二次曲线的系数；b_0、b_1、d_0、d_1 为直线的系数；K 为炉料系数；θ 为炉料堆角；X_{nc}为主料流落点位置；W_1 为靠近炉墙侧的料流宽度；W_2 为靠近高炉中心侧的料流宽度。

由于目前高炉料面检测设备很不完善，只有探尺可提供 2～3 个点的料面参数，要想确定上述曲线的各项系数，可考虑引入另外一个等价关系，即新、旧料面曲线所形成的曲面绕高炉中心线旋转而围成的体积应当与炉料的实际装入量相等。设炉料 i(i 为矿或焦)在第 j 环位置(溜槽 11 个不同倾角中第 j 个倾角所对应的位置)上布完料之后形成的新料面曲线与旧料面曲线围成的旋转体的体积为 V'，炉料 i 在第 j 环位置上的实际下料量为 V，则根据曲面积分可求得 V'，如式(4-18)所示。

$$\begin{cases} V' = \int_0^R 2\pi R[f'(x) - f(x)]\mathrm{d}x & f'(x) \geqslant f(x) \\ V' = 0 & f'(x) < f(x) \end{cases} \tag{4-18}$$

式中，$f'(x)$表示当前待求解的新料面曲线；$f(x)$表示上一时刻的原始料面曲线；R 表示炉喉半径；$\mathrm{d}x$ 表示所取的微元。

根据溜槽在各环位置上的布料总和等于炉料批重关系，可推出炉料 i 在第 j 环位置上的实际下料量为：

$$V = W_i n_{ij} / \rho_i N_i \tag{4-19}$$

式中，W_i 为炉料 i 的批重，kg；ρ_i 为炉料 i 的堆密度，kg/m^3；n_{ij}为炉料 i 在第 j 环位置上的布料圈数；N_i 为一批炉料 i 总的布料圈数。

由上述条件便得到了四类料面曲线的求解思路：根据不同的料面曲线类型，由程序自动设定料面曲线特征参数(图 4-22 中(a)、(b)、(c)设定炉料堆尖处料面高度，(d)设定料面的内堆角大小)，然后依据设定值求解料面函数，并将所得到的料面函数离散化，由程序按照积分方法计算曲线绕高炉中心线旋转一周而成的体积，并将所计算的体积与实际的炉料装入量相比，若在误差允许的范围内则停止求解，否则，采用二分法设定特征参数后继续迭代求解，直至两者之差满足误差要求为止，求解完毕后，将所得到的新料面函数保存到文件中，以便画面显示时调用。

d 矿焦比曲线的求解

矿焦比是指一批料装入炉内后，在炉喉半径方向上各点处矿石层厚度与焦炭层厚度的相对比值，如式(4-20)所示。

$$\Delta L_o / \Delta L_c = (f_c'(x_i) - f_c(x_i)) / (f_o'(x_i) - f_o(x_i)) \tag{4-20}$$

式中，ΔL_o、ΔL_c 分别表示矿石层厚度和焦炭层厚度；$f_c'(x_i)$、$f_o'(x_i)$分别表示一批料装入炉内后所形成的新的矿、焦料面曲线；$f_c(x_i)$、$f_o(x_i)$分别表示旧的矿、焦料面曲线。

4.2.1.4 无料钟布料模型的软件实现与应用

A 布料模型算法实现

从布料模型数据流的组成、布料模型初始化流程以及布料模型主程序框架三个方面来具体介绍高炉布料模型算法实现的方法。

a 布料模型数据流的组成

布料模型的数据流主要由三部分组成：一部分是高炉炉体参数，由用户通过参数设置界面手工输入；另一部分是高炉开炉试验实测数据，在布料模型初始化过程中由 SQL Server 数据库送入；还有一部分是高炉生产过程实时数据，由一级机上的 PLC 系统通过工业以太网送入二级机上的监控工作站，再由监控工作站通过 OPC 服务器送入布料模型。

b　布料模型初始化流程

如图 4-23 所示，高炉布料监测系统启动后，布料模型进入初始化过程，监测系统通过客户端程序与本地工作站上的 SQL Server 数据库及局域网内原有系统工作站上的 OPC 服务器进行连接，并对其连接状态进行实时判断，以确保布料模型应用程序能够对本地数据库进行实时访问，并能取得高炉生产过程实时数据；另外，布料模型应用程序对用户输入参数进行确认，以确保布料模型各项参数的有效性。上述初始化过程中若有任何一个操作失败，系统将会给出相应提示信息，并退出系统。

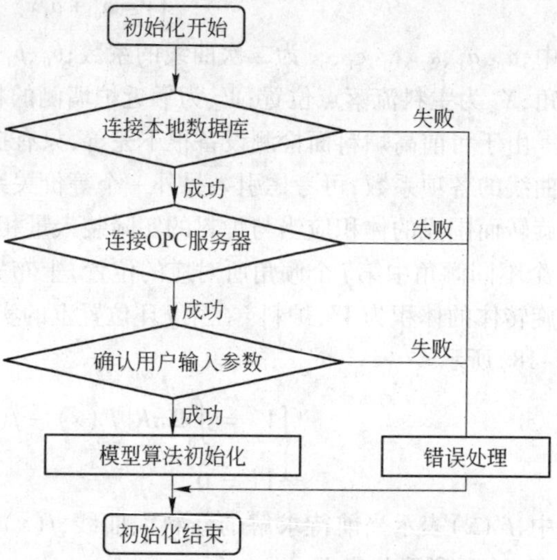

图 4-23　布料模型初始化流程图

c　布料模型主程序框架

如图 4-24 所示，布料模型算法的设计思路可简述如下：进入布料模型算法后，首先根据高炉本体参数、生产过程数据、用户输入参数以及开炉测试结果等信息对布料模型进行初始化，并确定原始料面的形状：然后根据 Q/r 料流模型确定当前时刻下料闸的料流开度关系，以 Q/r 料流模型的计算结果作为输入部分，由料流轨迹模型计算得出主料流落点位置；并根据主料流落点位置所在的区域范围，从四类料面形状曲线中选出与该落点位置相对应的一类曲线对料面形状进行拟合；再根据布料矩阵中一个溜槽角位所设定的内容，确定当前溜槽所采用的布料方式，若为单环布料方式，则调用单环料面形状求解算法，否则调用多环料面形状求解算法；待料面形状求解完毕后，综合考虑料面下降、煤气流阻力以及料层塌落等因素对已求料面形状进行修正；最后再根据料面形状计算结果，调用矿焦比计算模型算出炉内径向矿焦比值，由料面形状数据及矿焦比计算结果作出料面剖面图及矿焦比曲线。

布料模型算法程序是高炉布料操作与监测系统的核心部分，它在该系统后台运行，由高炉下料罐的下密封阀开关状态及探料探尺的有效状态共同促发，其调用过程为：当下料罐的下密封阀由打开状态过渡到关闭状态且探料探尺处于有效状态时，说明此刻一罐炉料刚好布完且探尺获得了炉内有效料面堆尖高度，此时布料模型算法程序便开始启动，根据所获得的原始料面数据及参数信息对炉料落点位置、炉内料面形状以及径向矿焦比进行推算，并将计算结果保存到内存中，以供图像显示程序模块进行调用，待计算完毕后，布料模型算法程序自行退出，等待下一罐布料时刻的到来，当下一罐炉料布完之后，模型算法以上次料面的推算结果作为原始料面，按照同样的方法对新的料面形状进行推算，整个过程如此周而复始地循环下去，布料模型便可连续地对每罐料布完之后的炉料分布情况进行实时监测。考虑到计算机中央处理器(CPU)的利用效率，根据高炉布料工艺要求，该系统限定布料模型算法在每布完一罐炉料后只运行一次。

B　模型软件开发

在上述布料模型的基础上，借助 Visual C ++6.0 可视化编程工具，设计了高炉布料操作与监测系统，该系统通过二维剖面图、工业曲线以及参数列表的形式给操作者提供了一个友好的人机界面，从而有效地指导操作工运用上部调节手段定性和定量地了解、分析和控制炉料在炉内的分布，并对布料制度进行优化，以改善高炉冶炼状况。

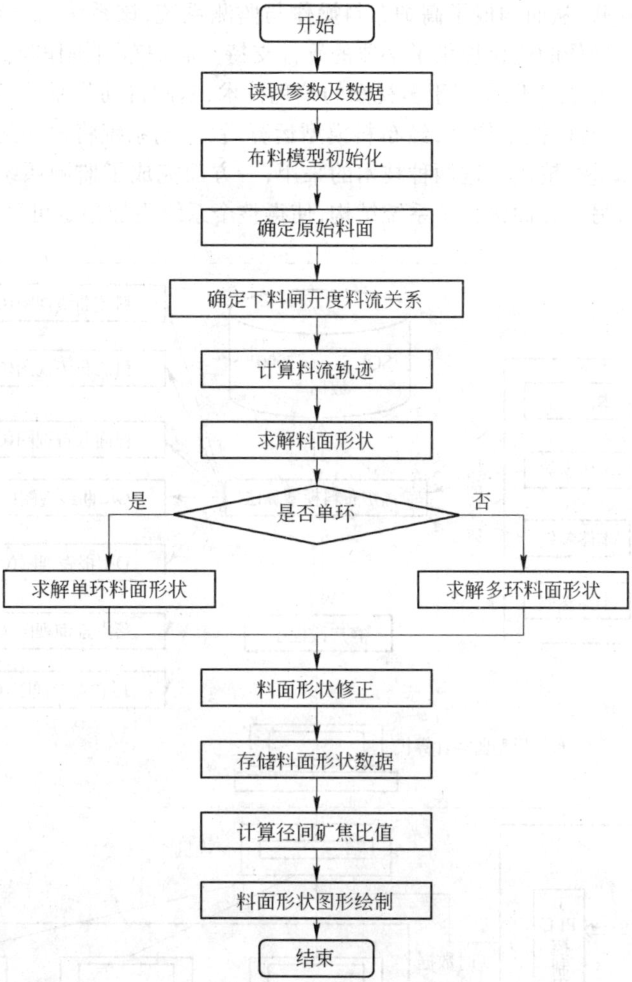

图4-24 布料模型主程序框图

高炉布料操作与监测系统主要由数据通信、后台算法、前台显示以及数据库存储四部分构成。该系统的设计充分考虑了工业现场的软硬件条件,如检测装置的可靠性、模型参数的获取、系统数据的接口以及数据传输的实时性等。下面就高炉布料操作与监测系统的系统结构、工作原理以及系统功能进行简要说明。

a 系统总体结构

如图4-25中的实线部分所示,某钢铁企业的高炉生产控制系统采用了分级控制结构网,整个控制系统主要分为两级:过程控制级(二级机)和基础自动化级(一级机)。基础自动化级由西门子的57-40系列和高炉生产硬件设备构成,主要负责对高炉生产过程进行数据采集、顺序控制、监视操作、数据通信等;过程控制级由三台工业控制计算机(分别采用Wincc6.0作为监控软件、并且相互备份)和一台工业交换机构成,主要负责模型计算、操作监视、数据通信等。过程控制级与基础自动化级通过工业交换机构成了以太网,过程控制级与基础自动化级通过以太网进行通信与协调,从而可完成高炉生产过程的监视与控制。

如图4-25中的虚线部分所示,在该钢铁企业高炉生产原有控制系统的条件下,该系统增添了一台西门子工业控制计算机作为高炉布料模型监控工作站,布料模型监控工作站通过工业以太网和原系统实现互联，从而构成了高炉布料操作与监测系统，该系统为布料模型的实现、生产过程的监视以及布料操作的优化提供了必要的硬件支持。高炉布料操作与监测系统的实现采用了基于 OPC 的数据通信技术以及基于多视图的编程技术，基础自动化系统中的高炉生产过程数据通过 OPC 服务器送至监控工作站，经布料模型运算后，监测系统将模型运算结果按照其不同功能通过相应的视图进行输出。这两种技术的采用，一方面完成了监测系统与原系统的无缝连接，降低了投入成本，另一方面优化了系统结构，使得整个系统更加稳定可靠、操作简单。

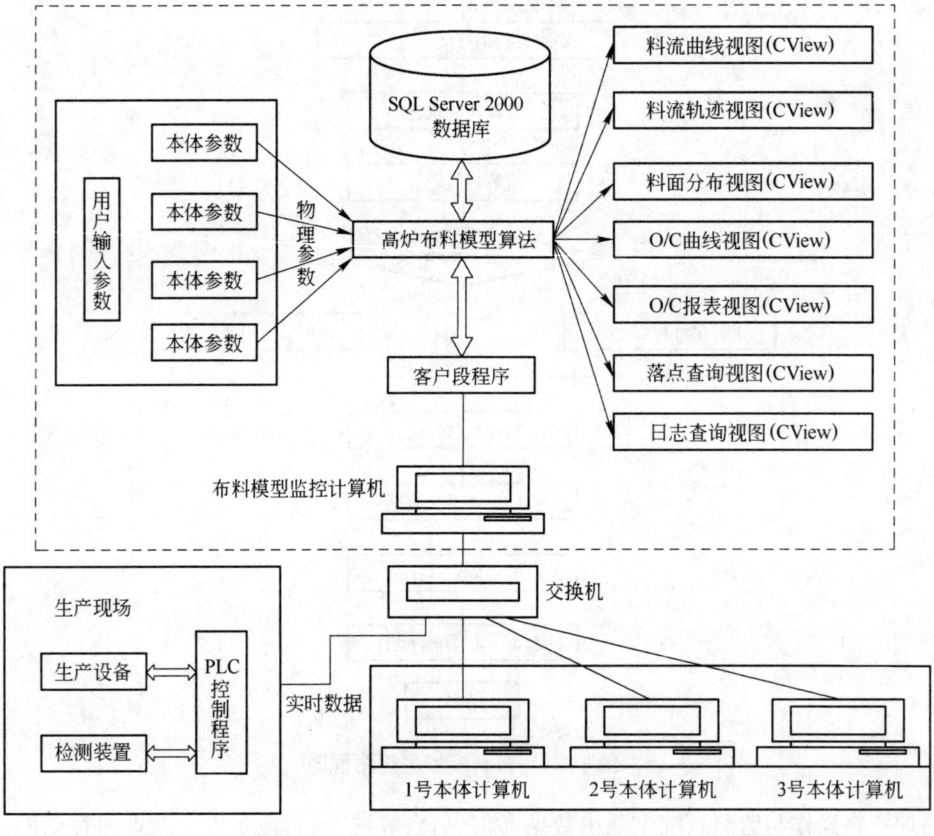

图 4-25　高炉布料操作与监测系统结构

b　系统工作原理

如图 4-25 所示，根据高炉冶炼理论，结合物理运动学原理及数学方法，在新增添的工业控制计算机上建立一个用于指导与监测高炉布料过程的布料模型。监测系统启动后，该系统与本地数据库及原有系统监控工作站上的 OPC 服务器进行连接，并对布料模型进行初始化，在布料模型初始化过程中，高炉开炉试验实测数据将通过 SQL Server 数据库送往布料模型；与此同时，生产现场基础自动化级的检测仪表、PLC 系统等设备检测出高炉生产过程的各种参数也经由工业以太网传给位于原有系统的监控工作站，该工作站再将高炉生产过程实时数据通过 OPC 服务器送至监控计算机上的布料模型；另外，用户还需通过手动方式将高炉本体参数、溜槽倾角、炉料属性以及原始料面等信息输入布料模型，待各种参数配置完毕后，便可启动布料模型，布料模型根据高炉布料经验，采用数学方法对传送进来的数据进行综合分析、智能推理并与高炉开炉试验结果相结合，从而确定出本次布料后炉内焦炭层和矿石层的位置、厚度、形状及其比值，根据布料模型计算结果，监测系统通过二维画面、工业曲线以及数据报表的形式表现出来，为操作工提供生产指导，并将操作工所关心的重要生产过程数据及时保存到数据库，可供用户进行查询，以便用户对高炉生产历史数据进行分析与统计，寻找布料规律，优化布料制度。

c　系统功能

根据高炉生产工艺过程及高炉生产现场条件，并结合现场操作人员的需求，高炉布料操作与监视系统涵盖的主要功能有布料模型参数设置、料面分布实时监视、过程数据历史查询、系统日志历史查询以及生产过程数据报表等，如图 4-26 所示。下面对系统的各个功能模块进行说明。

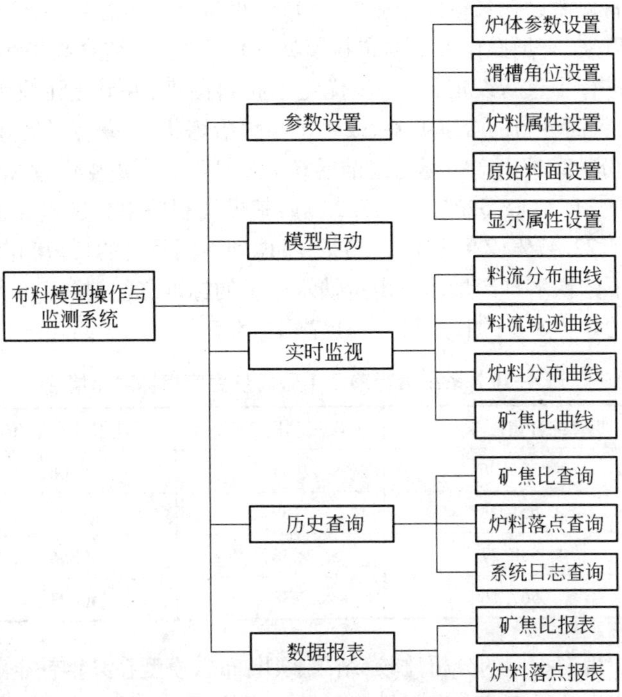

图 4-26　布料模型监视系统功能示意图

（1）参数设置功能。布料模型监测系统可通过参数设置界面对高炉本体参数、布料溜槽角位、炉料颗粒属性、原始料面参数以及系统显示属性等信息进行设置，以便在布料模型启动前为布料模型配置必要参数。

（2）模型启动功能。为了确保各类参数在模型启动前准确无误地全部进入布料模型，该系统特地设置了启动按钮，待模型参数设置完毕后，通过点击此按钮弹出参数确认对话框，待参数确认无误后，便可启动布料模型。

（3）实时监视功能。监测系统通过料流分布曲线实时标示当前时刻下料闸开度及其对应的料流大小，为操作者重新设定布料溜槽旋转圈数提供参考；通过料流轨迹曲线实时跟踪焦炭和矿石在炉内的落点位置，为布料矩阵溜槽角位优化设定提供依据，通过炉料分布剖面图的形式在线监测炉内料面分布形状、料面变形仿真模拟以及料面实时下降过程等，为操作工及时了解炉内料层厚度及料面分布形态提供参考；通过矿焦比曲线在线监测炉内径向位置各点处矿焦厚度比，为操作者间接判定炉内煤气流分布情况提供有力手段。

（4）历史查询功能。监测系统通过历史查询功能可对布料模型运行期间存放的矿焦比值及炉料落点位置进行查询，以便用户对炉内矿焦比分布趋势以及炉料落点位置进行统计与分析，从而为操作者寻找布料规律、优化布料制度提供有力保证。另外，用户还可以通过日志查询功能对系统运行状态进行查询，以便适时了解用户对系统的操作使用情况，确保整个系统安全稳定地运行。

（5）数据报表功能。监测系统将布料模型计算得到的矿焦比值及炉料落点位置以报表的形式展示给用户，通过该报表用户还可以对临近批次的矿焦比值及炉料落点位置分别作加权平均，从而用户可以更加方便地了解炉内炉料分布的历史趋势。

C　无料钟布料模型的应用

建立的高炉布料模型已在某钢铁企业的 450 m^3 小型高炉上稳定运行。布料模型自从 2005 年 9 月份投入使用以来，高炉操作者根据布料模型的输出结果，结合高炉生产操作经验，对布料矩阵中的溜槽角位进行了重新设定，进一步优化了布料制度，并制定了良好的高炉布料操作规范，从而实现了炉内料面分布的合理调整，改善了高炉冶炼状况，获得了实际应用效果如表 4-10 所示。2005 年 9 月份的高炉生产指标与之前的 6、7、8 月份的高炉生产指标相比，其 1 t 铁水折算综合焦比分别降低了 31. 20 kg、52. 31 kg、15. 23 kg；其煤气利用率分别提高了 3%、3%、2%；其铁水月产量分别提高了 22. 47%、22. 64%、2. 53%，考虑到不同月份的长短和高炉休风时间的差异，可以正常生产条件下的铁水日产量作为衡量铁水产量的标准，通过换算，9 月份在正常生产条件下的日产量比之前的 6、7、8 月的日产量分别提高了 15. 5%、25. 1%、4. 6%。

表 4-10　系统运行前后 1 号高炉生产指标对比情况

日期时间	折算综合焦比/kg · t^{-1}	煤气利用率/%	铁水月产量/t	正常生产日产量/t
2005-09	535. 96	41	50106	1678. 8
2005-08	551. 28	39	48871	1605. 7
2005-07	588. 27	38	40856	1342. 4
2005-06	567. 16	38	40823	1461. 6

通过对上述高炉生产指标的分析比较，结果表明：布料模型在某钢铁企业高炉上投入使用期间，系统运行稳定，应用效果显著。布料模型真实地反映了高炉内炉况的实时变化，有效地指导操作工改进了装料制度，提高了料面透气性，提高了煤气利用率，降低了焦比，提高了铁水产量，从而实现了高炉生产优质低耗、高产稳定的目的。

4. 2. 2　软熔带模型

4. 2. 2. 1　概述

软熔带主要是指含铁炉料（烧结矿、球团矿、块矿）从开始软化到开始滴落的过程中形成的软熔块与焦炭呈交替分布，并且有各相异性的透气性的固熔混合带，或是高炉内径向上矿焦比急剧变化的区带，它是高炉内透气阻力最大的区带。显然软熔带开始形成的条件必须是炉内温度达到炉料开始软熔的温度，因而炉料的软熔性及炉内温度分布将是影响软熔带开始形成的两个主要因素。其次，炉料在炉内的分布、送风制度、风口前焦炭燃烧状况，以及气流在风口的初始分布等都将影响高炉内软熔带的形成。

高炉内温度分布对矿石在炉内形成软熔带的位置和形状起着决定性作用，炉温高，高温区上移，则软熔带形成得早。要使燃料比降低，软熔带位置应低一些有利，这是由于间接还原区扩大，有利于煤气热能和化学能的充分利用。当然，软熔带形成位置也不宜过低，否则软熔带内焦窗截面减小，使气流通道过窄而造成阻损增加，同时软熔带形成位置过低会使滴落带空间相对减小，尤其是软熔带内表面过小时，会减小熔化传热面积，降低铁水流量和铁水温度，甚至还会影响到风口前供给燃烧反应所需焦炭的顺利补充。

根据高炉解剖实测和模型实验研究，高炉内软熔带形成的形状大体可分为倒V形、V形、W形和混合形四种，四种不同软熔带是由不同温度和气流分布而造成的，因而所获得的冶炼效果也必然不同。

高炉软熔带的形状和位置可形象地展现炉内温度分布和高炉煤气流分布状态，高炉原料质量与结构、径向炉料下降速度、下部送风制度和上部布料制度等对软熔带的形状和位置都有重大影响。因此，软熔带模型是高炉煤气流分布和上下部调剂结果的直观反映和重要监视手段，正确推定和应用软熔带模型对高炉生产操作具有很好的指导作用。下面以某炼铁厂2号高炉软熔带模型的开发、改进完善与应用为例进行阐述。

4.2.2.2 模型的建立

模型把高炉半径沿轴向分成七个同心圆筒，并假定：每个圆筒都有独立的煤气流上升和固体料流下降；各圆筒的铁水温度和成分相同；径向炉料下降速度与其距高炉中心轴的距离成正比；径向炉顶煤气温度分布与炉喉十字测温仪测定的温度分布相同。十字测温半径方向温度分布和炉身探测器径向煤气成分是模型计算用最基本的输入数据，高炉原燃料成分、固体和气体比热容及各种化学反应热等常数由人工输入，生产操作数据由过程计算机自动采集。根据以上假设，先通过对每个圆筒作物料平衡和热平衡计算，求得最佳料速，以计算出此时各分割区的生铁生成量、焦炭消耗量、煤气流速和溶损碳量等参数，然后进行等温线推定。

每个圆筒垂直方向温度分布由传热方程计算。950℃以下的低温区不考虑碳溶损反应及其热损失，按以下简化的传热方程计算：

$$\frac{\mathrm{d}(W_g \cdot T)}{\mathrm{d}Z} = HV_1 \times S(T-t) \tag{4-21}$$

$$\frac{\mathrm{d}(W_s \cdot T)}{\mathrm{d}Z} = HV_1 \times S(T-t) \tag{4-22}$$

解式(4-21)、式(4-22)两方程可求得950℃以下不同位置的固体和气体温度或固体950℃时在炉内的高度位置Z。950℃以上高温区必须考虑碳溶损反应的热损失，需解式(4-23)～式(4-26)四个联立微分方程：

$$\mathrm{d}(C_g \cdot T)/\mathrm{d}Z = HV_2 \times S(T-t) + (1-\beta) \times \Delta H \times R \times S - c_s \cdot R \cdot S \cdot t \times (M_C + M_O)/M_C \tag{4-23}$$

$$\mathrm{d}(C_s \cdot t)/\mathrm{d}Z = HV_2 \times S(T-t) + \beta \times \Delta H \times R \times S - c_s \cdot R \cdot S \cdot t \times (M_C + M_O)/M_C \tag{4-24}$$

$$\frac{\mathrm{d}G_g}{\mathrm{d}Z} = -\frac{M_O + M_C}{M_C} \times R \times S \tag{4-25}$$

$$\frac{\mathrm{d}G_s}{\mathrm{d}Z} = -\frac{M_O + M_C}{M_C} \times R \times S \tag{4-26}$$

式中 Z——自料面起向下垂直方向的距离，m；

HV_1——950℃以下煤气—固体热传导系数，kJ/(m^3·h·℃)；

T——固体炉料温度，℃；

t——气体温度，℃；

S——分割区域面积，m^2；

C_g，C_s——气体和炉料的热容量，kJ(h·℃)

ΔH——碳溶损反应热，kJ/kg；

β——溶损反应热自固体夺走的比例，%；

c_s——物料的比热容，kJ/(kg · ℃)；

HV_2——950℃以上煤气—固体热传导系数，kJ/(m^3 · h · ℃)；

G_g——煤气的流量，m^3/h；

G_s——炉料的流量，kg/h；

M_O，M_C——氧和碳的摩尔质量，g/mol；

R——FeO + C = Fe + CO 碳溶反应速度，kg/(m^3 · h)。

通过式(4-21)～式(4-26)两部分积分计算，并对计算出的数据作线性插值，求700℃、800℃、…、1200℃、1400℃对应的高度 Z，再经作图即得到不同温度固体和气体的等温线。固体炉料1200℃与1400℃等温线区间即为推定的高炉软熔带。

4.2.2.3　模型的改进

确保炉喉十字测温仪和炉身探测器的正常使用及其检测数据的准确，是软熔带模型正常运行和可靠推定的基本条件。炉身探测器不能正常动作和其采样点煤气成分异常是影响应用软熔带模型的主要原因。2号高炉于2000年率先解决了炉身探测器机械和仪表系统的故障等难题，为模型恢复应用奠定了基础。

在模型程序上，根据高喷煤比冶炼煤气流和软熔带变化的生产及研究结果，对温度分布计算传热方程中的 HV_1、HV_2、B 等参数的取值进行了重大调整。考虑到高炉产量、喷煤量、富氧率、上下部调剂参数等操作条件相对于2号高炉投产初期有很大变化，高喷煤量操作后高炉下部气—固热传导加快，而上部因焦炭入炉量减少使煤气—炉料间传热相应减小，故下调 HV_1 和 B，上调 HV_2。此外还对高炉日常生产参数、计算用各热物理常数、料层厚度及料线等模型输入数据取值进行了确认或修正。通过反复调试，最终使软熔带的形状、中心与边缘的相对位置及软熔层厚度等推定结果均与2号高炉目前实际炉况和操作条件相符。

4.2.3　高炉炉缸炉底侵蚀模型

4.2.3.1　概述

高炉是钢铁生产流程中的重大装备和设施。随着当前炼铁技术的发展，如喷补技术和铜冷却壁在炉腹和炉腰的使用，风口以上炉体的破损已不再是高炉寿命的限制性环节，一代炉役寿命主要取决于炉缸(底)的侵蚀状况。特别对大型高炉而言，炉缸工作状态对高炉顺行和煤气流分布有着决定性影响，确保炉缸生产的安全是炼铁技术界的重大课题。炉缸的耐火材料内衬在高温铁水的作用下会发生不可逆转的随时间进行的侵蚀，因此对炉缸炉底堆积与侵蚀工作状态进行在线监测，掌握炉缸内衬侵蚀情况对高炉安全生产和技术经济均具有重要的意义。

4.2.3.2　侵蚀模型计算方法

通常侵蚀模型的计算方法有一维法(也叫两点法)、二维法、有限元法。

A　一维法

基于一维传热分析的两点法，在可以简化为半无限大平板的场合有一定的准确性。对于高炉的炉底中心及炉缸侧壁上部炉衬(即远离炉缸炉底拐角部分)可以看成是无限大平板。

对于一维稳态导热，炉缸炉底的温度场分布采用傅里叶导热方程求解：

$$q = -\lambda \frac{dT}{dx} \tag{4-27}$$

式中，q 为热流强度；λ 为导热系数；$\frac{dT}{dx}$为温度梯度。

对于无限大平板的稳态导热，认为通过各层的热流强度相等，即：

$$q = -\frac{\lambda_1}{\delta_1}(t_0 - t_1) = -\frac{\lambda_2}{\delta_2}(t_1 - t_2) = -\frac{\lambda_3}{\delta_3}(t_2 - t_3) \tag{4-28}$$

式中，q 为热流强度；λ_1、λ_2、λ_3 分别为 1 层、2 层、3 层炭砖的平均导热系数；δ_1、δ_2、δ_3 分别为 1 层、2 层、3 层的炭砖厚度；t_0、t_1、t_2、t_3 依次为内壁和 1、2、3 各层炭砖外壁温度。

a 径向计算处理

如图 4-27 所示，已知温度 t_0、t_1 及半径 r_0、r_1 值，可利用下述公式计算出 r_2、r_3、r_4、r_5、r_6 的值：

$$-\lambda_0 \frac{t_1 - t_0}{r_1 - r_0}x = -\lambda_1 \frac{t_{400} - t_1}{r_2 - r_1} = -\lambda_2 \frac{t_{600} - t_{400}}{r_3 - r_2} = -\lambda_3 \frac{t_{800} - t_{600}}{r_4 - r_3} = -\lambda_4 \frac{t_{1000} - t_{800}}{r_5 - r_4} = -\lambda_5 \frac{t_{1150} - t_{1000}}{r_6 - r_5} \tag{4-29}$$

式中，λ_0 为$(t_{11} + t_{10})/2$℃时的导热系数；λ_1 为$(t_{11} + 400)/2$℃时的导热系数；λ_2 为 500℃时的导热系数；λ_3 为 700℃时的导热系数；λ_4 为 900℃时的导热系数；λ_5 为 1075℃时的导热系数；r_0 为热电偶对外点与炭砖外表面距离，mm；r_1 为热电偶对内点与炭砖外表面距离，mm；r_2、r_3、r_4、r_5、r_6 分别为 400℃、600℃、800℃、1000℃、1150℃等温线与炭砖外表面距离，mm。

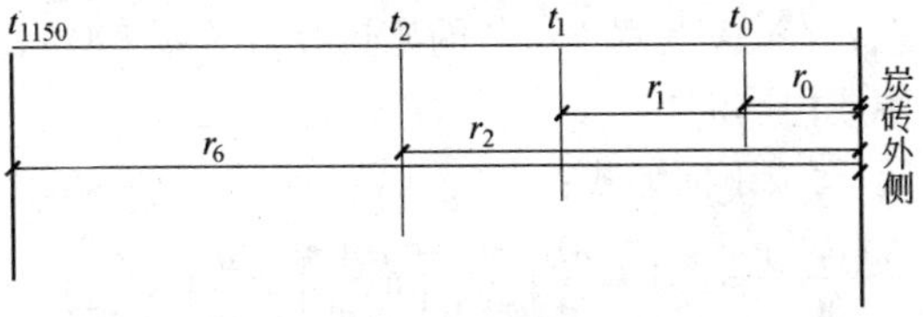

图 4-27 两点法计算示意图

b 周向处理

由于 1 层炭砖只有 4 ~ 8 对热电偶，若要在该层画等温线，就必须用插分法计算热电偶对之间的温度。如图 4-28 所示，已知两热电偶对$(t_{10}, t_{11}, \alpha_1)$、$(t_{20}, t_{21}, \alpha_2)$，求角度为 $\alpha = x$ 时的热电偶对(t_{x0}, t_{x1})，则有：

$$t_{x0} = \frac{\alpha - \alpha_1}{\alpha_2 - \alpha_1} \times (t_{20} - t_{10}) + t_{10} \tag{4-30}$$

$$t_{x1} = \frac{\alpha - \alpha_1}{\alpha_2 - \alpha_1} \times (t_{21} - t_{11}) + t_{11} \tag{4-31}$$

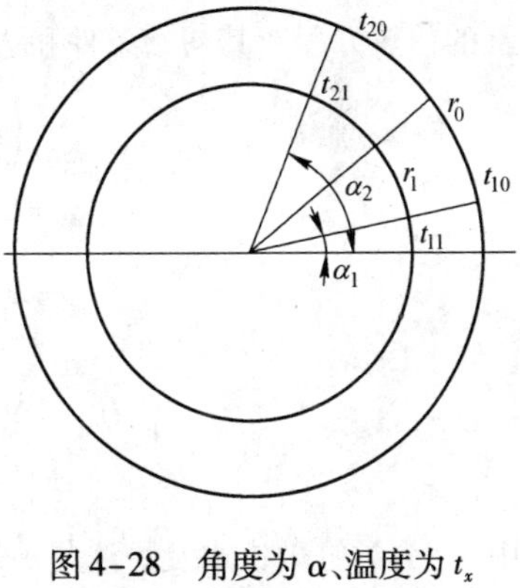

图 4-28 角度为 α、温度为 t_x 的点的半径求解示意图

B 二维法

设内衬侵蚀沿环向侵蚀是均匀的，可以取炉缸、炉底的某一个轴截面（子午面）来研究。在轴截面（子午面）中，内衬的导热可用轴对称稳态导热方程来描述，即：

$$\frac{1}{r}\frac{\partial}{\partial r}\left(\lambda_r(T) r \frac{\partial T}{\partial r}\right) + \frac{\partial}{\partial z}\left(\lambda_z(T)\frac{\partial T}{\partial z}\right) = 0 \tag{4-32}$$

式中，r 为径向坐标；z 为纵向坐标；原点在高炉中心线上；$\lambda_r(T)$、$\lambda_z(T)$ 为内衬材料两个方向随温度变化的导热系数。

当内衬中有两层较完整的测温点时，外边界可用外层测温点来构造。当用外层测温点来构造边界不可用时，可把冷却条件作为模型的外边界。其内边界应是满足测温数据精度的一条 1150℃等温线界面。

炉缸内衬的侵蚀形貌在子午面内为一条平面曲线。一条曲线可以通过合理的有限个离散点来拟合而成。对于子午面内的侵蚀形貌可以采用先取点再拟合的方法来构造。实用中，通常在测温点的热端方向上设置侵蚀边界曲线的离散点,再构造样条曲线作为侵蚀边界。在拟定的侵蚀边界上施加渗铁凝固温度(一般取1150℃),给定内衬的导热物性,求解方程(4-32)得内衬温度分布。把测温点的计算温度和实测温度作对比,若不一致调整或移动侵蚀边界继续计算,直到各个测温点的计算温度和实测温度一致(一般按小的相对偏差限判断一致程度),这样便确定了内衬的渗铁凝固等温线。高炉炉缸的轴对称导热方程(4-32)因不能获得解析解,需要用数值计算方法计算。

C 有限元法

首先,假定所要研究的炉缸炉底耐火材料层为一个统一系统,并且其中没有相对运动的介质存在。由于炉缸炉底工作面有炙热的铁水及炉渣而其外侧又进行着冷却,因此整个炉缸炉底耐火材料内部必然存在温度梯度,而温度梯度的存在将引起耐火材料内部之间能量的传递,即发生所谓的热传导过程。

可以推导出整个系统的能量守恒方程如下式:

$$\frac{\partial(\rho cT)}{\partial n} = \nabla \cdot (\lambda \cdot \nabla T) + q_v \tag{4-33}$$

式中,ρ 为耐火材料的密度,kg/m^3;c 为耐火材料的比热容,J/(kg · ℃);λ 为导热系数;q_v 为单位容积的热产生率(即内热源或内热汇)。

在直角坐标系中就可以写成下面形式:

$$-\frac{\partial(\rho cT)}{\partial t} = \frac{\partial}{\partial x}\left(\lambda \frac{\partial T}{\partial x}\right) + \frac{\partial}{\partial y}\left(\lambda \frac{\partial T}{\partial y}\right) + \frac{\partial}{\partial z}\left(\lambda \frac{\partial T}{\partial z}\right) + q_v \tag{4-34}$$

由于所要研究的高炉炉缸及炉底耐火材料的内部并没有内热源或内热汇,所以上述方程中的 $q_v = 0$。

在一定的初始温度条件的前提下,假设方程具有第三类边界条件,即自然边界条件,另外,设炉缸工作热面为边界 Γ_1,而炉缸的冷却面为边界 Γ_2(总边界设为 Γ,即 $\Gamma_1 + \Gamma_2 = \Gamma$)。于是反映炉缸的传热方程及其初始条件和边界条件就可写成:

$$\left.\begin{aligned}
&\frac{\partial}{\partial x}\left(\lambda \frac{\partial T}{\partial x}\right) + \frac{\partial}{\partial y}\left(\lambda \frac{\partial T}{\partial y}\right) = -\frac{\partial(\rho cT)}{\partial t} \\
&t = 0, T = 0 \\
&-\lambda \left.\frac{\partial T}{\partial n}\right|_{\Gamma_1} = h_1(T_h - T_w) \\
&-\lambda \left.\frac{\partial T}{\partial n}\right|_{\Gamma_2} = h_2(T_c - T_a) \\
&T\big|_{t=0} = T_0(x, y) = 20℃
\end{aligned}\right\} \tag{4-35}$$

式中,h_1 为炉缸内铁水及炉渣与炉缸热工作面之间的传热系数;h_2 为炉缸冷却面与周围介质之间的传热系数;T_h 为铁水及炉渣的温度,℃;T_w 为炉缸热工作面的温度,℃;T_c 为炉缸冷却面的温度,℃;T_a 为炉缸冷却面周围介质的温度,℃;n 为边界法线方向;$T_0(x,y)$为初始温度,℃。

耐火材料各种热物性当中影响温度场分布的最为重要的因素是其导热系数 λ,虽然所要研究的高炉炉缸炉底耐火材料中自焙烧砖所有的物理性质都是时间、温度及空间坐标的函数,由于自焙烧的密度 ρ 在其焙烧前及焙烧后变化不大,为了计算方便起见,将其密度 ρ 看成常数。

讨论传统结构炉缸炉底,如全炭砖炉缸炉底、综合炉底、"陶瓷杯"结构炉缸炉底以及"热压小块炭砖"结构炉缸炉底,由于耐火材料的热物理性质温度变化很小,可近似看成常数,同时,对于这一类型的结构炉缸炉底的温度场分布只取决于边界条件，而与时间无关，所以，方程可简化为常物性拉普拉斯方程，即：

$$\frac{\partial}{\partial x}\left(\lambda\frac{\partial T}{\partial x}\right)+\frac{\partial}{\partial y}\left(\lambda\frac{\partial T}{\partial y}\right)=0 \tag{4-36}$$

开发的有限元模型三角形网格剖分如图4-29所示，图中虚线表示高炉原始内边界。

由于炉缸炉底在冶炼过程中不断被侵蚀或者时有结厚，并且在炉缸拐角部分还可能出现异常侵蚀，因此如何逼近侵蚀边界是解决问题的关键之一。处理方法是：保持有限元网格单元数及节点数不变，通过移动侵蚀边界的坐标及某些相关节点的坐标，由单元变形的方式逼近侵蚀边界。这种方法不改变网格划分，程序实现比较简单，同时大大缩短了计算时间，满足了实时在线计算的要求。

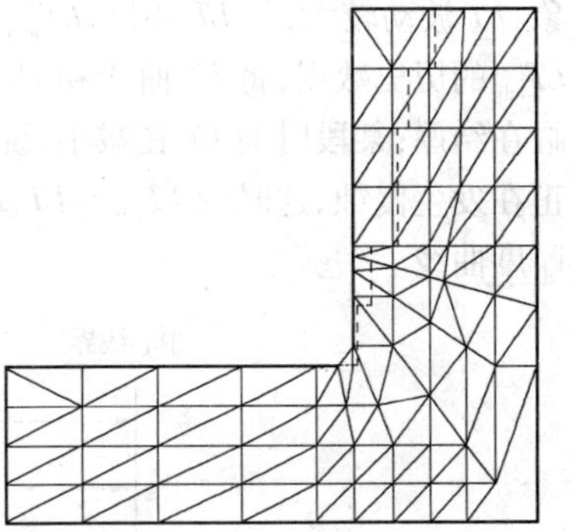

图4-29　高炉三角形单元划分

侵蚀轮廓调整在程序中分两部分进行：

（1）炉底中心及炉缸侧壁上部炉衬作为一部分，依靠上下或左右移动与修正点相对应的边界侵蚀线上的点来调整，并将假定侵蚀线下修正点的计算温度值与测量温度值相比较，比较函数为：

$$\Delta T=T_c-T_m \tag{4-37}$$

式中，T_c 为计算值；T_m 为测量值。

移动分为三种情况：

1）当 $\Delta T<-\varepsilon$（ε 为有限元模型计算的精度值）时，表明炉底（缸）存在侵蚀现象，所以对应的侵蚀线上的点向外移动一个步长；

2）当 $\Delta T>\varepsilon$ 时，表明炉底（缸）存在结厚现象，对应侵蚀线上的点向内移动一个步长。

3）当 $|\Delta T|<\varepsilon$ 时，不存在侵蚀和结厚，侵蚀线不移动。

（2）拐角部分作为一部分，寻求该部位修正点的计算温度与实测温度的差值平方和（Y）最小的方向（$Y=Y_{min}$）作为边界侵蚀线上点的移动方向，函数为：

$$Y=\sum_{j=1}^{n}(T_j-T_j')^2 \tag{4-38}$$

式中，T_j 为修正点热电偶测得的温度值；T_j' 为修正点的计算温度值；n 为拐角部分修正点的数量。

对于拐角部分边界上的每个侵蚀点来说，移动均有三种选择：向内移动一个步长；不移动；向外移动一个步长。基本移动步长为1 cm。当修正点测得的温度与计算所得到的温度相差较大时，为缩短计算时间，适当加大移动步长；而当修正点测得的温度与计算所得的温度差距减小时，就适当减小移动步长，以便能够充分实现侵蚀线的逼近。对于 N 个侵蚀调整点有 $3n$ 种可能移动的组合，对于每种组合，用有限元法计算出温度场，最后取使得所有修正点温度的计算值与实测值的差值的平方和最小（Y_{min}）的方向为这一次的移动方向。

根据上述的两种情况，炉底中心、炉缸侧壁及炉底拐角部分的边界侵蚀点整体移动一次后，重新计算温度场，如果整体修正点的计算温度值与测量温度值的差值的平方和小于设定值时，表示计算值满足要求，输出结果温度值，绘制侵蚀图，否则重复上述过程。

4.2.3.3　*模型残存厚度计算方法*

在高炉实际工作过程中，既会发生侵蚀，也会出现休风、炉凉和炉缸堆积等情况，这时会发生炉缸炉底结厚现象,这就是说侵蚀与堆积交替进行。当结厚现象发生时,1150℃等温线不能客观地反映炉缸炉底的侵蚀情况。模型在设计开发过程中要考虑到这一问题,并采取相应的处理方法解决,以保证模型能真实反应炉缸炉底的侵蚀状态。

具体方法如图4-30、图4-31所示,LT表示根据当前热电偶测温数据计算得到的1150℃等温线位置,LT_{min}为历史上曾经发生的最大侵蚀边界位置。在生产过程中由于存在侵蚀和堆积现象,LT波动较大;与LT相比,LT_{min}更能真实反应此处的侵蚀边界。在程序开发中,保存侵蚀边界LT_{min}的历史数据,将LT曲线和LT_{min}曲线绘制在同一张图中。某段时间LT在增大,说明炉底炉缸在结厚;某段时间LT在减小,说明炉底炉缸在侵蚀;当$LT = LT_{min}$,并且LT_{min}在变小,说明炭砖正在发生侵蚀,这时令$LT_{min} = LT$,LT_{min}得到更新。这样就能得到较真实的1150℃等温线和残存厚度曲线。

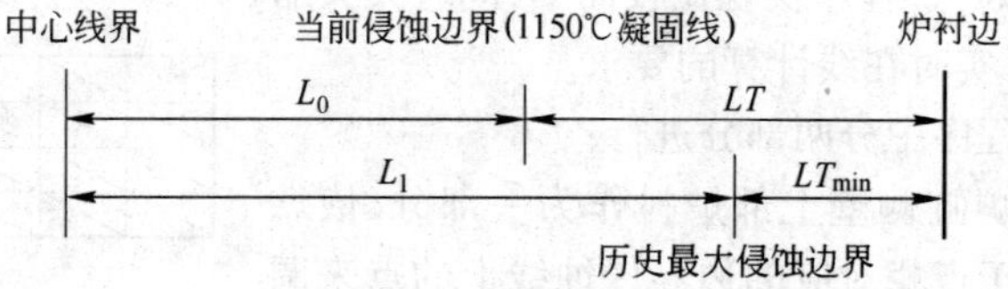

图4-30　最大侵蚀边界与1150℃凝固线关系示意图

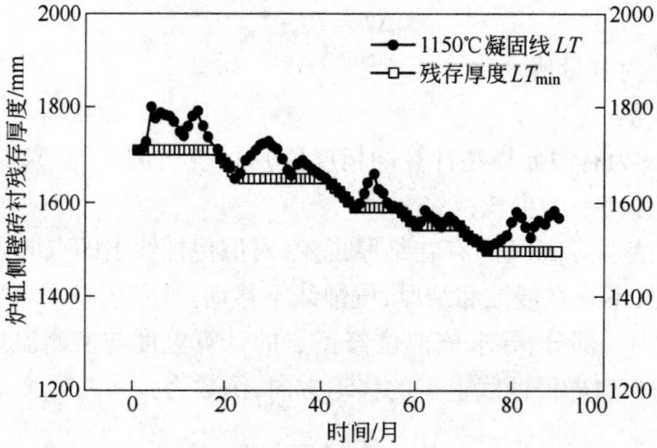

图4-31　1150℃凝固线及炭砖残存厚度变化趋势

4.2.3.4　模型软件系统的设计与开发

A　系统软件总体设计

该系统软件基于Microsoft Windows 2000/XP操作系统,采用Microsoft SQL Server 2000数据库保存和管理在线监测数据,使用Delphi面向对象程序设计语言编程,以直观、简捷的人机交互界面,实现了监测数据采样及存储、炉缸炉底侵蚀模型计算、异常报警、监测数据的分析统计、结果存储以及查询等多种功能。整个系统软件功能的层状结构如图4-32所示。

B　系统软件主程序流程图

开发的炉体监测系统软件主程序处理流程如图4-33所示。首先,启动OPC数据采集程序,开始定期读取当前高炉炉缸炉底和炉身冷却壁的温度数据。然后建立主程序与Microsoft SQL Server数据库的连接,存储获取的实时数据。主画面显示后,即可根据需要进行相应的操作。而OPC数据采集程序进入后台运行,依据设置,定期获取实时数据,对数据进行品质好坏判断,品质坏则重新获取数据,品质好的数据写入数组,进行侵蚀模型计算。

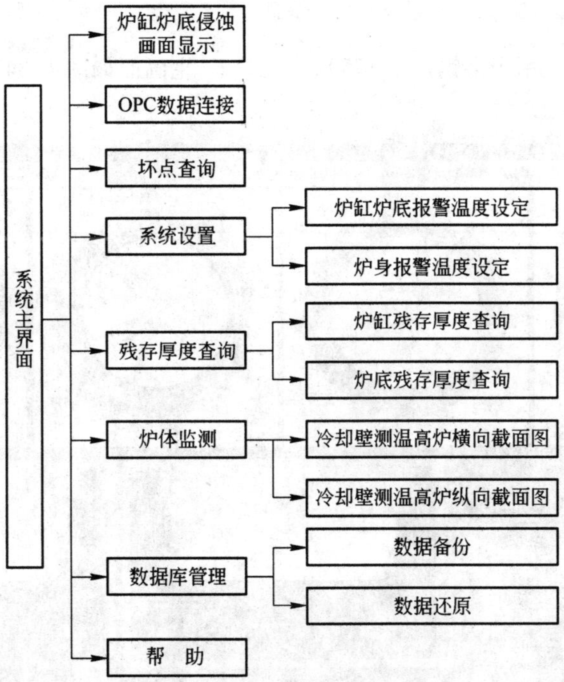

图 4-32 软件功能的层状结构图

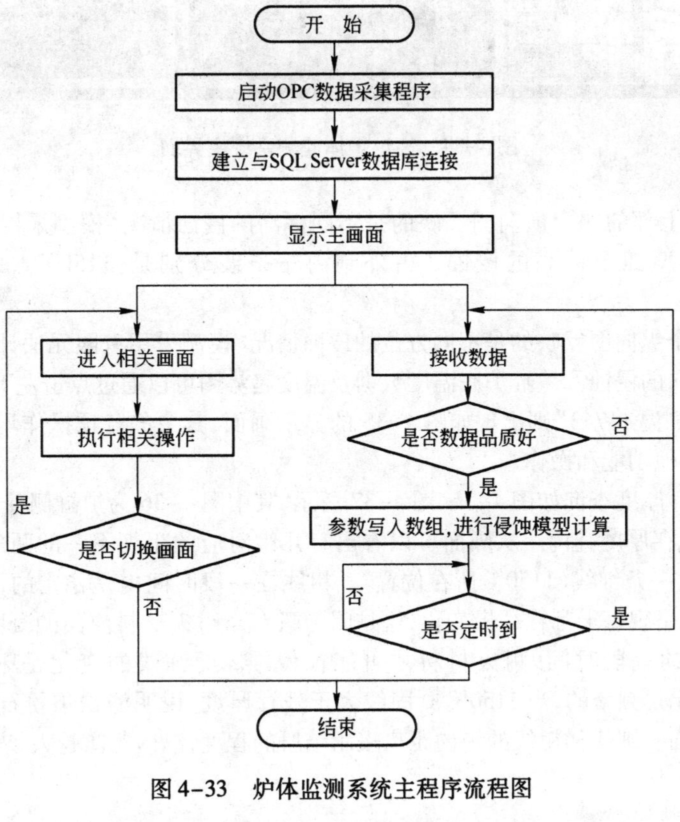

图 4-33 炉体监测系统主程序流程图

C　系统主要画面

模型 2007 年 5 月应用于某钢铁厂 1750 m^3 高炉上，主画面如图 4-34 所示。

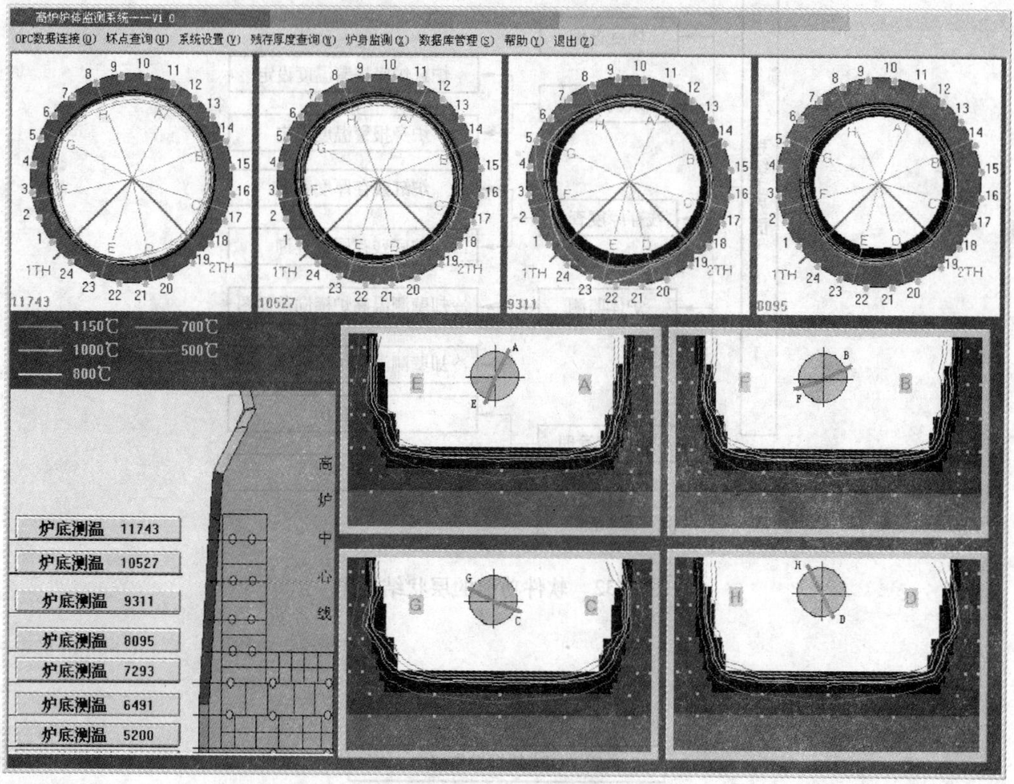

图 4-34　高炉炉体监测系统主界面

图 4-34 中，上部的四个横向图反映的是不同标高的侵蚀情况（模型采用两点法计算），四个图表示炉缸侧壁四个标高的侵蚀。由外到内三条线分别是：1150℃、1000℃、800℃温度线。

右下部的四个纵向图反映的是不同方位的侵蚀情况（模型采用有限元法计算），四个图表示炉缸炉底八个方向的侵蚀。炉缸炉底温度数据及温度趋势图可以通过点击左下部的不同按钮查询，如点击“炉底测温 11743”则出现如图 4-35 的显示画面，其余的各项操作均可以通过点击相应的菜单，实现其他功能和操作。

炉缸炉底残存厚度查询如图 4-36、图 4-37 所示，其中图 4-36 为炉缸侧壁的残存厚度查询，图 4-37 为炉底残存厚度查询。从画面可以看出有几组对应的粗细不一的两条曲线，一条粗线（炭砖残存厚度），一条细线（1150℃所在位置）。粗线在一段时间内是稳定的，其变化在某一段是突然的，而不是呈现每天都在缓慢变化，这是因为只有当耐火材料前面的凝固层消失，耐火材料直接接触铁水的一段时间，耐火材料才可能被侵蚀。而细线的变化是频繁的，这是因为 1150℃凝固线变化是频繁的，当 1150℃凝固线大于残存厚度，说明渣铁焦粉石墨炭等黏结物凝固在耐火材料前面。细线和粗线的纵向距离表示结厚的程度，纵向距离越大，表示炉缸炉底的结厚越严重。

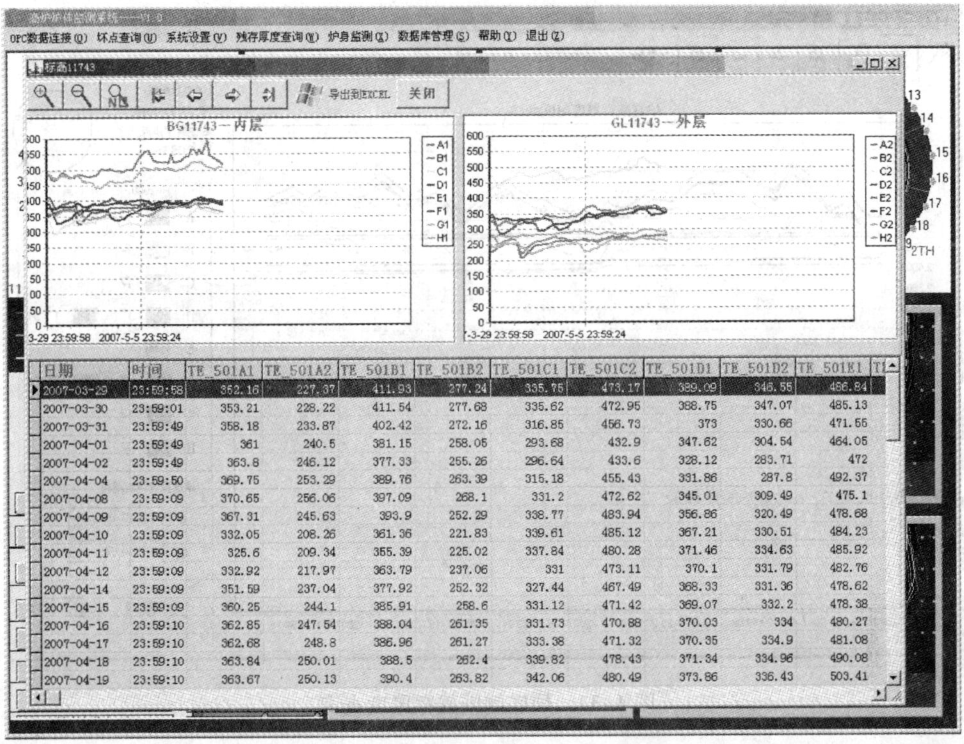

图 4-35　炉缸炉底温度数据及温度趋势

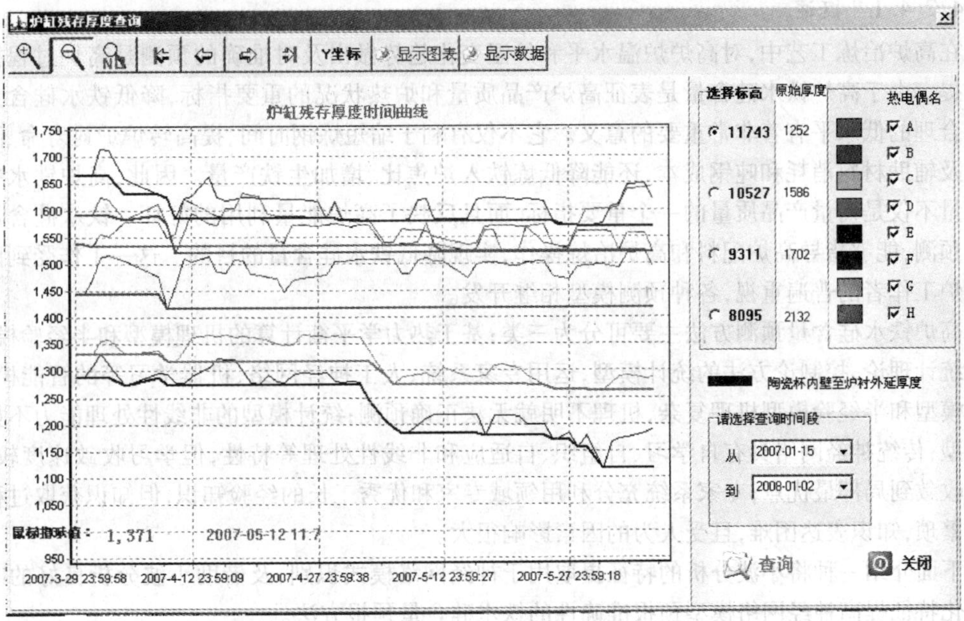

图 4-36　炉缸侧壁残存厚度查询

2008 年底该高炉大修，经进炉现场测量，残存的炭砖厚度与模型计算的非常吻合，验证了模型计算的准确性。

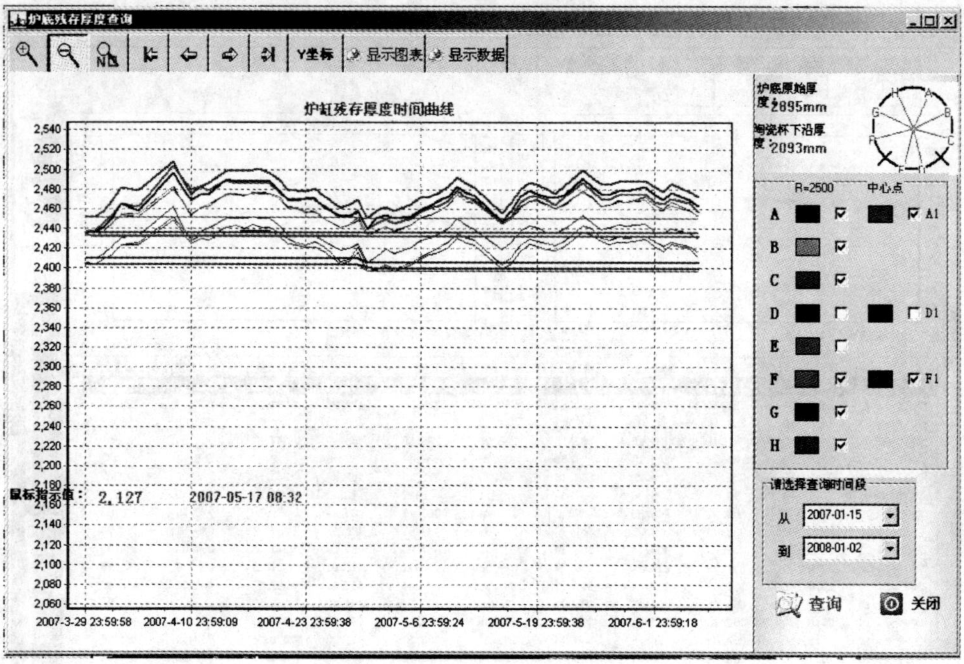

图 4-37　炉底侧壁残存厚度查询

4.2.4　铁水硅含量预报模型

4.2.4.1　概述

在高炉冶炼工艺中，对高炉炉温水平和炉温变化趋势做出及时准确的预测是高炉过程控制的前提。由于高炉铁水硅含量是表征高炉产品质量和炉热状况的重要指标，降低铁水硅含量并保持合理的低水平有着非常重要的意义。它不仅有利于缩短炼钢时间、提高转炉炉衬寿命、降低铁水及辅助材料消耗和吨钢成本，还能降低炼铁入炉焦比、增加生铁产量。因此，高炉铁水中的硅含量不仅是衡量产品质量的一个重要指标，而且反映了高炉能量利用的好坏。铁水硅含量的准确预测，能够指导高炉配料和高炉冶炼操作，实现降低铁水硅含量的目的。这一工作受到国内外高炉工作者的普遍重视，各种预测模型相继开发。

高炉铁水硅含量预测方法主要可分为三类：基于热力学平衡计算的机理模型和半经验模型，基于统计理论、控制论方法的统计模型，运用专家系统、人工神经网络、机器学习等的智能模型。机理模型和半经验模型机理复杂，机理不明就无法正确预测；统计模型的非线性处理能力不如智能模型；传统神经网络具有自学习、自组织、自适应和非线性处理等特性，但学习收敛速度较慢，容易收敛到局部最优点；专家系统充分利用领域专家和优秀工长的经验知识，但知识获取过程漫长而繁琐，知识表达困难，且受人为的因素影响很大。

下面介绍一种将小波分析的特征提取用于神经网络模式识别，及借助小波分析良好的时频局部化特征提高神经网络模型预报准确性的铁水硅含量预报方法。

4.2.4.2　*小波神经网络方法*

小波神经网络（WNN）是小波与神经网络结合的一个途径，它把小波变换的运算融入神经网络中，其前提是小波分析。小波分析（Wavelets Analysis）被誉为数学显微镜，它优于 Fourier 分析的地方在于它在时域和频域同时具有良好的局部化性质，从而可以把分析的重点聚焦到任意的细节上。因此，基于小波分析理论所构造的网络是一种分层的、多分辨率的新型人工神经网络。

Grossmann 和 Morlet 于 1985 年提出在仿射群 a_ix+b_i 下将任何函数 $f(x)\in L^2(R)$ 的连续小波定义为式(4-39)。其中满足式(4-40)条件的函数 $\psi(x)$ 称为母小波，a 和 b 分别为尺度参数和位置参数。$\psi(x)$ 具有波动性，由母小波 $\psi(x)$、伸缩 a 和 b 平移的仿射变换得到的函数称为小波函数，其中 $1/|a|^{1/2}$ 为归一化系数，见式(4-41)。

$$wf(a,b)=1/|a|^{1/2}f(x)\psi[(x-b)/a] \qquad a\in\mathbf{R}_+,b\in\mathbf{R}(x=-\infty\sim\infty) \tag{4-39}$$

$$\int\psi(x)\mathrm{d}x=0 \qquad (x=-\infty\sim\infty) \tag{4-40}$$

$$\psi_{a,b}(x)=1/|a|^{1/2}\psi[(x-b)/a] \tag{4-41}$$

BP 网络是有导师训练模型，它的优势在于已经掌握数据特征时设定几个模式识别数据，而自组织模型可通过学习自动提炼数据特征，并在人为设定几个输出模式中归类。具有 Sigmoid 激励函数的 BP 网较多地用于输入(各影响因素)和输出(预测指标)间非线性函数关系的求解和优化。网络函数关系式如式(4-42) 所示。

$$g(x)=\sum w_is(x) \qquad (i=0\sim N) \tag{4-42}$$

式中，$g(x)$ 为拟合函数；w_i 为权重系数；s 为 Sigmoid 函数；N 为节点个数。

小波神经网络在构造时使用母小波取代传统的 Sigmoid 函数，所建的小波神经网络具有更强的非线性逼近能力。

此时，函数描述是通过所选取的一簇母小波进行叠加实现的。函数 $f(x)$ 可用一簇母小波 $\psi(x)$ 进行逼近，见式(4-43)。

$$g(x)=\sum w_i\psi_i[(x-b_i)/a_i] \qquad (i=0\sim N) \tag{4-43}$$

式中，$g(x)$ 为拟合函数；w_i、a_i 和 b_i 分别为权重系数、母小波的尺度参数和位置参数；N 为母小波的个数。

母小波函数选择如式(4-44)，其中 $s(x)$ 如式(4-45) 所示。

$$\psi(x)=s(x+2)-2s(x)+s(x-2) \tag{4-44}$$

$$s(x)=1/(1+\mathrm{e}^{-2x}) \tag{4-45}$$

小波神经网络对系统信息进行识别是一个计算网络参数 w_i、a_i 和 b_i 的过程。计算时的优化导向是函数逼近的误差最小。函数逼近误差用最小均方差能量函数评价。令 $\psi_0=1$，最小均方差能量函数为式(4-46)，式中 K 为样本个数。

$$\Delta=(1/2)\sum[g(x)-f(x)]^2 \qquad (j=1\sim K) \tag{4-46}$$

4.2.4.3 高炉铁水中硅含量的预报

A 时序参数的选择及处理

影响高炉热状态的因素很多，既有入炉原料性质、装料方式等基本条件，又有风量、风温等操作制度，且各个参数之间也相互影响。连续化大生产过程，前几炉操作直接影响到后几炉铁水的成分，因此在设计输入参数时需考虑时序的影响。在确定神经网络模型的输入参数时，首先对各参数在相关性较大的时间间隔近 2 h 内统计数据作平均处理。结合各参数的采样频率，通过比较各参数与铁水硅含量的灰关联分析结果来选取。

灰关联分析的基本思想是根据各参数几何曲线的相似程度来判断其联系是否密切，曲线的形状越接近，相应序列之间的关联度就越大，反之就越小。相似程度应用关联系数和关联度描述，关联度描述了各个因素对结果的影响程度。关联度越大，影响程度越大。

作关联分析先要指定参考的数据列，设有 m 个子因素 $(Y_1,Y_2,\cdots,Y_m)$ 并与母因素 X_0 有一定的关联作用，有 N 组数据或序列，见式(4-47)和式(4-48)：

$$X_0(k) \qquad (k=1,2,\cdots,N) \tag{4-47}$$

$$Y_i(k) \qquad (k=1,2,\cdots,N;i=1,2,\cdots,m) \tag{4-48}$$

对序列作初值化处理，消除量纲，则有式(4-49)和式(4-50)：

$$X'(k)=X_0(k)/X_0(1) \qquad (k=1,2,\cdots,N) \tag{4-49}$$

$$Y'_i(k)=Y_i(k)/Y_i(1) \qquad (k=1,2,\cdots,N;i=1,2,\cdots,m) \tag{4-50}$$

对序列计算其灰关联系数，有式(4-51)：

$$\xi_{0i}(k)=\frac{\min_i\min_k|X'_0(k)-Y'_i(k)|+\alpha\max_i\max_k|X'_0(k)-Y'_i(k)|}{|X'_0(k)-Y'_i(k)|+\alpha\max_i\max_k|X'_0(k)-Y'_i(k)|} \tag{4-51}$$

从而，子因数对母因数的灰关联度为式(4-52)：

$$r_i=(1/N)\sum\xi_i(k) \qquad (k=1,2,\cdots,N) \tag{4-52}$$

式中，r_i 为衡量系统因素之间关联性的量度；α 为分辨系数，在最少信息原理下，$\alpha=0.5$。如果 $r_i>r_j$，则认为 Y_i 对 X_0 的关联程度大于 Y_j 对 X_0 的关联程度。

选择300个正常生产时的数据样本，选择铁水硅含量为高炉冶炼系统中的行为特征，即母因素。考察的子因素有选取料批、风量、富氧量、加湿蒸汽量、热风压力、炉顶压力、喷煤量、热风温度、炉顶温度、煤气 CO 和 CO_2 的含量、矿焦比、出铁量、每批料出铁量、上次铁水硅含量、炉渣碱度等。通过对得到的样本进行自标准化、过滤噪声、求变量相关性并合并相关系数很大的变量，根据变量对目标的贡献，去掉分类贡献小的变量，得到对象样本200个。特征变量通过计算确定，输入参数为风温、风量、喷煤量、焦比、炉渣碱度。

B　神经网络建模

网络训练常采用梯度下降法，按广义的 δ 规则改变权值。其学习过程由正向计算和反向传播计算组成。正向计算时，信息从输入层节点（神经元）经隐层逐层处理传至输出层，每一神经元只影响下一个神经元，如果在输出层得不到期望输出，则转向反向传播计算，通过修改各层神经元的权值，使输出误差最小，直到满足给定的精度要求。

a　层数的确定

20世纪80年代末，Carroll 和 Dickinson 等人分别用不同的方法证明了仅含有一个隐层的三层前向神经网络具有以任意精度逼近任意非线性映射的能力。因此，优化冶炼工艺参数的神经网络模拟模型采用三层前向神经网络。

b　隐含层节点数的确定

小波神经网络在实现时，关键问题是如何确定隐层节点数目，用剪除法来确定隐含层节点。在这种方法中隐含层节点是可变的，开始时以比实际问题要求的大得多的网络开始训练，在训练的过程中，根据一定的判据不断地剪除掉那些对网络性能不起作用或作用不大的连接权和结点，最终得到适宜的网络结构。

c　附加动量法

附加动量法使用网络在修正其权值时，不仅考虑误差梯度上的作用，而且考虑在误差曲面上变化趋势的影响，其作用如同一个低通滤波器，它允许网络上的微小变化特性，在没有附加动量的作用下，网络可能陷入局部极小值。该方法是在反向传播时，在每一个权值变化的基础上加上一项正比于前次权值变化量的值，并根据反向传播算法来产生新的权值变化，计算公式为式(4-53)，$0<\beta<1$ 为动量因子。

$$\Delta w_{ij}(t+1)=w_{ij}(t)-\eta\ \partial E(t)/\partial w_{ij}+\beta[w_{ij}(t)-w_{ij}(t-1)] \tag{4-53}$$

d 自适应调整学习速率

在训练网络过程中，为了加快收敛，采用自适应调整学习速率方法。调节学习速率的准则是，当新误差超过旧误差一定的倍数时，学习速率将减少，否则其学习速率保持不变。当新的误差小于旧误差时，学习速率将增加。该方法可以保证网络总是以最大的可接受的学习速率进行训练。自适应学习速率调整公式如式(4-54)所示，其中 SSE 为网络输出误差和。

$$\begin{cases}\eta(t+1)=1.05\eta(t) & [SSE(t+1)<SSE(t)]\\ \eta(t+1)=0.70\eta(t) & [SSE(t+1)>SSE(t)]\\ \eta(t+1)=1.00\eta(t) & [SSE(t+1)=SSE(t)]\end{cases} \tag{4-54}$$

e 学习效果与预测结果

经变步长学习训练 24586 次，系统学习误差 $E=0.0007$，最终学习率 $\eta=0.006$，动量项系数 $\alpha=0.8$，网络模型是 5-15-1。学习及检验结果见表 4-11，表中列出了部分样本。

表 4-11 训练后小波神经网络和 BP 网络输出值与实际值比较

编号	网络输入变量					w[Si]/%		
	风温 /℃	风量 /$m^3\cdot min^{-1}$	喷煤量 /$kg\cdot t^{-1}$	焦比 /$kg\cdot t^{-1}$	炉渣碱度	小波网络输出	实际值	BP 网络输出
1	1095	2117	125	340	1.16	0.54	0.54	0.54
2	1077	2086	129	354	1.08	0.36	0.35	0.37
3	1074	2116	141	372	1.14	0.53	0.53	0.53
4	1065	2092	146	366	1.16	0.37	0.36	0.37
5	1073	2115	150	370	1.09	0.39	0.42	0.38
6	1074	2092	150	360	1.12	0.47	0.48	0.46
7	1090	2038	146	352	1.11	0.44	0.44	0.45
8	1076	2163	151	362	1.15	0.57	0.58	0.56
9	1070	2212	147	348	1.14	0.39	0.40	0.38
10	1080	2160	129	355	1.07	0.45	0.45	0.45
11	1081	2140	140	354	1.13	0.46	0.47	0.47
12	1090	2162	137	327	1.12	0.39	0.39	0.38
13	1075	2170	137	342	1.11	0.45	0.44	0.46
14	1075	2147	141	350	1.18	0.36	0.36	0.37
15	1085	2156	145	355	1.10	0.44	0.44	0.44
16	1087	2147	144	335	1.16	0.45	0.44	0.45
17	1091	2168	133	351	1.13	0.36	0.35	0.37
18	1076	2175	141	352	1.16	0.38	0.37	0.38
19	1084	2158	136	332	1.16	0.47	0.47	0.45
20	1086	2093	150	344	1.14	0.37	0.38	0.37

由表 4-11 可知，经过训练后的网络能够很好地表达给定的知识，即对应表中特定状态的网络输出值与实际值很接近，平均训练误差为 0.8 %。用训练过的网络，输入待预报的 10 组样本，其预报结果见表 4-12。由表 4-12 中网络输出值可知，采用小波神经网络能够得到比传统的 BP 网络更准确的预报结果。当允许误差为 ±0.02 时，命中率达到 87.5 %。

表 4-12 训练后小波神经网络和 BP 网络预报

编号	网络输入变量					w[Si]/%		
	风温 /℃	风量 /$m^3 \cdot min^{-1}$	喷煤量 /$kg \cdot t^{-1}$	焦比 /$kg \cdot t^{-1}$	炉渣碱度（无量纲）	小波网络输出	实际值	BP 网络输出
1	1086	2093	150	344	1.14	0.39	0.38	0.40
2	1063	2094	135	325	1.17	0.42	0.44	0.47
3	1082	2082	140	328	1.10	0.45	0.43	0.46
4	1078	2059	144	346	1.10	0.35	0.37	0.34
5	1080	2050	143	344	1.12	0.44	0.41	0.43
6	1067	2120	151	352	1.14	0.41	0.38	0.45
7	1070	2170	140	352	1.20	0.38	0.37	0.41
8	1081	2114	144	355	1.25	0.43	0.46	0.51
9	1088	2117	136	329	1.27	0.38	0.40	0.45
10	1067	2091	144	310	1.27	0.37	0.35	0.38

4.2.5 热风炉蓄热室内温度场模型

4.2.5.1 概述

对热风炉蓄热室内的温度场进行数值模拟，是热风炉优化内部结构及运行参数，提高热效率，节约能源的重要前提。因此，早在 20 世纪 60 年代，国内外学者就已经开始了这部分的研究工作。最初的模型主要是从传热的角度，研究常热容、常导热系数下，气体和格子砖之间的对流和辐射传热等因素对格子砖热交换的影响。之后 Muske 等人在此基础上发展了基于气体流动、传热的三维计算模型。三维模型由于考虑了格孔气体和格子砖的径向、轴向温度分布，要得到收敛解需要对多个非线性变量进行耦合，克服许多数值求解上的困难，计算过于复杂，并且计算耗时太长，这对于工程应用是十分不便的。而且，三维模型的计算结果表明，格孔气体和格子砖径向的温度差只有 5 ~ 7℃，这个温差在工程上是完全可以忽略的。

本节介绍的模型将从工程应用的角度出发，综合以往数值模型的优势，发展了一种用于计算热风炉蓄热室温度场的简化模型。在不失精度的前提下，对三维模型尽量进行了简化，使其可快速便捷地应用于热风炉的优化设计中，具有较好的工程应用价值。

4.2.5.2 模型的建立

A 模型假设

建立模型前，作如下假设：

(1) 燃烧期内，蓄热室拱顶温度保持不变，各格孔内传热相同；

(2) 格子砖及气体的热物性仅是温度的函数；

(3) 只考虑格孔和格子砖轴向随时间的温度变化，忽略径向的温差；

(4) 不考虑蓄热室的外部热损失。

B 数学模型

在上述模型假设的基础上，对格子砖和格孔气体建立传热方程和能量平衡方程。

格子砖：

$$\rho_S c_{PS} \frac{\partial T_S}{\partial t} - \lambda_S \frac{\partial^2 T_S}{\partial^2 Z} - \frac{2h_T}{r_i(r_o^2/r_i^2 - 1)}(T_g - T_S) = 0 \qquad (4-55)$$

式中，ρ_S 为格子砖密度，kg/m³；c_{PS} 为格子砖比热容，J/(kg · ℃)；λ_S 为格子砖导热系数，W/(m · ℃)；T_g 为格孔气体温度，℃；h_T 为气体总传热系数，W/(m² · ℃)；T_S 为格子砖温度，℃；

r_i、r_o 为格子砖当量内(外)半径，m；Z 为炉长方向节点。

格孔气体：

$$m_g c_{pg} \frac{\partial T_g}{\partial Z} = h_T d_h (T_g - T_S) \tag{4-56}$$

式中，m_g 为格孔气体的质量流率，kg/s；c_{pg} 为烟气比热容，J/(kg·℃)；d_h 为格孔当量直径，m。

上两式中，气体总传热系数 h_T 在燃烧期和送风期是不同的。燃烧期中，格孔内通的是高温烟气，含有大量的 CO_2 和 H_2O，因此辐射能力较强，总传热系数应为烟气对流传热系数 h_{cv} 与辐射传热系数 h_r 之和，即 $h_T = h_{cv} + h_r$；而送风期中，格孔内通的是空气，此时辐射传热可以忽略，有 $h_T = h_{cv}$。

对流传热系数 h_{cv} 和辐射传热系数 h_r 按如下方法计算：

$$h_{cv} = 0.86 C v_g^{0.8} d_h^{-0.333} T^{0.25} \tag{4-57}$$

$$h_r = 5.667 \frac{\varepsilon_g \left(\frac{T_g}{100}\right)^4 - \alpha_g \left(\frac{T_S}{100}\right)^4}{T_g - T_S} \tag{4-58}$$

式中，v_g 为烟气流速，m/s；C 为格孔表面特征系数，对于光滑的格孔，有 $C = 1$；ε_g 为烟气黑度；α_g 为烟气吸收率。

C 边界条件和初始条件

前面假设了各格孔内的传热相同，因此只需计算一个格孔沿炉长方向(z 方向)的传热即可。对于格子砖，炉顶和炉底的边界条件为：

$$\left.\frac{dT_S}{dZ}\right|_{Z=0} = \left.\frac{dT_S}{dZ}\right|_{Z=H} = 0 \tag{4-59}$$

对于格孔气体，燃烧期内上边界为常温度(拱顶温度)边界，下边界为自由边界，送风期内上边界为自由边界，下边界为常温度(冷风入口温度)边界。

热风炉冷炉开始运行时，一般需要经历一个烧炉过程，此时格子砖的初始温度为均匀常温；烧炉之后，上一周期送风结束时的温度分布等于下一周期燃烧过程的初温。这样经过燃烧、送风多次反复，最后达到稳定送风状态，此时，相邻两个周期中燃烧过程的初始温度分布将相同，采用初始均匀温度进行烧炉过程的模拟计算。在此基础上，反复计算燃烧和送风过程的温度分布，并比较相邻周期中燃烧过程的初始温度分布，当它们的差值小于某个常数时，说明此时热风炉已经进入了稳定送风阶段，此时的初始温度分布即为稳定送风过程的初值。

D 计算对象

计算原型采用的是某钢厂 2 号热风炉，其热工特性见表 4-13。

表 4-13 热风炉主要热工特性

热工特性	特 性 值	热工特性	特 性 值
蓄热室高/m	24.7	送风时间/min	60
蓄热室面积/m^2	13.612	换炉时间/min	6
蓄热室段数	3	高炉风量/$m^3 \cdot h^{-1}$	63840
各段高/m	14.8，5.5，4.4	冷风入口温度/℃	80
格砖形状	圆 孔	拱顶温度/℃	1182
格孔半径/m	0.0215	煤气流量/$m^3 \cdot h^{-1}$	18800
燃烧时间/min	108		

4.2.5.3　模型的计算结果及验证

对式(4–55)、式(4–56)进行差分离散,代入相应的边界条件和初始条件,然后用迭代法和追赶法耦合求解,可得到热风炉蓄热室内气体和格子砖的温度分布。

表4–14给出了格孔气体几个温度点计算值与测量值的比较,其中燃烧过程末期废气的出口温度和送风过程末期热风的出口温度的计算值与测量值的误差分别是-4.40%和4.26%,这两个值都处于工程允许的误差范围以内。因此,该模型的预测计算结果是令人满意的。

表4–14　格孔气体温度计算值与测量值的比较

温度点	计算值/℃	测量值/℃	误差/%
燃烧期末废气出口温度	315.47	330	-4.40
送风期末热风出口温度	1068.68	1025	4.26

模型的计算求解简单,计算耗时少,可用于模拟热风炉从冷炉烧炉开始至稳定送风全过程的热力行为。同时,模型还可用于模拟不同蓄热室结构、不同运行参数等条件下的情况,这对于热风炉的优化设计具有科学的工程指导意义。

4.3　转炉数学模型

转炉数学模型是以数学表达式描述计算机控制所必需的各冶炼参数之间的关系和以图表形式提供的各种吹炼模式。转炉数学模型主要包括吹炼控制模型和合金模型两部分,吹炼控制模型又包括静态控制模型和动态控制模型两种。

4.3.1　静态控制模型

由于转炉静态控制是转炉计算机的基本控制方式,副枪动态控制也以静态控制为基础,所以静态模型包括的内容比较多,主要有终点控制模型、供氧模型、造渣模型、底吹模型。

4.3.1.1　终点控制模型

终点控制模型是静态控制模型中最主要、最复杂的模型,它通常选取钢水终点温度和终点碳作为目标值,以冷却剂(矿石或铁皮等)加入量和氧耗量作控制变量,即用冷却剂加入量控制终点温度,用氧耗量控制终点碳。因此,终点控制模型包括冷却剂加入量和氧耗量两个方程。此模型根据建模方法的不同,有机理模型(即以热力学参数反映炉内反应,它根据物料平衡和热平衡方程,参考生产实际并在一系列假设下推导得出并建立模型)、统计模型(应用数理统计方法,例如多元回归法等,对大量生产数据进行统计分析来建立模型)和经验模型之分,经验模型在结构形式上也有纯量和增量方式两种。为减少系统误差的影响和提高模型的适应能力,许多厂家采用以参考炉为基准的增量方式,并以单位冷却剂量和单位氧耗量表示,即建立本炉与参考炉各参数之差的增量模型,本炉的冷却剂加入量和氧耗量等于参考炉的冷却剂量和氧耗量加上各自的增量。

本炉冷却剂量:

$$W_{CL} = (W_{CL}/W_{CH})_R W_{CH} + \Delta W_{CL} W_{CH} \tag{4-60}$$

$$\Delta W_{CL} = f_1(\Delta X_1, \Delta X_2, \cdots, \Delta X_n) \tag{4-61}$$

本炉氧耗量:

$$V_{O_2} = (V_{O_2}/W_{HM})_R W_{HM} + \Delta V_{O_2} W_{HM} \tag{4-62}$$

$$V_{O_2} = f_2(\Delta X_{11}, \Delta X_{12}, \cdots, \Delta X_{1n}) \tag{4-63}$$

式中，$(W_{CL}/W_{CH})_R$、$(V_{O_2}/W_{HM})_R$ 分别为参考炉的单位冷却剂量和单位氧耗量；W_{CH} 为装入量，等于铁水和废钢重量之和；W_{HM} 为铁水重量；ΔW_{CL}、ΔV_{O_2} 分别为本炉的单位冷却剂量和单位氧耗量与参考炉的单位冷却剂量和氧耗量之差；$\Delta X_1, \Delta X_2, \cdots, \Delta X_n$ 分别为冶炼参数（铁水量、钢水终点目标温度、铁水温度、废钢量、铁水碳含量和硅含量、石灰量、白云石量、萤石量等）本炉与参考炉之差；$\Delta X_{11}, \Delta X_{12}, \cdots, \Delta X_{1n}$ 分别为冶炼参数（铁水碳含量和硅含量、废钢量、冷却剂量、石灰量、白云石量、萤石量等）本炉与参考炉之差。

这种模型对参考炉的选择十分重要，直接影响计算结果的准确性，通常根据与本炉相似相近的原则按一定算法确定。

4.3.1.2 供氧模型

供氧模型包括氧流量和枪位制度的确定和氧枪高度的计算。氧流量制度是总结现场工作经验，对不同钢种按不同装入量和炉役期确定一定的模式，在吹炼中按此模式改变。枪位（即氧枪高度）制度是根据生产工艺要求，按不同钢种分组制定的氧枪枪位变化的模式。氧枪高度根据钢水液面高度加上氧枪间隙值（即氧枪喷口与液面的相对距离）来确定。其中氧枪间隙值是工艺要求制定的变更模式。钢水液面高度按照每班实测的装入铁水后的液面高度，考虑装入量和炉役期不同用模型逐炉计算。

4.3.1.3 造渣模型

造渣模型包括两部分：

(1) 根据铁水中 Si、P 的含量和装入量以及炉渣碱度的要求，对操作数据进行统计分析，得出石灰、白云石、萤石等造渣料加入量的计算公式；

(2) 副原料加料制度：总结操作经验，按不同钢种确定副原料的加入批数、时间和各批料的加入量，如图 4-38 所示。

4.3.1.4 底吹模型

底吹模型是根据底部供气工艺研究和总结操作实践提出的底部供气制度，包括供气种类、压力、流量以及气体的切换时刻等，如图 4-39 所示。

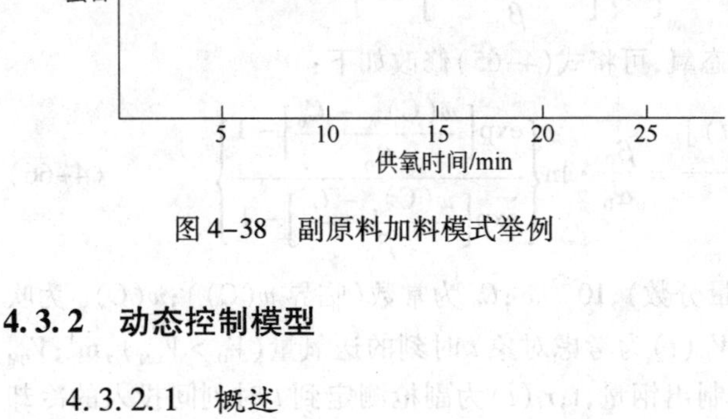

图 4-38 副原料加料模式举例

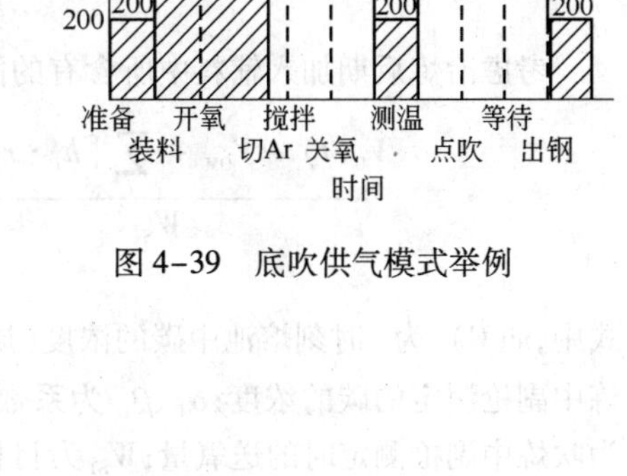

图 4-39 底吹供气模式举例

4.3.2 动态控制模型

4.3.2.1 概述

转炉炼钢是一个非常复杂的过程，要炼出满足要求的合格钢水，就必须控制炼钢的终点温度、碳含量和其他一些成分。而炼钢使用的原材料(包括高炉铁水、废钢及造渣材料等)种类多、数量大,冶炼过程温度高、时间短、可变因素多、变化范围大,这就给转炉炼钢的控制带来很大的困难。随着计算机和自动化技术的不断发展,转炉炼钢也逐渐从静态控制、人工经验控制向动态控制方向发展。

转炉动态模型的主要计算任务有:

(1) 在获得 SL1 副枪测定数据后,计算冶炼过程后期应补吹的氧气量和冷却剂投入量。

(2) 在转炉冶炼后期开始补吹氧气之后,动态模型实时计算当前补吹氧气量和冷却剂量条件下,熔池的含碳量和温度。当补吹氧量和冷却剂量等于整个动态过程的氧气量和冷却剂量时,模型的计算结果就是其对转炉冶炼终点成分和温度的估算值。

一般情况下,针对动态模型的仿真软件分为批量仿真和单一炉次仿真两种,因其使用目的不同,两者功能也不太相同。

针对批量炉吹次的仿真软件,其主要功能为:

(1) 连续计算多炉冶炼后期应补吹的氧气量和冷却剂投入量;

(2) 给出对转炉冶炼终点成分和温度的估算值;

(3) 实现模型精度和命中率的功能。

针对单一炉次的仿真软件,其主要功能为:

(1) 计算单一炉次冶炼后期应补吹的氧气量和冷却剂投入量;

(2) 实时计算单一炉次在连续吹氧条件下,熔池碳含量和温度的变化情况。

虽然以上介绍的两种仿真软件功能不同,但其基本算法都相同,因而本节在以下的讨论中将以批量仿真软件为例,其程序流程如图 4-40 所示。

4.3.2.2　动态模型计算的理论基础

A　动态模型的主要计算公式

a　脱碳过程

动态模型对熔池碳含量的估算公式,起源于钢水脱碳过程的一个动力学经验公式:

$$-\frac{\mathrm{d}w(\mathrm{C})}{\left[\frac{\mathrm{d}V_{\mathrm{O}}}{W_{\mathrm{ST}}}\right]}=\alpha_{\mathrm{D}}\left\{1-\exp\left[-\frac{w(\mathrm{C})-C_0}{\beta_{\mathrm{D}}}\right]\right\} \tag{4-64}$$

将式(4-64)变量分离并对动态冶炼过程积分后,可得:

$$\frac{V_{\mathrm{O}}(t)-V_{\mathrm{OM}}}{W_{\mathrm{ST}}}=\frac{\beta_{\mathrm{D}}}{\alpha_{\mathrm{D}}}\cdot\ln\left\{\frac{\exp\left[\frac{w(\mathrm{C})_{\mathrm{M}}-C_0}{\beta_{\mathrm{D}}}\right]-1}{\exp\left[\frac{w(\mathrm{C})_t-C_0}{\beta_{\mathrm{D}}}\right]-1}\right\} \tag{4-65}$$

考虑冶炼后期加入辅料中所含有的固态氧,可将式(4-65)修改如下:

$$\frac{V_{\mathrm{O}}(t)-V_{\mathrm{OM}}+\sum_i\left[h_i\cdot r_i(t)\right]}{W_{\mathrm{ST}}}=\frac{\beta_{\mathrm{D}}}{\alpha_{\mathrm{D}}}\cdot\ln\left\{\frac{\exp\left[\frac{w(\mathrm{C})_{\mathrm{M}}-C_0}{\beta_{\mathrm{D}}}\right]-1}{\exp\left[\frac{w(\mathrm{C})_t-C_0}{\beta_{\mathrm{D}}}\right]-1}\right\} \tag{4-66}$$

式中,$w(\mathrm{C})_t$ 为 t 时刻熔池中碳的浓度(质量分数),$10^{-2}\%$;C_0 为常数(临界 $w(\mathrm{C})$);$w(\mathrm{C})_{\mathrm{M}}$ 为吹炼中副枪测定的碳的浓度;α_{D}、β_{D} 为系数;$V_{\mathrm{O}}(t)$ 为考虑对象 t 时刻的送氧量($V_{\mathrm{O}}>V_{\mathrm{OM}}$),$\mathrm{m}^3$;$V_{\mathrm{OM}}$ 为吹炼中副枪测定时的送氧量;W_{ST} 为目标制出钢量,t;$r_i(t)$ 为副枪测定到 t 时刻间投入的冷却剂 i 的量,t;h_i 为冷却剂 i 的单位含氧量,m^3/t。

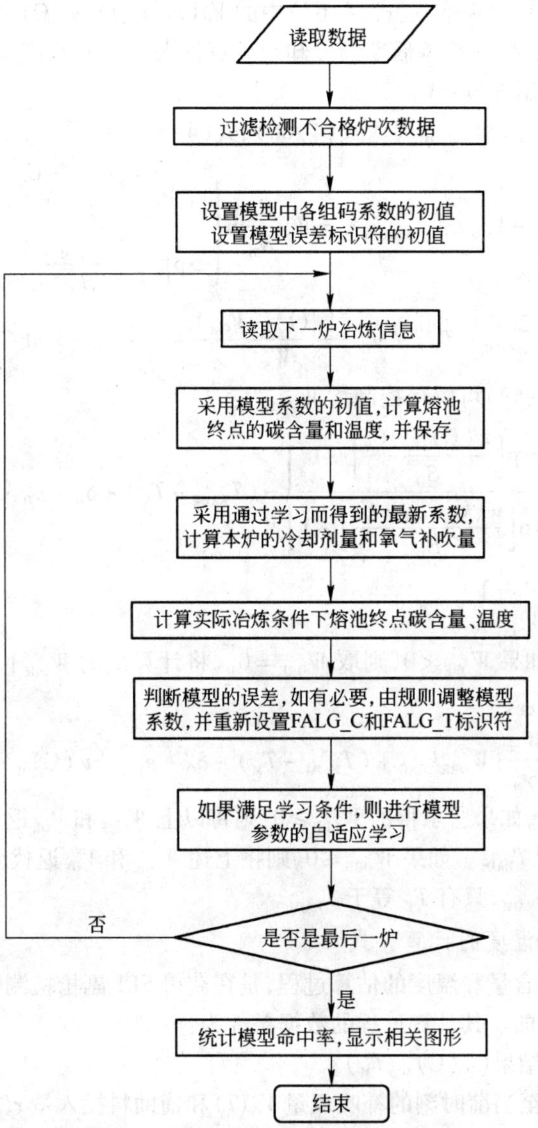

图 4-40 批量仿真软件的程序流程图

b 升温过程

冶炼熔池温度的计算公式是由经验得出的,温度变化与氧量变化呈线性关系:

$$T(t) = T_{\mathrm{M}} + \gamma_{\mathrm{D}} \frac{[V_{\mathrm{O}}(t) - V_{\mathrm{OM}}]}{W_{\mathrm{ST}}} + \delta_{\mathrm{D}} - \varepsilon_{\mathrm{D}}[w(\mathrm{C})_{\mathrm{M}} - w(\mathrm{C})_{t}] - \sum_{i} k_{i} r_{i}(t) \qquad (4\text{-}67)$$

式中,$T(t)$为 t 时刻钢水温度,℃;T_{M} 为吹炼中副枪测定时的钢水温度,℃;γ_{D} 为系数,℃ · t/m^3;δ_{D} 为系数,℃;ε_{D} 为系数;k_i 为冷却剂 i 的冷却能系数,℃/t。

B 动态控制量的计算公式

动态控制量的计算,是在明确了本炉的冶炼目标(目标碳、目标温度)并获得 SL1 副枪检测结果之后,由动态模型计算本炉仍需补吹的氧气量和冷却剂量的计算过程。

具体计算方法为:将式(4-66)、式(4-67)中的 $V_O(t)$、$r_i(t)$、$w(C)_t$ 和 $T(t)$ 分别用 V_{OE}(冶炼至终点时刻的吹氧量)、W_{ORE}(冶炼后期的冷却剂矿石投入量)、$w(C)_{EAIM}$(熔池终点目标碳含量)和 T_{EAIM}(熔池终点目标温度)取代。

将 V_{OE}、W_{ORE}、$w(C)_{EAIM}$ 和 T_{EAIM} 代入式(4-66)、式(4-67),可得:

$$(V_{OE}-V_{OM})+V_{ORE}h_{ORE}=W_{ST}\frac{\beta_D}{\alpha_D}\ln\left\{\frac{\exp\left[\dfrac{w(C)_M-C_0}{\beta_D}\right]-1}{\exp\left[\dfrac{w(C)_{EAIM}-C_0}{\beta_D}\right]-1}\right\} \tag{4-68}$$

$$W_{ORE}k_{ORE}=-(T_{EAIM}-T_M)+\gamma_D\frac{(V_O(t)-V_{OM})}{W_{ST}}+\delta_D-\varepsilon_D\cdot[w(C)_M-w(C)_{EAIM}] \tag{4-69}$$

由式(4-68)、式(4-69)可解得控制量 W_{ORE} 为:

$$W_{ORE}=\left\{\gamma_D\frac{\beta_D}{\alpha_D}\ln\left\{\frac{\exp\left[\dfrac{w(C)_M-C_0}{\beta_D}\right]-1}{\exp\left[\dfrac{w(C)_{EAIM}-C_0}{\beta_D}\right]-1}\right\}-(T_{EAIM}-T_M)+\delta_D-\varepsilon_D\cdot[w(C)_M-w(C)_{EAIM}]\right\}\Bigg/\left\{k_{ORE}+\frac{\gamma_D h_{ORE}}{W_{ST}}\right\} \tag{4-70}$$

在模型的计算中,如果 $W_{ORE}<0$,则取 $W_{ORE}=0$。将计算出的 W_{ORE} 代入式(4-69)中,得到动态停吹时刻的吹氧量 W_{OE}:

$$V_{OE}=V_{OM}+\frac{W_{ST}}{\gamma_D}\{W_{ORE}k_{ORE}+(T_{EAIM}-T_M)-\delta_D+\varepsilon_D\cdot[w(C)_M-w(C)_{EAIM}]\} \tag{4-71}$$

采用以上计算方法,如果所求得的 $W_{ORE}\geqslant 0$,则将以上 W_{ORE} 和 V_{OE} 返代到动态模型中,模型正好能够命中 $w(C)_{EAIM}$ 和 T_{EAIM}。如果 $W_{ORE}\leqslant 0$,则将上述 W_{ORE} 和 V_{OE} 返代到动态模型中,模型的终点 $w(C)_E$ 不等于 $w(C)_{EAIM}$,只有 T_E 等于 T_{EAIM}。

C　熔池碳含量和温度的计算公式

动态模型对熔池碳含量和温度的估算过程,是在获得 SL1 副枪检测数据,并开始动态补吹过程之后才启动计算过程的。其计算过程的数据条件为:

(1) SL1 副枪检测结果($w(C)_M$、T_M);

(2) SL1 副枪检测至当前时刻的补吹氧量 $V_O(t)$ 和辅助料投入量 $r(t)$。

将转炉动态模型的基本公式即式(4-66)、式(4-67)进行适当的变形,可得:

$$w(C)_t=C_0+\beta_D\cdot\ln\left\{1+\left[\exp\left(\frac{w(C)_M-C_0}{\beta_D}\right)-1\right]\cdot\exp\left[-\frac{\alpha_D}{\beta_D}\left(\frac{V_O(t)-V_{OM}+\sum_i(h_ir_i(t))}{W_{ST}}\right)\right]\right\} \tag{4-72}$$

$$T(t)=T_M+\gamma_D\frac{[V_O(t)-V_{OM}]}{W_{ST}}+\delta_D-\varepsilon_D\cdot[w(C)_M-w(C)_t]-\sum_i(h_ir_i(t)) \tag{4-73}$$

利用以上两式,及时输入当前时刻 t 的动态补吹氧量和辅助料补投量,可估算出当前时刻熔池的碳含量 $w(C)_t$ 和温度 $T(t)$,从而实现对转炉后期冶炼过程进行实时仿真。

4.3.2.3　动态模型系数的学习

动态模型系数的学习,是在冶炼过程结束并获得本炉次冶炼终点熔池碳含量和温度实际结果之后进行的，以利于提高以后炉次的动态计算精度。

A 新日铁转炉动态模型系数的学习方法

a 脱碳模型系数 α、β 的学习

动态模型系数 α、β 的学习过程为：

（1）使 β 按照一定的规律 $\beta_D(I)=(1.04)^{I-1}\cdot 9.0(I=1\sim 50)$ 从小到大逐步变化，在此变化过程中同时将 $\beta(I)$ 代入式(4-72)，寻找使得冶炼终点熔池碳含量估算误差最小的 $\beta(J)$，经过加权学习可得到系数 β 的新值：

$$\beta_D(\mathrm{NEW})=\beta_D(\mathrm{OLD})+K_\beta[\beta_D(J)-\beta_D(\mathrm{OLD})] \tag{4-74}$$

（2）将 $\beta_D(\mathrm{NEW})$ 代回到式(4-72)中，算出对应的 α'，并经过加权学习得到 α 的新值。

b 升温模型系数 γ、δ 的学习

熔池升温模型的计算公式相对简单，其模型系数 γ、δ 的学习方法是利用模型对冶炼终点熔池温度的估算误差直接反推出模型系数 γ、δ 的偏差，并加权学习而获得的。

B 动态模型系数学习算法的改进

针对以上的问题，对转炉动态模型系数的学习方法进行了适当的改进，同时改进了调整模型系数专家规则（见表4-15），插入到模型的学习过程。

表4-15 动态模型系数的调整规则

模型结果	脱碳模型系数调整量		升温模型系数调整量	
	α	β	γ	δ
偏 大	0.5	−1	−0.5	−2
偏 小	−0.5	1	0.5	2

专家规则的引进，有效地提高了模型系数在偏离真值较远的条件下的模型系数学习速度。

4.3.2.4 软件功能、窗口及操作过程

A 软件简介

仿真软件采用 Visual Basic 6.0 编程语言编制，整个软件系统主要实现以下功能：冶炼钢种维护、动态模型系数维护、动态仿真、动态冶炼记录显示与维护、动态模型命中率统计。软件的主要内容和功能如表4-16所示。

表4-16 软件的主要内容与功能

序号	功 能	功能描述
1	冶炼钢种维护	各冶炼钢种冶炼目标的维护
2	动态模型系数维护	各冶炼组码的动态模型系数的维护
3	动态冶炼过程仿真	转炉动态冶炼过程的数据准备、控制量（吹氧量和冷却剂量）计算、熔池终点预报，以及模型系数的自学习过程
4	动态冶炼记录查询显示与维护	转炉动态冶炼过程记录的查询、显示与维护
5	动态模型命中率统计	动态模型命中率的统计

图4-41描述了转炉炼钢动态过程人工智能控制系统的各功能模块之间的相互关系，当用户在开始启动系统并成功登录后，便进入软件系统的主界面，用户由该主界面通过点击相应的工具按钮或系统菜单可以实现上述功能。最后，用户可以从主界面退出该软件系统。

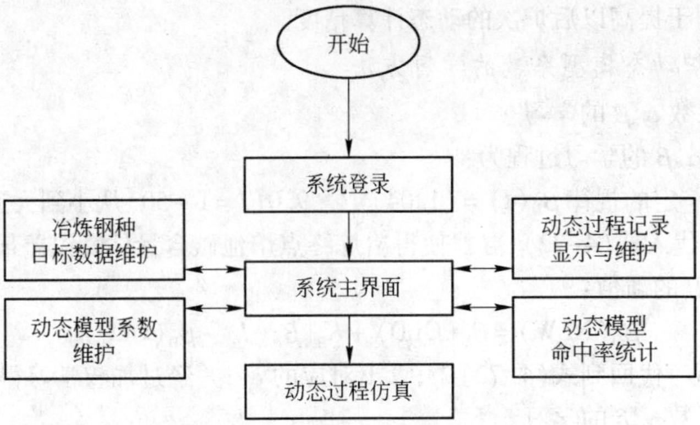

图 4-41 转炉动态控制仿真软件功能模块

B 操作过程

仿真软件操作简单,通过菜单命令执行读数据、校正、修正系数/因子存盘、显示结果等功能。每一步都有状态栏的显示。还可将副枪测量结果与化验室分析结果输入模型,以便模型即时学习模型系数,实现动态模型命中率统计等功能,还可统计熔池碳含量和温度误差限度等。

通过在某厂 250 t 转炉使用转炉动态过程控制仿真软件,转炉动态模型命中率由 45.2% 提高到 91.9 %,取得了明显的效果。

4.3.3 合金模型

4.3.3.1 模型的主要功能

模型主要完成以下功能:

(1) 依据冶炼技术标准,按照不同钢种计算合金化用铁合金的种类和加入量;

(2) 建立合金加入的最优化模型,实现合金化操作的成本最低。

图 4-42 是脱氧和合金化模型的程序流程图。

4.3.3.2 合金加入量的一般计算

A 基本计算式

合金加入量 W_{Fe-i} 的基本计算式为:

$$W_{Fe-i}=\frac{w(i)_a-w(i)_f}{w(i)_{Fe-i}\times R_i}\times W_m \tag{4-75}$$

式中,W_{Fe-i} 为铁合金 Fe - i 的加入量,kg;$w(i)_a$ 为到吹氩站元素 i 的目标含量(质量分数),%;$w(i)_f$ 为出钢时转炉终点元素 i 的残余含量(质量分数),%;$w(i)_{Fe-i}$ 为铁合金中元素 i 的成分(质量分数),%;R_i 为元素 i 的收得率,%;W_m 为出钢量,t。

B 计算顺序

由于相当多的铁合金中含有一种以上的合金元素,因此,在计算时要考虑到它们之间的相互影响,通常可按以下顺序计算:

(1) 含 Mn、Si 、C 合金加入量的计算。按照工厂制定的工艺标准,将钢种分为低碳钢和铝硅镇静钢、中高碳钢和铝硅镇静钢、低碳铝镇静钢、中碳铝镇静钢、高碳铝镇静钢和超低碳钢等钢种类别分别进行铁合金加入量的计算。

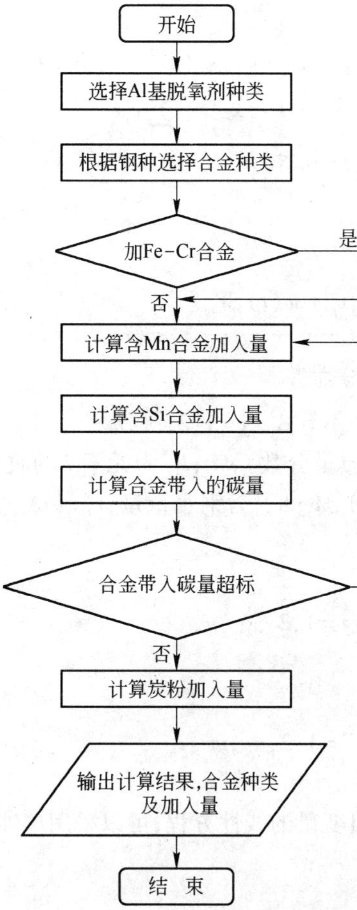

图4-42 脱氧和合金化模型的程序流程图

(2) 各元素目标成分 $w(i)_a$ 确定。为了能够控制合金加入量,避免超出标准,各元素目标成分设定原则是:以企业内控的钢种成分下限与中限的平均值作为吹氩站各元素成分的目标值。同时建有分钢种各元素目标计算成分数据库,来维护目标成分数据。

C 合金加入量的优化计算

在转炉炉后脱氧和合金化的操作过程中,为满足钢水中某一合金元素的成分要求,加入合金的种类有时存在几种可供选择(如锰元素就有 FeMnH、FeMnM、MnSi、FeMnAl 和金属 Mn 等五种)。合金加入量优化计算的原则是在满足钢种成分要求的前提下,使合金化成本最低。

a 决策变量

设需合金化的元素为 i,共 n 个(即 $i=1,2,\cdots,n$),调整 C 、Si 、Mn 、Cr 的合金种类为 m 种,每种合金的加入量 $x_1,x_2,\cdots,x_m$ 是决策变量。

$$\boldsymbol{X}=(x_1,x_2,\cdots,x_m)^{\mathrm{T}} \tag{4-76}$$

显然,决策变量满足非负条件。

决策变量的 n 个自变量构成了 n 维欧几里得空间 E^n,即 n 维空间中任一点对应着一组 X_i $(1,2,\cdots,n)$表示一种合金添加方案。

b　目标函数

以配料成本最低为目标，即：

$$\min Z = c_1x_1 + c_2x_2 + \cdots + c_mx_m = \sum_{j=1}^{m} c_jx_j \tag{4-77}$$

式中，c_j 为第 j 种铁合金的价格，元/t；Z 为合金总成本，元。

c　约束条件

（1）对钢水目标成分的要求：

$$w(i)_{\mathrm{LL}} \leqslant \frac{\sum_{j=1}^{m} w(i)_j R_i x_j + w(i)_0 W_{\mathrm{m}}}{\sum_{j=1}^{m} x_j + W_{\mathrm{m}}} \leqslant w(i)_{\mathrm{UL}} \tag{4-78}$$

$i=1,2,\cdots,n$，共 n 个不等式，$j=1,2,\cdots,m$

式中，$w(i)_j$ 为第 j 种铁合金中元素 i 的含量（质量分数），%；R_i 为元素 i 的收得率，%；$w(i)_0$ 为元素 i 在合金化前钢水的原始含量（质量分数），%；W_{m} 为钢水重量，t；$w(i)_{\mathrm{LL}}$ 为元素 i 的成分下限，%；$w(i)_{\mathrm{UL}}$ 为元素 i 的成分上限，%。

（2）每种铁合金许用量的约束：

$$x_j \leqslant m_j \qquad j=1,2,\cdots,m \tag{4-79}$$

式中，m_j 为第 j 种合金的最大许用量，kg。

（3）非负条件：

$$x_j \geqslant 0 \qquad j=1,2,\cdots,m \tag{4-80}$$

d　合金优化计算数学模型求解

上述模型中的目标函数和约束条件均为自变量的线性方程，可以采用单纯形法求解。

D　合金元素收得率的计算

a　合金元素收得率的计算方法的选择

参照国内外一些钢厂的经验，在该模型中采用参考炉次法计算合金元素的收得率。另外采用参考炉次法还考虑到以下几个原因：

（1）工厂实际生产过程中冶炼的钢种十分繁多，添加合金的种类和数量自然也多种多样，很难采用统一的理论模型来计算；

（2）这种方法建模过程相对简单、易于维护，并具有一定的自动更新和自学习能力；

（3）除了考虑添加合金过程的初态、终态和控制变量外，其他变量如果与参考炉次相比变化不大则可以忽略，这对模型精度影响不大；

（4）随着转炉冶炼的进行，转炉在不同炉役时期自身会发生一些变化，参考炉次的不断更新可以起到跟踪转炉炉役变化的作用。参考炉次法计算合金元素收得率的基本公式为：

$$R_{\mathrm{E}} = \sum_i [\alpha_i R_i] + \beta R_{\mathrm{ER}} + \gamma \tag{4-81}$$

式中，R_{E} 为本炉次合金元素的收得率；R_i 为参考炉次 i 的合金收得率；R_{ER} 为本钢种该合金元素收得率的基准值；α,β,γ 为待定系数。

显然，在式(4-81)中涉及两个问题，即如何选择参考炉次和怎样确定合金元素收得率的基准值。

b　参考炉次的选择

参考炉次选取原则是：选择与当前冶炼炉次钢种相同，且生产时间距当前炉次最近的五个历史正常冶炼炉次。在当前炉次计算结束后，如果满足前述两个条件，则将该炉次作为最新炉次加入到参考炉次中,并自动将最先的参考炉次排除。

c 收得率基准值的确定

按不同钢种进行分类,选取历史正常冶炼炉次,并对每一钢种大量正常炉次的收得率取代数平均值,即为基准值。随着生产进行,每一炉最新冶炼的炉次将参加对原来基准值的更新计算。

d 模型的运行结果验证

在某钢铁厂三炼钢车间现场运行该模型,计算当前炉次的合金添加种类和数量,合金操作工人参照计算结果添加合金,并最终对比取样结果和计算目标值之间的差别,结果令人满意。通过该模型的应用,可以保证按照各钢种成分要求实现准确、经济地进行转炉出钢时脱氧和合金化操作,使钢水成分达到要求范围,实现钢水的窄成分控制。

4.4 电炉数学模型

电炉冶炼过程模型应包括冶金模型和热模型。以物料平衡为基础建立的模型为冶金模型,以热平衡为基础建立的模型为热模型。研究表明,影响电炉冶炼的各因素和控制目标主要取决于物料平衡、能量平衡和化学平衡,三者既互相独立,又互相联系,如图 4-43 所示。

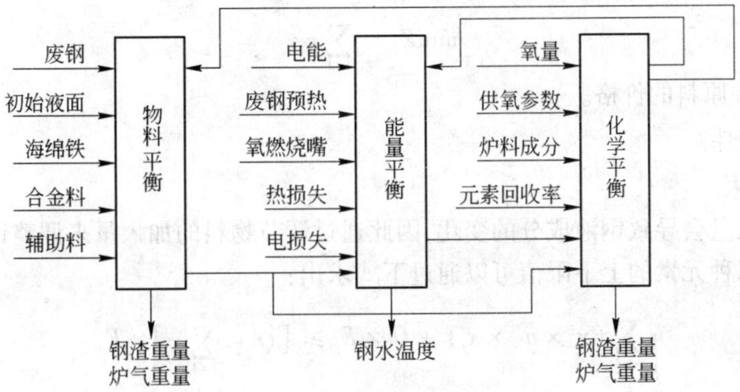

图 4-43 电炉过程模型的平衡关系

本节将以其中比较典型的合金成分控制模型和能量结构模型为例说明。

4.4.1 电弧炉炼钢合金成分控制模型

4.4.1.1 概述

合金化是电弧炉生产过程中的重要工艺过程之一。合金成分的控制是按不同钢种的要求添加合金对钢液成分进行调整,以便使冶炼的钢液达到钢种要求的目标成分。由于每种合金由几种不同的元素组成,同时存在多个目标元素成分要求和多种可投入的合金原料,因此,为了精确地实现成分目标要求和合金成本最小,需要进行复杂的数学计算。目前,国内采用的合金料添加法主要有经验计算法、简易理论计算法、迭代搜索法等。这些计算方法的共同特点是:计算过程带有经验的成分和一定的盲目性,计算起来费工费时,往往花费了大量的计算时间却只能获得一组“折中解”。近年来随着用户对钢材质量的要求越来越苛刻,传统的人工加入合金调整成分的做法已经越来越难以满足生产需要,为了提高合金料添加计算的效率,一般建立以合金成本最低的电弧炉合金成分控制优化模型。然而在合金成分控制模型中,合金元素的收得率对合金成分控制具有至关重要的作用。然而由于工厂实际生产过程中冶炼的钢种十分繁多,添加合金的种类和数量自然也多种多样,很难采用统一的理论模型来计算合金元素的收得率。灰色模型作为一种建模方法,不需要大量的数据,计算量小,并能考虑各种因素的综合效果,已经被成功用于各种预报中。本节介绍一种基于灰色模型的建模方法,建立了灰色合金元素的收得率模型,弥补基于线性规划合金添加模型的不足,建立较为完备的电弧炉合金成分控制模型,从而提高电弧炉合金成分控制的精度。

4.4.1.2 合金添加量的计算

合金料添加模型的目标是以最低的原料成本生产出成分合格的钢材,按照冶炼钢种的技术指标和企业规定的要求进行合金添加。通常建立合金料添加的线性规划模型,模型由决策变量、目标函数和约束条件构成。

A 决策变量

设有 m 种合金料用于钢液的成分控制,控制该钢种的 n 项元素成分指标。每种料的配入量为 $y_1, y_2, \cdots, y_m$ 是决策变量,很显然,决策变量全部满足非负条件,即 $y_i \geqslant 0, i = 1, 2, \cdots, m$。

B 目标函数

以配料成本最低为目标函数:

$$\min Z = \sum_{i=1}^{m} c_i y_i \tag{4-82}$$

式中,c_i 为第 i 种原料的价格。

C 约束条件

a 成分约束

物料的加入量会导致钢液成分的变化,因此通过调节物料的加入量来调整钢液的元素成分。通常钢液中的每种元素的上下限值可以通过下式求出:

$$\begin{cases} \sum_{i=1}^{m} (y_i \times a_{ij} \times x_j) + Q \times E_j \geqslant \left[Q + \sum_{i=1}^{m} y_i \right] \times E_{\min j} \\ \sum_{i=1}^{m} (y_i \times a_{ij} \times x_j) + Q \times E_j \leqslant \left[Q + \sum_{i=1}^{m} y_i \right] \times E_{\max j} \end{cases} \tag{4-83}$$

式中,$j = 1, 2, \cdots, n$;Q 为添加合金前炉中的钢液量;a_{ij}为第 i 种物料中第 j 种成分的含量;x_j 为第 j 种元素成分的收得率;E_j 为添加物料前钢液中第 j 种成分含量的当前分析值;$E_{\min j}$ 为钢液中第 j 种成分的控制目标下限;$E_{\max j}$为钢液中第 j 种成分的控制目标上限。

b 许用量约束

$$y_i \leqslant G_i \tag{4-84}$$

式中,G_i 为第 i 种物料的最大许用量。

在电弧炉合金料添加计算模型中,元素成分的收得率对合金添加量的计算具有至关重要的作用。准确判断和控制元素的收得率,是提高钢液成分调整效率的关键。然而,由于电弧炉冶炼过程是一个非常复杂的物理化学过程,合金元素的收得率受多种因素的影响,主要取决于钢液含氧量、终渣氧化性、元素本身与氧亲和力的强弱、元素间的相互作用等。此外,合金的块度、密度、加入时间和地点、加入次序等也都对元素收得率有一定影响。由于影响合金收得率因素相当复杂,具有很强的非线性,一般使用统计方法进行统计分析或进行在线学习控制。然而工厂实际生产过程中冶炼的钢种十分繁多,添加合金的种类和数量自然也多种多样,使得这一问题变得更加棘手。因此,有必要采用新的方法实现对元素成分收得率的估计。

钢液量是影响合金添加量计算的另一重要因素，然而由于电弧炉的合金化是在出钢时进行的，只有出钢结束后才能准确知道钢水重量，因此准确得到电弧炉中钢液量也是一个相当困难的问题。因此，校核钢液重量对化学成分的控制是十分必要的。电弧炉中钢液量的校核主要凭借经验来完成。文献中提出采用添加收得率相对稳定的元素，根据其分析增量和计算增量来校核钢液量的方法。

通过合金料添加模型可以看出，钢液量对添加合金量计算的影响与元素收得率是相似的，为简化问题，可以将钢液量的影响认为是收得率的影响。因而，可以将钢液量视为常数（根据电弧炉的容量确定），通过对合金元素收得率的修正，就可以得到较为准确的合金添加及计算量。

4.4.1.3 收得率的估计

计算合金元素收得率的方法中，参考炉次法具有建模过程相对简单、易于维护，并具有一定的自动更新和自学习能力，因而被广泛采用。该方法通过选择与当前冶炼炉次钢种相同且生产时间距当前炉次最近的若干个历史正常冶炼炉次，并按不同钢种进行分类，选取历史正常冶炼炉次，并对每一钢种大量正常炉次的收得率取代数平均值确定一个收得率基准值。计算合金元素收得率的基本公式为：

$$x_{\mathrm{n}} = \sum w_i x_i + w_{\mathrm{ref}} x_{\mathrm{ref}} + w_0 \tag{4-85}$$

式中，x_{n} 为本炉次合金元素的收得率；x_i 为参考炉次 i 的合金收得率；x_{ref} 为本钢种该合金元素收得率的基准值；w_i、w_{ref}、w_0 为待定系数。

参考炉次法的优点是随着生产进行，每一炉最新冶炼的炉次将参加对原来基准值的更新计算，随着电弧炉冶炼的进行，炉子在不同炉役时期自身会发生一些变化，合金元素的收得率应该不断更新，进而起到跟踪电弧炉炉役变化的作用。

灰色系统理论提出了一种称为关联度分析的方法。它根据因素之间发展态势的相似程度或相异程度来衡量因素间关联程度的方法。关联度分析法是按照发展趋势进行分析的，因此不像回归分析那样需要大量的样本数据，也不需要典型的分布规律，计算量小，且不至于出现关联度的量化结果与定性分析不一致的情况。灰色系统主要研究系统模型不明确、行为信息不完全、运行机制不清楚这类系统的建模、预测、决策和控制等问题。该研究根据灰色模型具有考虑各种影响因素综合效果的特点，采用灰色模型来实现对合金元素收得率的估计。与通常的建模方法不同，灰色模型不是利用给定的数据直接建模，而是通过累加生成（AGO）将原来无规律的数据变成单调递增有规律的数据后建立模型。要检验模型对原始数据的拟合程度或要得到对未来预报的结果，再通过累减生成（IAGO）将由模型计算出的结果还原。

A GM(1,N)模型

设有 $x_1, x_2, \cdots, x_N$ 等 N 个变量，每个变量有 n 个数据。

$$x_i^{(0)} = [x_i^{(0)}(1), x_i^{(0)}(2), \cdots, x_i^{(0)}(n)] \qquad i = 1, 2, \cdots, N \tag{4-86}$$

对 $x_i^{(0)}$ 作一次累加生成，即：

$$x_i^{(1)}(k) = \sum_{m=1}^{k} x_i^{(0)}(m) \tag{4-87}$$

可建立白化形式的微分方程：

$$\frac{\mathrm{d}x_1^{(1)}}{\mathrm{d}t} + a x_1 = b_1 x_2^{(1)} + b_2 x_3^{(1)} + \cdots + b_{N-1} x_N^{(1)} \tag{4-88}$$

这是一个一阶 N 个变量的微分方程，记为 GM(1,N)。

B　GM(1,N)模型参数的求解

将式(4-88)中的参数记为 $\hat{a}$,即

$$\hat{\boldsymbol{a}} = (ab_1 b_2 \cdots b_{N-1})^{\mathrm{T}}$$

按最小二乘法可得:

$$\hat{\boldsymbol{a}} = (\boldsymbol{B}^{\mathrm{T}}\boldsymbol{B})^{-1}\boldsymbol{B}^{\mathrm{T}}\boldsymbol{X}_N \tag{4-89}$$

式中,

$$\boldsymbol{B} = \begin{bmatrix} -\frac{1}{2}[x_1^{(1)}(1) + x_1^{(1)}(2)] & x_2^{(1)}(2) & \cdots & x_N^{(1)}(2) \\ -\frac{1}{2}[x_1^{(1)}(2) + x_1^{(1)}(3)] & x_2^{(1)}(3) & \cdots & x_N^{(1)}(3) \\ -\frac{1}{2}[x_1^{(1)}(n-1) + x_1^{(1)}(n)] & x_2^{(1)}(n) & \cdots & x_N^{(1)}(n) \end{bmatrix}$$

$$\boldsymbol{X}_N = [x_1^{(0)}(2) \quad x_1^{(0)}(3) \quad \cdots \quad x_1^{(0)}(n)]^{\mathrm{T}}$$

当 $x_i^{(1)}(i=2,3,\cdots,N)$ 呈现出缓慢变化,可以用区间不变值计算时,则 x_i 的时间(离散)近似关系为:

$$\hat{x}_i^{(1)}(k+1) = \left(x_i^{(0)}(1) - \frac{1}{a}\sum_{r=2}^{N} b_{r-1}x_r^{(0)}(k+1)\right)\mathrm{e}^{-ak} + \frac{1}{a}\sum_{r=2}^{N} b_{r-1}x_r^{(1)}(k+1) \tag{4-90}$$

$$\hat{x}_i^{(1)}(1) = x_i^{(0)}(1)$$

采用累减生成:

$$\hat{x}_i^{(0)}(1) = \hat{x}_i^{(1)}(1) \tag{4-91}$$

$$\hat{x}_i^{(0)}(k) = \hat{x}_i^{(1)}(k) - \hat{x}_i^{(0)}(k-1) \tag{4-92}$$

得到原始数据的拟合值 $\hat{x}_i^{(0)}(k)(0 \leqslant k \leqslant n)$ 和未来输出的预报值 $\hat{x}_i^{(0)}(k)(k > n)$。

选择与当前冶炼炉次钢种相同且生产时间距当前炉次最近的 n 个历史正常冶炼炉次,设各种合金元素收得率的实际值为 $x_i(k), i=1,2,\cdots,N, k=1,2,\cdots,n$,建立合金收得率的 GM (1,$N$)模型。通过该模型可以计算出下一炉的元素收得率。

4.4.1.4　合金添加成分控制模型的结构

合金成分控制模型结构如图 4-44 所示,模型由两部分组成:收得率预估和合金添加计算。合金添加计算以添加合金成本最低为目标,建立线性规划模型,实现对合金添加量的计算。收得率预估根据历史合金元素收得率实现对本炉合金元素的收得率的估算,估算结果用于合金添加量的计算。

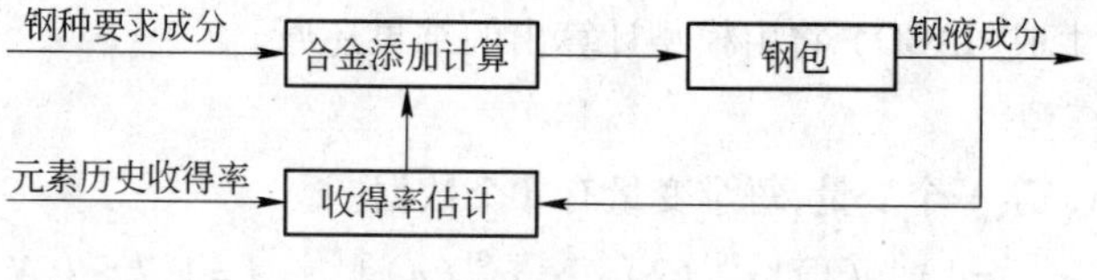

图 4-44　合金成分控制模型结构

模型的求解比较简单,收得率的估计计算根据模型可以直接进行;合金添加计算的线性规划模型采用单纯性算法求解。

4.4.1.5　模型的运行结果

采用该模型在某炼钢厂 10 号电弧炉进行钢液合金成分的控制。冶炼钢种为高碳铬轴承钢 GCr15,合金料有 Fe - Mn - Si、Fe - Mn - MC、Fe - Mn - HC、Fe - Cr - MC、Fe - Cr - HC、Fe - Cr -

LC。电弧炉现场采集到连续50炉生产数据,数据经归一化处理后,取其中前30炉数据用于建立基于GM的电弧炉合金化控制模型,对其余20炉作出预报。实际采集的数据不能有任何顺序上的颠倒。首先利用前面30炉数据辨识模型参数,利用该模型对第31炉作出预报,然后将最前面一炉的数据去掉,同时加入第31炉的实际数据,以保持用于辨识模型参数的数据仍为30炉,再对第32炉作出预报,依此类推,完成所有20炉预报。因此保证了总是利用最新数据建立模型,真正反映了电弧炉的最新状况,同时避免了因冶炼炉数的增加而使计算时间增加。

根据模型计算合金添加种类和数量,参照计算结果添加合金,并最终对比取样结果和计算目标值之间的差别。Mn元素的控制目标为[0.25,0.45],Cr元素的控制目标为[1.39,1.65],Si元素的控制目标为[0.2,0.35]。从20炉合金成分的计算结果和控制结果来看,模型的精度比较理想,达到了预期的要求。

4.4.2 电弧炉冶炼能量结构模型

4.4.2.1 概述

现代电弧炉炼钢技术是围绕着缩短冶炼周期以满足高效连铸节奏要求这一核心发展起来的。能量结构优化的核心是如何缩短冶炼周期和降低电耗,达到节约成本和提高生产率的目的,基本思路是充分利用冶炼过程的物理热和化学热。

本节将介绍从能量平衡的角度出发,通过建立能量结构模型,表示出冶炼周期、电耗与操作工艺参数之间的关系,在此基础上提出了相应的优化方案。

4.4.2.2 能量结构模型

竖炉电弧炉能量传递结构如图4-45所示。能量结构模型包括三个部分,即冶炼过程热平衡的计算、供能单元综合热效率的计算、冶炼周期和电耗的计算。

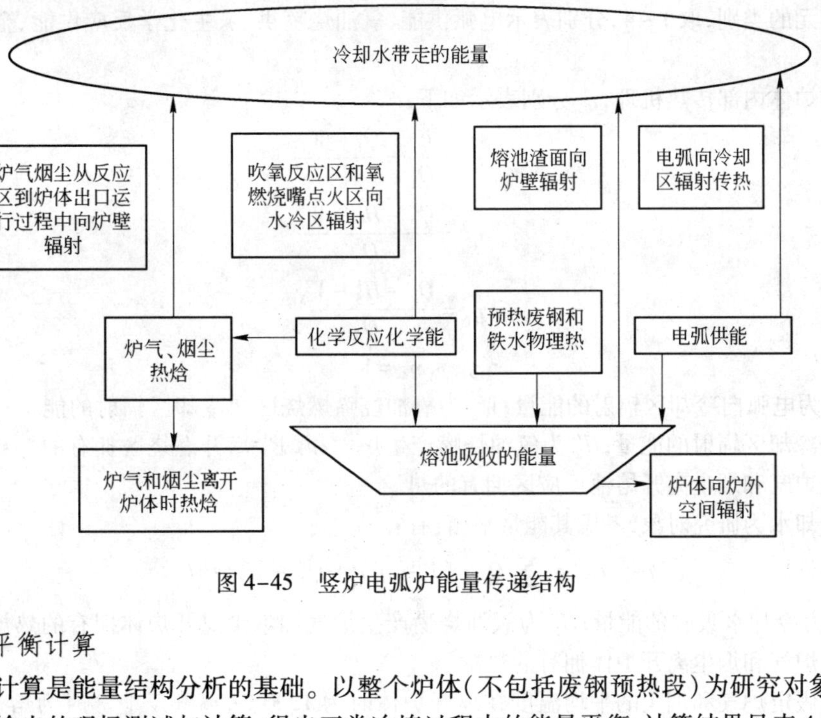

图4-45 竖炉电弧炉能量传递结构

A 热平衡计算

热平衡计算是能量结构分析的基础。以整个炉体(不包括废钢预热段)为研究对象,通过对能量输入和输出的现场测试与计算,得出正常冶炼过程中的能量平衡,计算结果见表4-17。

表 4-17 100 t 竖炉电弧炉的热平衡 kW · h/t

输入		输出	
金属料预热	78.33	钢水物理热	377.89
铁水物理热	87.37	炉渣物理热	60.18
烧嘴提供化学热	87.72	炉气物理热	30.96
元素氧化化学热	165.38	烟尘物理热	14.47
电能	223.68	冷却水吸热	135.96
		短网损失热	15.88
		其他	7.14
输入合计	642.48	输出合计	642.48

B 综合热效率计算

在冶炼过程中，向熔池供能单元包括电弧供能、氧油烧嘴供能、主氧枪供能、加入铁水通过化学反应提供化学热以及废钢和铁水带入的物理热。能量结构模型首先用来计算冶炼过程中熔池吸收能量与供能单元提供能量的关系，这种关系可以用供能单元综合热效率来表示，定义如下：

$$\eta_i = \frac{E_i}{Q_i} \quad (i = 1 \sim 4) \tag{4-93}$$

$$E_m = \sum_i \eta_i \cdot Q_i - Q'_1 - Q''_1 \tag{4-94}$$

式中，η_i 为 i 类供能单元向熔池供能的综合热效率；E_m 为熔池在冶炼过程中获得的能量，包括钢水和渣所获取的能量；E_i 为 i 类供能单元提供的能量进入熔池的部分；Q_i 为 i 类供能单元向熔池提供的总能量；Q'_1 为熔池炉体外表面向外界辐射的能量；Q''_1 为渣面向冷却区辐射的能量；下标 i 为供能单元的类别，取 1 ~ 4，分别表示电弧供能、氧油烧嘴供能、主化学反应供能、金属料带入的物理热。

考虑炉体内部传热机理，η_i 分别表示如下：

$$\eta_1 = \frac{E_1}{Q_1} = \frac{Q_1 - W_1}{Q_1} \tag{4-95}$$

$$\eta_2 = \frac{Q_2 - H'_2 - W_2}{Q_2} \tag{4-96}$$

$$\eta_3 = \frac{Q_3 - H'_3 - W_3}{Q_3} \tag{4-97}$$

$$\eta_4 = 1 \tag{4-98}$$

式中，W_1 为电弧向冷却区辐射的能量；W_2 为氧油烧嘴燃烧区向冷却区辐射的能量；W_3 为主反应区火点向冷却区辐射的能量；H'_2 为氧油烧嘴产生炉气和烟尘离开燃烧区拥有的热焓；H'_3 为主反应区产生炉气和烟尘离开熔池反应区拥有的热焓。

以冷却水为研究对象，考虑其能量平衡，有：

$$E_c = \sum_i Q_i \cdot (1 - \eta_i) + Q''_1 - H_2 - H_3 \tag{4-99}$$

式中，E_c 为冷却水吸收的能量；H_2 为氧油烧嘴产生炉气和烟尘离开炉体拥有的热焓；H_3 为主反应区产生炉气和烟尘离开炉体拥有的热焓。

模型假定炉气和烟尘的平均温度在离开炉体时为 1200℃，离开反应区时为熔池温度，这样可以确定炉气和烟尘离开反应区和炉体时的热焓 H'_2、H'_3、H_2 和 H_3。通过辐射传热计算，可以求

出 W_2、W_3、Q''_1。根据炉子热平衡计算的结果可以确定 Q_i、E_m、E_c 和 Q'_1。联合式(4-93)~式(4-99),就可以解出 η_i。

关于综合热效率的计算结果如下:电弧供热为59%,主反应区化学反应为72%,氧油烧嘴为53.5%,而物理热为100%。从计算结果可以看出,熔池元素氧化的主反应区化学反应综合热效率达72%,反应产物还具有较高的潜热和显热(显热45.50 kW·h/t,潜热80.29 kW·h/t),合理强化利用这部分能量是最为经济的。另外,入炉炉料本身所拥有的物理热可以100%地进入熔池,这就需要在炼钢过程中采用加铁水冶炼技术和强化废钢预热技术,选取轻型废钢进行预热。

C 冶炼周期的计算

冶炼周期表达如下:

$$T = t' + t'' \tag{4-100}$$

$$t' = \max[(t_e + t_c), t_0] \tag{4-101}$$

$$t_e = \frac{(Q'_1 + Q''_1 + E_m - Q_2\eta_2 - Q_3\eta_3 - Q_4\eta_4)}{P_e \cos\phi \eta_e \eta_1} \tag{4-102}$$

$$t_0 = \frac{V_{O_N}}{V_0\eta_1 + V'_0\eta'_0} \tag{4-103}$$

式中,T 为冶炼周期;t'为供能时间;t''为热停工时间;t_e 为通电时间;t_0 为总吹氧时间;t_c 为常数,表示第二次加料过程中断电而不停吹氧的时间;$P_e\cos\phi$ 为有功功率;η_e 为电弧功率与有功功率之比;V_{O_N}为氧气的需求量;V_0 为主氧枪吹氧量;η_0 为主氧枪的效率,取90%;V'_0 为油氧枪吹氧量;η'_0 为油氧枪参与熔池反应的氧与油氧枪用氧之比,根据物料平衡的计算,取26%。

根据对物料平衡分析,V_{O_N}可以表示如下:

$$V_{O_N} = \sum_{j=1}^{5}(m_j \cdot V_j) \tag{4-104}$$

式中,m_j 为第 j 种原料的加入量;V_j 为 1 t j 类物料在冶炼过程的氧气需求量;下标 j 为物料的种类,取1~5,分别表示废钢、铁水、生铁、改性生铁、炭粉。

在二次燃烧率一定的条件下,单位质量并具有一定温度的原料(包括废钢、铁水、改性生铁以及炭粉)在冶炼过程中所需要的氧气以及反应释放的化学能是一定的,所自带物理能也是一定的,这样就可以确定V_{O_N}、Q_3 以及 Q_4。Q'_1 和 Q''_1 在散失功率一定的条件下,与 T 成正比;Q_2 在氧油烧嘴功率一定的条件下,与 t'成正比。这样联合式(4-100)~式(4-104)可以求出 t'。

实际电耗 W 表示如下:

$$W = P_e\cos\varphi \cdot t_e \tag{4-105}$$

4.4.2.3 生产工艺参数优化

根据冶炼周期综合控制理论,能量结构优化的核心是 T 最短,在 t''确定的条件下,也就是 t'最短,必须满足:

$$t_e + t_c = t_0$$

根据此条件,可以计算最佳的原料结构、最佳的吹氧制度以及供电制度。

4.5 炉外精炼数学模型

到目前为止所采用的炉外精炼手段有渣洗、真空、搅拌、加热和喷吹五种,由于各厂条件和冶炼钢种不同,一般是根据不同需要配备一两种炉外精炼设备。如 LF 炉钢包精炼法、RH 真空循环脱气法、CAS 钢包精炼法等。本节以 LF 炉钢包精炼合金加料与钢水成分预报模型、能量损耗预报模型为例说明。

4.5.1　LF 炉钢包精炼合金加料与钢水成分预报模型

4.5.1.1　选择参考炉次计算合金元素收得率

首先，将大量的正常冶炼数据有选择地进行同类型数据合并，按钢种和冶炼特征及所具有的代表性，将其并入已完成冶炼数据库。

对于拟预报炉次的钢水成分来说，其合金元素收得率是未知的。因此，该模型在建立过程中选择与拟预报炉次钢种相同、生产条件相近的炉次的合金元素收得率即参考炉次的收得率作为本次计算的合金收得率进行计算。合金元素的收得率和氧含量有着直接的关系，虽然 LF 工位不定氧，但是碳含量与酸溶铝的含量也可以反映 LF 炉的氧含量，所以用下式来选择参考炉次：

$$\Delta\sum = \sum[\Delta w(\mathrm{C}) + \Delta w(\mathrm{Al}) + \Delta w(\mathrm{Mn}) + \Delta w(\mathrm{Si})] \tag{4-106}$$

式中，$\Delta w(\mathrm{C}) = |w(\mathrm{C})_1 - w(\mathrm{C})_2|/[w(\mathrm{C})_{up} - w(\mathrm{C})_{down}]$，$w(\mathrm{C})_1$、$w(\mathrm{C})_2$ 为参考炉次的初始和终点碳的质量分数，%；$\Delta w(\mathrm{Al}) = |w(\mathrm{Al})_1 - w(\mathrm{Al})_2|/[w(\mathrm{Al})_{up} - w(\mathrm{Al})_{down}]$，$w(\mathrm{Al})_1$、$w(\mathrm{Al})_2$ 为参考炉次初始和终点铝的质量分数，%；$\Delta w(\mathrm{Mn}) = |w(\mathrm{Mn})_1 - w(\mathrm{Mn})_2|/[w(\mathrm{Mn})_{up} - w(\mathrm{Mn})_{down}]$，$w(\mathrm{Mn})_1$、$w(\mathrm{Mn})_2$ 为参考炉次初始和终点锰的质量分数，%；$\Delta w(\mathrm{Si}) = |w(\mathrm{Si})_1 - w(\mathrm{Si})_2|/[w(\mathrm{Si})_{up} - w(\mathrm{Si})_{down}]$，$w(\mathrm{Si})_1$、$w(\mathrm{Si})_2$ 为参考炉次初始和终点硅的质量分数，%。

选择 Δr 最小的 10 个炉次，即与计算炉次的碳、铝、锰和硅含量的相对成分差最接近的 10 个炉次，作为计算本炉次合金收得率的参考炉次。使用参考炉次法计算合金元素的收得率，合金收得率的计算公式为：

$$R_a = \frac{\Delta m_i}{m_j} \times 100\%;R_b = \frac{1}{10}\sum_{i=1}^{10} R_a \times 100\% \tag{4-107}$$

式中，Δm_i 为钢水中加入含某种元素的合金后该元素质量变化，kg；m_j 为含某种元素的合金实际加入质量，kg；R_a 为某种元素在参考炉次的收得率；R_b 为某种元素在参考炉次的平均收得率。

在每炉冶炼结束后存盘过程中，如果该炉次为正常炉次，则将其作为历史数据存入参考炉次数据库，同时该炉也将参加合金收得率重新计算。

4.5.1.2　铁合金补加计算

钢水的合金化是一个比较复杂的过程，它不仅关系到钢的质量、合金料的消耗，而且关系到钢水的加热制度，所以较为精确地确定追加合金的种类及数量，是获得高质量钢、达到降耗节能目的的重要措施。为使钢水成分符合要求，首先需要确定加入铁合金的重量。

$$m_i = \frac{m[w(j)_e - w(j)_0]}{R_i w(j)_i} \tag{4-108}$$

式中，$w(j)_e$ 为某种元素 j 的目标含量（质量分数），%；$w(j)_0$ 为某种元素 j 在原始钢水中的含量（质量分数），%；R_i 为铁合金 i 的收得率，%；$w(j)_i$ 为 铁合金 i 中元素 j 的含量（质量分数），%；m_i 为铁合金 i 的加入量，kg；m 为原始钢水的质量，kg。

在实际生产中，在转炉出钢时会加入部分合金和渣料，在 LF 工位时加入的铁合金和渣料就要考虑前面加入的量，因此将公式修正如下：

$$m_i = \frac{m[w(j)_e - w(j)_0] - m_{i1}R_{i1}w(j)_{i1}}{R_i w(j)_i} \tag{4-109}$$

式中，R_{i1} 为在转炉出钢阶段加入的铁合金 i 的收得率，%；$w(j)_{i1}$ 为在转炉出钢阶段加入的铁合金 i 中元素 j 的含量，%；m_{i1} 为在转炉出钢阶段加入的铁合金 i 的质量，kg。

根据式（4-109）得相应各种合金补加量公式。

相应可以得到钢水成分预报公式：

$$w(j)_e = w(j)_0 + \frac{m_i \times R_i \times w(j)_i}{m + m_i} \times 100\% \tag{4-110}$$

根据式(4-110)得相应各种合金成分预报公式。

4.5.1.3 锰铁补加量计算

根据式(4-109)得到锰铁合金补加量公式:

$$m_{lCMn-Fe} = \frac{m[w(Mn)_e - w(Mn)_0] - m_{mCMn-Fe}R_{mCMn-Fe,Mn}w(Mn)_{mCMn-Fe}}{R_{lCMn-Fe,Mn}w(Mn)_{lCMn-Fe}} \tag{4-111}$$

式中,$m_{lCMn-Fe}$为LF炉低碳锰铁加入量,kg;m为转炉出钢钢水量,kg;$w(Mn)_e$为LF炉终点Mn含量(质量分数),%;$w(Mn)_0$为转炉初始Mn含量(质量分数),%;$m_{mCMn-Fe}$为转炉出钢加入中碳锰铁量,kg;$R_{mCMn-Fe,Mn}$为转炉出钢加入中碳锰铁量中锰的收得率,%;$w(Mn)_{mCMn-Fe}$为中碳锰铁量中锰的含量(质量分数),%;$R_{lCMn-Fe,Mn}$为低碳锰铁中锰的收得率,%;$w(Mn)_{lCMn-Fe}$为低碳锰铁中锰的含量(质量分数),%。

根据式(4-110)得到LF炉钢水中终点锰含量预报公式:

$$w(Mn)_e = \Big[\frac{w(Mn)_0 \times m}{m + m_{mCMn-Fe} + m_{lCMn-Fe}} + \frac{m_{mCMn-Fe} \times R_{mCMn-Fe,Mn}w(Mn)_{mCMn-Fe} + m_{lCMn-Fe,2} \times R_{lCMn-Fe,Mn}w(Mn)_{lCMn-Fe}}{m + m_{lCMn-Fe} + m_{mCMn-Fe}}\Big] \times 100\% \tag{4-112}$$

式中,$m_{lCMn-Fe,2}$为实际加入的低碳锰铁合金量;其他各项变量含义与式(4-111)相同。

根据式(4-111)与式(4-112)及现场相关数据可以分别对LF炉低碳锰铁合金的补加量和LF炉终点锰含量进行计算。

4.5.1.4 钛铁合金补加量计算

根据式(4-109),因为在进站前不加入钛铁合金,所以可以将公式简化,得到钛铁合金补加量公式:

$$m_{Ti} = \frac{m[w(Ti)_e - w(Ti)_0]}{R_{Ti}w(Ti)_{Ti-Fe}} \tag{4-113}$$

式中,m_{Ti}为钛铁合金补加量,kg;m为转炉出钢钢水量,kg;$w(Ti)_e$为LF炉钢水中终点钛目标含量(质量分数),%;$w(Ti)_0$为进站前钢水中钛含量(质量分数),%;R_{Ti}为钛铁合金中钛的收得率,%;$w(Ti)_{Ti-Fe}$为钛铁合金中钛的含量(质量分数),%。

根据式(4-110)得到LF炉钢水中终点钛含量预报公式:

$$w(Ti)_e = w(Ti)_0 + \frac{m_{Ti-Fe,2} \times R_{Ti} \times w(Ti)_{Ti-Fe}}{m + m_{Ti,2}} \times 100\% \tag{4-114}$$

式中,$m_{Ti-Fe,2}$为实际加入的钛铁合金量,kg;其他各项变量含义与式(4-113)相同。

根据式(4-113)与式(4-114)及现场相关数据可以分别对LF炉钛铁合金的补加量和LF炉终点钛含量进行计算。

4.5.1.5 铌铁合金补加量计算

根据式(4-109)得到铌铁合金补加量公式:

$$m_{Nb} = \frac{m[w(Nb)_e - w(Nb)_0]}{R_{Nb}w(Nb)_{Nb-Fe}} \tag{4-115}$$

式中,m_{Nb}为铌铁合金补加量,kg;m为钢水量,kg;$w(Nb)_e$为LF炉钢水中终点铌目标含量(质量分数),%;$w(Nb)_0$为进站前钢水中铌含量(质量分数),%;R_{Nb}为铌铁合金中铌的收得率,%;$w(Nb)_{Nb-Fe}$为铌铁合金中铌的含量(质量分数),%。

根据式(4–110)得到 LF 炉钢水中终点铌含量预报公式：

$$w(\mathrm{Nb})_e = w(\mathrm{Nb})_0 + \frac{m_{\mathrm{Nb-Fe},2} \times R_{\mathrm{Nb}} \times w(\mathrm{Nb})_{\mathrm{Nb-Fe}}}{m + m_{\mathrm{Nb-Fe},2}} \times 100\% \tag{4–116}$$

式中，$m_{\mathrm{Nb-Fe},2}$为实际加入的铌铁合金量，kg；其他各项变量含义与式(4–115)相同。

根据式(4–115)与式(4–116)及现场相关数据可以分别对 LF 炉铌铁合金的补加量和 LF 炉终点铌含量进行计算。

4.5.1.6　硅铁合金补加量计算

根据式(4–109)得到硅铁合金补加量公式：

$$m_{\mathrm{Si}} = \frac{m[w(\mathrm{Si})_e - w(\mathrm{Si})_0]}{R_{\mathrm{Si}} w(\mathrm{Si})_{\mathrm{Si-Fe}}} \tag{4–117}$$

式中，m_{Si}为硅铁合金补加量，kg；m 为转炉出钢钢水量，kg；$w(\mathrm{Si})_e$ 为 LF 炉钢水中终点硅目标含量(质量分数)，%；$w(\mathrm{Si})_0$ 为进站前钢水中硅含量(质量分数)，%；R_{Si}为硅铁合金中硅的收得率，%；$w(\mathrm{Si})_{\mathrm{Si-Fe}}$为硅铁合金中硅的含量(质量分数)，%。

根据式(4–110)得到 LF 炉钢水中终点硅含量预报公式：

$$w(\mathrm{Si})_e = w(\mathrm{Si})_0 + \frac{m_{\mathrm{Si-Fe},2} \times R_{\mathrm{Si}} \times w(\mathrm{Si})_{\mathrm{Si-Fe}}}{m + m_{\mathrm{Si}}} \times 100\% \tag{4–118}$$

式中，$m_{\mathrm{Si-Fe},2}$为实际加入的硅铁合金量，kg；其他各项变量含义与式(4–117)相同。

根据式(4–117)与式(4–118)及现场相关数据可以分别对 LF 炉硅铁合金的补加量和 LF 炉终点硅含量进行计算。

4.5.1.7　炭粉补加量计算

根据式(4–109)得到炭粉补加量公式：

$$m_{\mathrm{C}} = \frac{m[w(\mathrm{C})_e - w(\mathrm{C})_0] - m_{\mathrm{C},1} R_{\mathrm{C},1} w(\mathrm{C})_{\mathrm{C}} - m_{\mathrm{mCMn-Fe}} R_{\mathrm{mCMn-Fe,C}} w(\mathrm{C})_{\mathrm{mCMn-Fe}}}{R_{\mathrm{C}} w(\mathrm{C})_{\mathrm{C}}} \tag{4–119}$$

式中，m_{C} 为 LF 炉炭粉加入量，kg；m 为钢水量，kg；$w(\mathrm{C})_e$ 为 LF 炉终点碳含量(质量分数)，%；$w(\mathrm{C})_0$为转炉出钢钢水中碳含量(质量分数)，%；$m_{\mathrm{C},1}$ 为转炉出钢加入炭粉量，kg；$R_{\mathrm{C},1}$ 为转炉出钢加入炭粉的收得率，%；$m_{\mathrm{mCMn-Fe}}$为转炉出钢加入中碳锰铁量，kg；$R_{\mathrm{mCMn-Fe,C}}$为转炉出钢加入中碳锰铁量中碳的收得率，%；$w(\mathrm{C})_{\mathrm{mCMn-Fe}}$为中碳锰铁量中碳含量(质量分数)，%；$R_{\mathrm{C}}$ 为炭粉中碳的收得率，%；$w(\mathrm{C})_{\mathrm{C}}$ 为炭粉中碳的含量(质量分数)，%。

根据式(4–110)得到 LF 炉钢水中终点碳含量预报公式：

$$w(\mathrm{C})_e = \Bigg[\frac{w(\mathrm{C})_0 \times m}{m + m_{\mathrm{mCMn-Fe}} + m_{\mathrm{C},1}} + \frac{m_{\mathrm{mCMn-Fe}} \times R_{\mathrm{mCMn-Fe,C}} w(\mathrm{C})_{\mathrm{mCMn-Fe}} + m_{\mathrm{C},1} R_{\mathrm{C},1} w(\mathrm{C})_{\mathrm{C}} + m_{\mathrm{C},2} R_{\mathrm{C},2} w(\mathrm{C})_{\mathrm{C}}}{m + m_{\mathrm{mCMn-Fe}} + m_{\mathrm{C},1} + m_{\mathrm{C},2}}\Bigg] \times 100\% \tag{4–120}$$

式中，$m_{\mathrm{C},2}$为 LF 实际加入的炭粉合金量，kg；其他各项变量含义与式(4–119)相同。

根据式(4–119)与式(4–120)及现场相关数据可以分别对 LF 炉低碳锰铁合金的补加量和 LF 炉终点锰含量进行计算。

其中炭粉加入量及成分预报结果与误差统计如表 4–18 所示。各种合金的总统计结果如表 4–19 所示。根据以上分析计算，铁合金补加量误差在 ±5% 范围之内的命中率较高，均在 70% 以上。考虑误差在 ±5% 范围之内时，其中锰铁合金补加量和炭粉补加量的命中率达到 100%，硅铁和钛铁达到 80%，铌铁达到 70%；成分预报的命中率均在 80% 以上，铌含量命中率达到 80%，其他均在 90% 以上。造成误差的原因主要有以下几个方面：

(1) 由于进站钢水中钛和铌的含量非常少,其含量根据经验值设定,其中钛含量(质量分数)设定为0.003%,铌含量(质量分数)设定为0.0045%。但是实际冶炼中各炉次之间会有波动,造成误差较大,这也是这两种金属补加量误差和成分预报误差的主要来源。

(2) 各种元素的收得率采用了参考炉次法,但是由于个别炉次的偶然性造成炉况差别较大,这会直接影响各种元素的收得率,从而造成了计算上的误差。

(3) 为简化补加量公式,进行了近似计算,比如硅铁中的少量锰和锰铁中的少量硅都没有列入计算,而硅铁和锰铁合金的用量又是非常大的,造成了这两种合金补加量和成分预报上的误差。

(4) 人为操作在测温取样、添加合金料等方面造成的误差会直接影响计算的结果。

表4-18 LF炉炭粉加入量及成分预报结果与误差统计

炉 次 号	1	2	3	4	5
钢种	J55	J55	J55	J55	J55
钢水量 m/t	299	297	296	298	286
转炉终点碳含量(质量分数)$w(C)_0$/%	0.035	0.075	0.039	0.067	0.050
LF炉终点目标碳含量 $w(C)_e$/%	0.17	0.17	0.17	0.17	0.17
LF炉终点实际碳含量 $w(C)_{e,a}$/%	0.15	0.15	0.15	0.16	0.16
转炉出钢加入中碳锰铁量 $m_{mCMn-Fe}$/kg	3246	3251	3225	3212	3220
转炉出钢加入中碳锰铁碳收得率 R_C/%	95	95	95	95	95
转炉出钢加入中碳锰铁中碳含量 $w(C)_{mCMn-Fe}$/%	0.8	0.8	0.8	0.8	0.8
转炉出钢加入炭粉 $m_{C,1}$/kg	292	132	288	174	333
一次炭粉收得率 $R_{C,1}$/%	88	88	88	88	88
LF炉碳收得率 R_C/%	90	90	90	90	90
LF炉炭粉中碳含量 $w(C)_C$/%	92	92	92	92	92
计算加入LF炭粉量 m_C/kg	147.37	170.63	132.62	156.29	31.02
实际加入LF炭粉量 $m_{C,2}$/kg	150	170	130	160	30
m 误差/%	-1.75	0.37	2.02	-2.32	3.41
根据实际加入量预报碳成分 $w(C)_{e,f}$/%	0.155	0.157	0.154	0.158	0.152
$w(C)$ 误差/%	3.43	4.92	2.41	-1.35	-4.84

表4-19 各种合金补加量误差与成分预报误差统计

合金类型	补加量误差±5%内命中率/%	成分预报误差±5%内命中率/%
锰 铁	100	90
硅 铁	80	90
钛 铁	80	90
铌 铁	70	80
炭 粉	100	100

4.5.1.8 模型软件开发

模型软件采用Visual Basic 6.0语言开发,模型启动后,进入该程序主控界面(如图4-46所示)。

铁合金添加计算框图如图4-47所示。

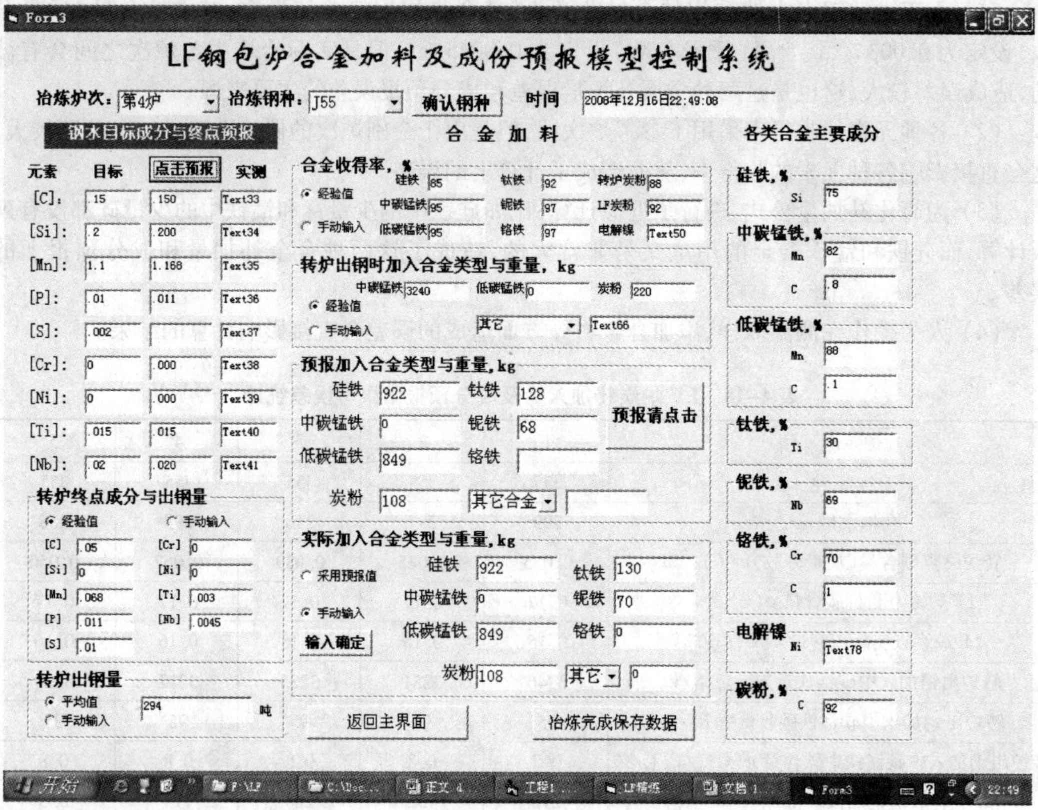

图 4-46　合金加料及成分预报模型主界面

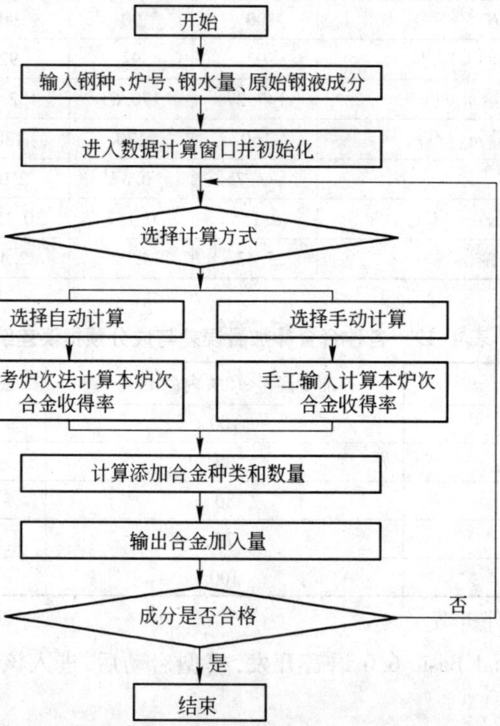

图 4-47　铁合金添加模型计算模块程序流程图

4.5.2 LF 炉钢包精炼能量损耗预报模型

所谓能量损耗预报，就是应用数学方法及可测参数来确定 LF 炉精炼过程中钢水的热状态，并在此基础上计算炉内钢水任一时刻的能量损失。LF 精炼过程能量损耗预报的理论基础是精炼过程热平衡理论，本节通过对 LF 精炼过程体系能量收支情况的研究，找出影响钢水热损失的因素，并逐项进行定量计算，推导能量平衡方程，建立钢水能量损耗预报模型。

4.5.2.1 模型建立的假设条件

要知道精炼过程中钢水温度的变化，首先计算体系热量收支情况，为简化起见，做出如下假设：

(1) 熔池由于底吹氢气的搅拌作用而混合良好，温度均匀；

(2) 忽略钢包的锥度，视其为无倾斜的圆筒；

(3) 耐火材料的工作层、安全层以及钢壳的导热系数为常数；

(4) 渣料的熔化时间为 3 min，合金的溶解时间为 1.5 min；

(5) 包衬（钢包侧壁和包底）视为一维传热，包衬温度视为近似稳态分布；

(6) 钢壳视为无热阻；

(7) 忽略氧化反应以外的其他化学热。

4.5.2.2 系统热平衡

以钢水和炉渣为研究体系，利用能量守恒定律来计算 LF 炉的能量平衡。被考察的能量平衡的范围，即所研究体系的边界，通常只包括钢包内的钢水和炉渣。

A 输入体系的电能

$$Q_{se} = \sum C_{arc,i} P_{arc,i} = \sum_{i=1}^{3} I_{arc,i} U_{arc,i} C_{arc,i} \tag{4-121}$$

$$U_{arc,i} = \sqrt{U_i^2 - I_i^2 X^2} - I_i R \tag{4-122}$$

式中，Q_{se}为输入体系的电能，J；$I_{arc,i}$、$U_{arc,i}$、$P_{arc,i}$分别为某相电弧的电流（A）、电压（V）、功率（W）；$C_{arc,i}$为某相电弧电能对熔池的热交换系数，其大小与埋弧程度有关，$C_{arc,i}$在 0～1 间取值；R、X 为包括变压器和短网在内的电阻和感抗，可由短路试验获得，Ω；U_i、I_i 分别为相电压（V）和电流（A）。

B 通过炉衬散出的热量

a 计算炉衬的瞬时温度分布

在计算炉衬散热量之前，首先要计算炉衬的瞬时温度分布。

(1) 炉衬侧壁，为圆柱坐标下的一维非稳态导热，导热微分方程为：

$$\frac{\partial^2 T}{\partial r^2} + \frac{1}{r}\frac{\partial T}{\partial r} = \frac{1}{h}\frac{\partial T}{\partial \tau} \tag{4-123}$$

边界条件为 $$r = r_2,\ -\lambda \left.\frac{\partial T}{\partial r}\right|_{r=r_2} = h(T - T_a)$$

初始条件（$\tau = 0$ 时）为 $$\frac{T - T_{ls,0}}{T_{st,0} - T_{ls,0}} = -\frac{\ln\frac{r_2}{r}}{\ln\frac{r_2}{r_1}}$$

式中，T 为炉衬侧壁温度；T_{st}为钢水温度，℃；T_{ls}为包壳温度，℃；$T_{st,0}$ $T_{ls,0}$为钢包进入 LF 精炼工位时测得的钢水温度和钢包外壁温度（即 $\tau = 0$ 时刻），℃；T_a 为车间大气温度，℃；h 为对流传热系数，W/(m^2 · ℃)；λ 为导热系数，W/(m · ℃)；r、r_1、r_2 分别为钢包、内径、外径。

而根据半无限大平板的一维不稳态导热可以得到：

$0 \leqslant x \leqslant x_1$ 时，
$$\frac{T_{st} - T}{T_{st} - T_1} = \mathrm{erf}\frac{x}{2\sqrt{h\tau_0}}$$

$x_1 < x \leqslant x_2$ 时，
$$T = T_2 + \frac{T_1 - T_2}{x_2 - x_1}(x - x_1)$$

$x_2 < x \leqslant x_3$ 时，
$$T = T_2$$

式中，x_1 为炉衬侧壁工作层的厚度，m；T 为与炉衬侧壁 x 处对应的温度，K；T_1 为工作层和安全层交界处的温度，K；T_2 为安全层和钢壳交界处的温度，K；τ_0 为出钢时间，s；x_2 为炉衬侧壁工作层和安全层的厚度之和，m；x_3 为炉衬侧壁的厚度，m。

高斯误差函数 erf (x) 用近似公式代替：

$$\mathrm{erf}\,(x) = 1 - (a_1 t + a_2 t^2 + a_3 t^3)\mathrm{e}^{-x^2} + \varepsilon(x) \tag{4-124}$$

$t = \dfrac{1}{1 + px}$，$p = 0.470$，$a_1 = 0.348$，$a_2 = -0.096$，$a_3 = 0.748$，$|\varepsilon(x)| < 2.5 \times 10^{-5}$。

(2) 包底，为无限大平板一维非稳态导热，导热微分方程为：

$$\frac{\partial^2 T}{\partial Z^2} = \frac{1}{a}\frac{\partial T}{\partial \tau} \tag{4-125}$$

边界条件为：$Z = 0$，$T = T_{st}$；

$$Z = Z_1,\ -\lambda\left.\frac{\partial T}{\partial \tau}\right|_{Z = Z_1} = h(T - T_a)$$

初始条件（$\tau = 0$ 时）为：$T = T_{st,0} - \dfrac{Z}{Z_1}(T_{st,0} - T_{ls,0})$

上面各式中，a 为导温系数，m^2/s；T_{st}、T_{ls}、T_a、$T_{st,0}$、$T_{ls,0}$ 分别为钢水、钢包外壁、大气的温度及钢包到达 LF 精炼工位（即 $\tau = 0$ 时）的钢水温度和钢包外壁温度，K；h 为对流传热系数，W/(m^2 · K)；λ 为导热系数 W/(m · K)；r，Z 分别为侧壁离钢包中心线、包底的距离。r_1、r_2、Z_1 分别为钢包内径、外径及包底厚度，m；τ 为时间，s。

b 推导包壁初始温度 $T_{ls,0}$

由热平衡关系，转炉出钢到钢包到达 LF 工位期间，钢水的温降等于其辐射热损和钢包包衬蓄热之和，即有：

$$m_{st} c_{st}(T_{tap} - T_{st,0}) = Q_{r,s} + (T_{ln,2} - T_{ln,1}) m_{ln} c_{ln} \tag{4-126}$$

设：$\Delta T_{ln} = T_{ln,2} - T_{ln,1}$，$\Delta T_{st} = T_{tap} - T_{st,0}$

则：
$$\Delta T_{ln} = \frac{m_{st} \cdot c_{st} \cdot \Delta T_{st} - Q_{r,s}}{m_{ln} \cdot c_{ln}} \tag{4-127}$$

式中，m_{st}、c_{st} 分别为钢水的质量和比热容；m_{ln}、c_{ln} 分别为钢包包衬的质量和比热容；T_{tap}、$T_{ln,1}$、$T_{ln,2}$ 分别为转炉出钢温度、出钢时及钢包到位时炉衬温度，K；$Q_{r,s}$ 为出钢及运包过程钢水的辐射热损失，J。

因为炉衬温度的变化值与出钢时钢水温度和炉衬温度之差成正比，即：

$$\frac{T_{tap} - T_{ln,1}}{\Delta T_{ln}} = k(>1)$$

所以：

$$T_{ln,2} = \Delta T_{ln} + T_{ln,1} = \Delta T_{ln} + T_{tap} - k\Delta T_{ln} = T_{tap} - (k-1)\Delta T_{ln} = T_{tap} - k\Delta T_{ln} \tag{4-128}$$

将式(4-126)代入式(4-127)得：

$$T_{\ln,2} = T_{tap} - \frac{k'}{m_{\ln} \cdot c_{\ln}}(m_{st} \cdot c_{st} \cdot \Delta T_{st} - Q_{r,s}) \quad (4-129)$$

设炉衬、钢水量和钢水辐射热不变，则：

$$T_{\ln,2} = T_{tap} - k_1 \Delta T_{st} + k_2 \quad (4-130)$$

钢包到达 LF 炉工位时，若其炉衬温度分布视为稳态，则：

$$T_{\ln,0} = T_{tap} - a_0 \Delta T_{st} - b_0 \quad (4-131)$$

由现场实际测得 $T_{ls,0}$、T_{tap}、$T_{st,0}$ 等数据，运用回归方法即可确定方程中的待定系数 a_0 和 b_0。其中，T_{tap}、$T_{st,0}$ 是实际生产必测数据，而 $T_{ls,0}$ 可由点温计或热电偶现场实际测定。

c 计算炉衬的散热量

求出炉衬温度分布后，便可求出炉衬的散热量，以 $Q_{\ln}$ 表示。

$$Q_{\ln} = \lambda \left.\frac{\partial T}{\partial r}\right|_{r=r_1} 2\pi r_1 h_m + k \left.\frac{\partial T}{\partial Z}\right|_{Z=0} \pi r_1^2 \quad (4-132)$$

式中，h_m 为熔池液面高度，m。

根据现场采集数据进行计算，表 4-20 所示为随机抽取 10 炉次钢水进行计算的结果。

表 4-20 炉衬散热计算结果

熔炼号	钢种	钢水量/t	钢水温度 T_{st}/℃	精炼周期 P_{er}/min	炉衬散热 $Q_{\ln}$/kJ
1	J55	299	1549	84	2.02×10^7
2	J55	297	1523	74	1.72×10^7
3	J55	296	1532	61	1.43×10^7
4	J55	298	1548	60	1.44×10^7
5	J55	286	1540	70	1.66×10^7
6	J55	296	1540	67	1.58×10^7
7	J55	290	1554	66	1.58×10^7
8	J55	290	1521	67	1.55×10^7
9	J55	290	1556	51	1.22×10^7
10	J55	294	1550	56	1.33×10^7

4.5.2.3 加合金及渣料时的热效应

合金加入钢水后对钢水温度的影响分为合金被加热(物理吸热过程)、合金熔化(化学过程，视不同的合金吸热或放热)和合金溶于钢水三个阶段，传统计算渣料和铁合金热效应的公式中需要知道大量的热力学数据，计算很繁琐，通过考察不同供电级数下钢水的升温速率及相应的加热效率，可以获得加入渣料、铁合金时钢水的近似温降系数。

$$Q_{ch} = c_{st} m_{st} (m_{slag} k_{slag} + \sum m_{alloy,i} k_{alloy,i}) \quad (4-133)$$

式中，c_{st} 为钢水的比热容，J/(kg · K)，$c_{st} = 0.84$ J/(kg · K)；m_{st} 为钢水的质量，kg；m_{slag}、m_{alloy} 为渣料、合金的质量，kg；k_{slag}，$k_{alloy,i}$ 为每加入 100 kg 渣料、合金 i 的温降，℃。

4.5.2.4 熔池表面(渣面)热损失

熔池表面热损失主要为辐射热损，以 $Q_{r,s}$ 表示。

$$Q_{r,s} = C_{r,s} \varepsilon_s \sigma_b T_{st}^4 \pi r_1^2 \quad (4-134)$$

式中，ε_s 为炉渣黑度，一般为 0.8；σ_b 为黑体辐射常数，$\sigma_b = 5.67 \times 10^{-8}$ W/（$m^2 \cdot K^4$）；T_{st}为用钢水温度代替的渣面温度，K；r_1 为熔池半径，m；$C_{r,s}$为熔池表面热损系数。

$C_{r,s}$的确定：

$$Q_{r,s} \approx \varepsilon_s \varepsilon_{ln} \sigma_b (T_{st}^4 - T_{ln}^4) \pi r_1^2 = \varepsilon_s \sigma_b T_{st}^4 \pi r_1^2 \frac{\varepsilon_{ln}(T_{st}^4 - T_{ln}^4)}{T_{st}^4}$$

得：

$$C_{r,s} = \frac{\varepsilon_{ln}(T_{st}^4 - T_{ln}^4) F_{st}}{T_{st}^4} \tag{4-135}$$

式中，ε_{ln}为炉衬黑度，一般约为 0.8；F_{st}为角系数，包盖闭合时为 1，包盖开启时则小于 1。

$C_{r,s}$为经验数据，其值在 0 ~ 1 之间，可根据实测热平衡数据由试算求得，并与钢水实测温度对比校正，该模型在包盖闭合时取 0.4，在包盖开启时取 0.75，根据开闭包盖时间可以统一取近似值，取 0.6。

4.5.2.5　烟气带走热量

LF 炉中产生的废气包括氩气和各种化学反应所生成的多种气体，经烟道排放出去。废气带走的热量理论计算如下：

$$Q_g = V_g H_g t \tag{4-136}$$

式中，Q_g 为烟气带走热流量，kJ；V_g 为烟气体积流量，m^3/s；H_g 为单位体积烟气的热焓，J/m^3；t 为时间，s。

热焓值的绝对数值是不可知的，只能求得热焓的相对值即热焓变，计算与所选择的标准状态有关，但是计算比较繁琐。根据现场经验的数据统计，对于大型钢包（ > 120 t），废气带走的热量占电弧有功功率的 7% ~ 9%，对于小型钢包（ < 120 t），废气带走的热量占电弧有功功率的 5% ~ 6%。该模型以 300 t 钢包炉为研究对象，烟气带走热量公式为：

$$Q_g = 8\% \times Q_{se}$$

亦即近似等于下式：

$$Q_g = (Q_{ln} + Q_{ch} + Q_{r,s} + Q_T)/92\% \times 8\% \tag{4-137}$$

4.5.2.6　体系总体热损失

根据以上分析，系统总的热损失 Q_{lose} 为：

$$Q_{lose} = Q_{ln} + Q_{ch} + Q_{r,s} + Q_g \tag{4-138}$$

4.5.2.7　钢水进出站温差所需热量

在钢水进站温度低于出站要求温度时，需要对钢水进行加热，所需能量 Q_T 可以用以下公式表示：

$$Q_T = m \times c_{st} \times (T_{out} - T_{in}) \tag{4-139}$$

式中，m 为钢水量，kg；c_{st}为钢水的比热容，J/(kg · K)；T_{out}为钢水出站要求温度，K；T_{in}为钢水进站温度，K。

4.5.2.8　体系所需总热量

根据以上分析，可知体系所需的总热量 Q_{need} 等于体系热损失与钢水进出站温差所需热量之和：

$$Q_{need} = Q_{lose} + Q_T = Q_{ln} + Q_{ch} + Q_{r,s} + Q_g + Q_T \tag{4-140}$$

经过以上计算可以得到体系所需总热量，随机 10 炉次的统计见表 4-21。将计算结果与实际供电情况进行比较，可以看出计算误差在 ±5% 范围内的命中率为 90%，可以进行现场预报。

表 4-21 体系所需总能量与误差统计

熔炼号	钢水量/t	钢水升温需补充热量 Q_T/kJ	炉衬散热 Q_{ln}/kJ	渣料合金 Q_{ch}/kJ	熔池渣面热损失 $Q_{r,s}$/kJ	烟气带走的热量 Q_g/kJ	系统需补加热量 Q_{need}/kJ	电耗 Q_{se}/kJ	误差/%
1	299	4.16×10^6	2.02×10^7	3.59×10^3	4.34×10^6	2.50×10^6	3.12×10^7	3.28×10^7	-2.87
2	297	1.09×10^7	1.72×10^7	3.27×10^3	4.10×10^6	2.80×10^6	3.50×10^7	3.46×10^7	3.17
3	296	8.50×10^6	1.43×10^7	3.45×10^3	4.18×10^6	2.35×10^6	2.93×10^7	3.13×10^7	-4.28
4	298	4.41×10^6	1.44×10^7	3.47×10^3	4.33×10^6	2.01×10^6	2.52×10^7	2.52×10^7	1.84
5	286	6.22×10^6	1.66×10^7	4.17×10^3	4.26×10^6	2.35×10^6	2.94×10^7	2.94×10^7	2.12
6	296	6.44×10^6	1.58×10^7	3.64×10^3	4.26×10^6	2.30×10^6	2.88×10^7	2.81×10^7	4.51
7	290	2.78×10^6	1.58×10^7	3.37×10^3	4.39×10^6	2.00×10^6	2.50×10^7	2.60×10^7	-1.96
8	290	1.11×10^7	1.55×10^7	3.74×10^3	4.08×10^6	2.67×10^6	3.34×10^7	3.21×10^7	5.90
9	290	2.27×10^6	1.22×10^7	3.51×10^3	4.41×10^6	1.64×10^6	2.05×10^7	2.09×10^7	0.20
10	294	3.84×10^6	1.33×10^7	3.43×10^3	4.35×10^6	1.87×10^6	2.34×10^7	2.43×10^7	-1.85

4.5.2.9 模型软件系统

模型软件采用 Microsoft 公司开发的 Visual Basic 6.0 语言作为开发工具，模型启动后，进入该程序主控界面（见图 4-48），操作者可以选择不同模块，进入相应界面。

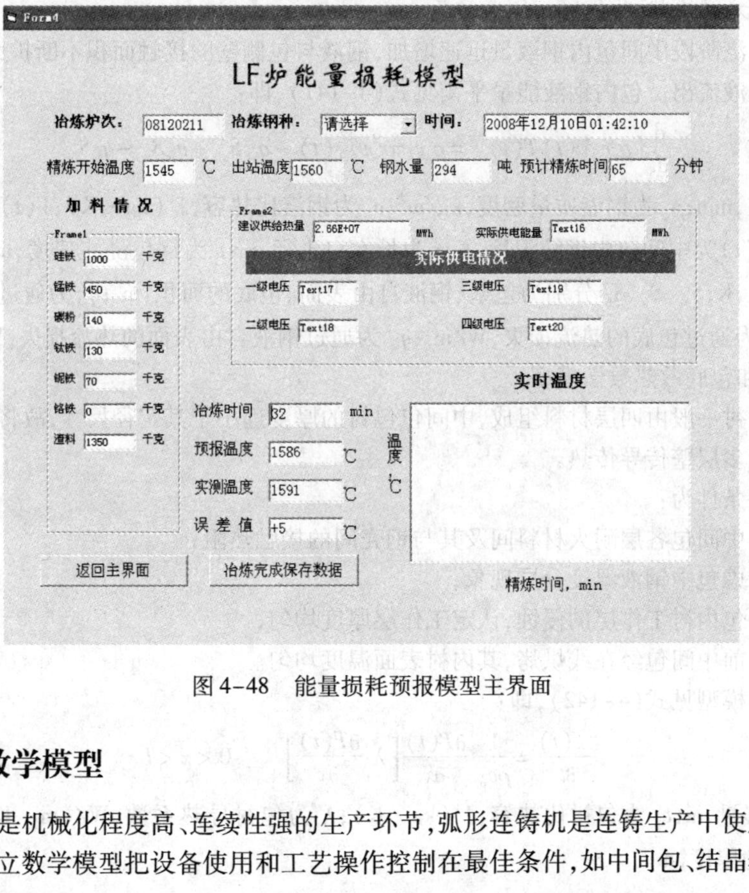

图 4-48 能量损耗预报模型主界面

4.6 连铸数学模型

连续铸钢是机械化程度高、连续性强的生产环节，弧形连铸机是连铸生产中使用最多的一种机型。通过建立数学模型把设备使用和工艺操作控制在最佳条件，如中间包、结晶器的钢液温度控制,二冷水的控制等,对提高连铸生产率及产品质量有重要作用。

4.6.1　中间包钢液温度模型

4.6.1.1　概述

随着高拉速连铸技术的不断深入,中间包内钢液温度控制越来越受到冶金工作者的重视。中间包内钢液温度过高,会增加铸坯的中心偏析并被迫降低拉速,严重时导致漏钢;反之,则会使水口堵塞和钢中夹杂大体积夹杂物,甚至冻结水口,因此须确保浇注过程中间包内钢液温度合理且相对稳定。20 世纪 80 年代以来,国内虽相继开发并应用了各种中间包测温技术和设备,如宝钢等企业利用连续测温装置对中间包进行了热测试,但目前仍有不少企业尚无中间包连续测温装置。因此,在理论上研究中间包内钢液温度的变化规律对掌握浇注过程温度特征及合理控制有重要的现实意义。

以往对中间包热状态的研究只是将其作为钢包热循环过程中的一个组成部分,没有对包内钢液温度变化规律进行系统研究。而本节介绍的模型较系统地研究了包内钢液温度的变化规律,定量分析了各主要因素对包内钢液温度的影响,为包内钢液的热量补偿提供了理论依据。

4.6.1.2　中间包传热模型

为详尽描述中间包内钢液温度变化规律,按中间包浇注过程中的特点将其分成钢包开浇、正常浇注、更换钢包和停浇四个阶段,分别论述各阶段包内钢液温度的变化规律。浇注过程中钢液热量损失的途径主要是包衬蓄热、包衬外表面散热和钢液(渣)表面散热。

A　钢包开浇阶段

在钢包开浇阶段中间包内钢液量迅速增加,钢液与包侧壁的接触面积不断扩大,且因其未开始浇注而无钢液流出。包内钢液能量平衡见式(4-141),即:

$$\frac{\mathrm{d}}{\mathrm{d}t}[\rho_s c_s V(t) T(t)] = \rho_s c_s \pi r^2 v T_1(t) - q_{sl} S_{sl} - q_w S_w - q_b S_b \tag{4-141}$$

式中,t 为时间,min;ρ_s 为钢液质量密度,kg/m^3;c_s 为钢液比热容,J/(kg · K);$V(t)$ 为中间包内钢液体积,m^3;$T(t)$ 为中间包内钢液温度,K;r 为长水口半径,m;v 为钢包浇注速度,m/min;$T_1(t)$ 为钢包注流温度,K;S_{sl}、S_w、S_b 分别为包壁、钢液自由表面、包底的面积,m^2;q_{sl} 为通过包壁的热流损失,W/m^2;q_b 为通过包底的热流损失,W/m^2;q_w 为通过钢液自由表面的热流损失,W/m^2。

a　包壁和包底散热数学模型

中间包内衬一般由四层材料组成,中间包包衬的厚度远小于其定径尺寸,故将包衬传热看作是一维非稳态多层壁传导传热。

模型假定条件为:

(1) 忽略中间包各层耐火材料间及其与钢壳间的接触热阻;

(2) 不考虑包中钢液温度分层现象;

(3) 忽略包内衬工作层的侵蚀,认定工作层厚度均匀;

(4) 开浇前中间包经在线烘烤,其内衬表面温度均匀。

传热数学模型见式(4-142),即:

$$\frac{\partial T(t)}{\partial t} = \frac{1}{\rho c_p} \frac{\partial T(t)}{\partial x}\left[\lambda \frac{\partial T(t)}{\partial x}\right] \qquad 0 < x < L \tag{4-142}$$

式中,x 为位移量,m;c_p 为包衬比热容,J/(kg · K);λ 为包衬导热系数,W/(m · K);ρ 为包衬密度,kg/m^3;L 为厚度,m。

初始条件：初始温度场取烘烤后的温度场，在计算中将中间包内衬表面烘烤至1150℃。

边界条件：$x=0$

$$q=h_{s-r}[T(t)-T_r]$$

$$x=L$$

$$q=h_{r-f}(T_{rr}-T_f)+\varepsilon_f\sigma(T_{rr}^4-T_f^4)$$

式中，q 为热流密度，W/m^2；h_{s-r} 为钢液对包衬的对流传热系数，$W/(m^2 \cdot K)$；h_{r-f} 为空气对钢壳的对流传热系数，$W/(m^2 \cdot K)$；T_r 为包衬内表面温度，K；T_{rr} 为包衬外表面温度，K；T_f 为环境温度，K；ε_f 为钢壳黑度；σ 为斯忒藩－玻耳兹曼常量，$W/(m^2 \cdot K^4)$。

在包衬和钢液接触的表面，钢液以对流方式向包衬传热；在包衬外表面的钢壳则以对流和辐射复合传热方式向外传热。

b 自由表面散热数学模型

在钢包开浇阶段，包内钢液自由表面上未覆盖任何保温剂。其原因是，在保护浇注时只有钢液面达到一定高度时才向包中加入保温剂。中间包在浇注过程中始终是加盖的，这样钢液自由表面与上方包壁侧面和包盖内壁面构成一封闭的热交换空间。在自由空间各表面之间的换热均以辐射传热为主，忽略其中自然对流的影响。

表面散热损失由辐射空间传热计算求得，即：

每个表面的投射强度 $$G_i=\sum_{i=0}^{5}J_k\phi_{ki}\quad(k=1,2,3,4,5)$$

每个表面的自辐射 $$E_i=\varepsilon_i\sigma T_i^4$$

每个表面的有效辐射 $$J_i=E_i+(1-\varepsilon)G_i$$

上列式中，J_k 为有效辐射力，W/m^2；ϕ_{ki} 为角系数；ε 为发射率；G_i 投射辐射力，W/m^2；E_i 为辐射力，W/m^2。

因此，每个等温表面的净热流量损失为 $q_i=J_i-G_i$。以上各式中 $i=0,1,2,3,4,5$。

在计算封闭空腔辐射换热过程中，假设下列条件成立：

(1) 辐射空腔内的气体透明；

(2) 构成辐射空腔的各个表面均为灰表面；

(3) 各个辐射面的表面温度取作等温面。

B 正常浇注阶段

正常浇注阶段中间包内钢液总量不变，即钢包的浇钢量和中间包的浇钢量相等。同时，钢液表面覆盖一层炭化稻壳。根据能量平衡方程可得式(4-143)，即：

$$\frac{d}{dt}[\rho_s c_s V(t)T(t)]=\rho_s c_s \pi r^2 v[T_1(t)-T(t)]-q_{s1}S_{s1}-q_w S_w-q_b S_b \tag{4-143}$$

a 包壁和包底散热数学模型

在正常浇注阶段，包壁和包底的散热数学模型与钢包浇注阶段的类似，此处不再论述。

b 通过炭化稻壳的散热数学模型

正常浇注阶段中钢液表面覆盖一层炭化稻壳对钢液实施保温，炭化稻壳层内部传热数学模型与式(4-142)相同。

初始条件：钢液温度、包盖以及包侧壁的温度场取钢包开浇阶段结束时的温度场，炭化稻壳初始温度取30℃。

边界条件：$x=0$

$$q=h_{s-r}[T(t)-T_r] \tag{4-144}$$

$x = L$

$$q = h_{r-f}(T_{rr} - T_r) + \varepsilon_f \sigma(T_{rr}^4 - T_f^4) \tag{4-145}$$

炭化稻壳上表面的散热则由它与包盖和侧壁组成的空腔辐射换热求得，计算模型类似于钢液自由散热数学模型。

C　更换钢包与停浇阶段

在连续浇注过程中，当一钢包钢液浇注结束时，需更换钢包以维持生产的正常进行。该阶段因拉速未降低而中间包内钢液急剧下降，钢液能量平衡见式(4-146)，即：

$$\frac{d}{dt}[\rho_s c_s V(t) T(t)] = -\rho_s c_s \pi r^2 v T(t) - q_{sl} S_{sl} - q_w S_w - q_b S_b \tag{4-146}$$

初始条件取上一阶段计算所得温度场，边界条件与钢包开浇阶段的相类似。

停浇阶段与更换钢包阶段相类似。

4.6.1.3　模型计算

利用有限差分法对上述方程进行离散化，结合浇注过程中间包各阶段的实际工艺条件，根据能量守恒原理求得包内钢液温度变化规律。在整个浇注过程中，当钢液面变化时，考虑了散热面积和散热流量的变化。在计算中，假设钢包开始浇注温度均为1580℃，考虑到钢包内钢液在浇注过程中的温降，设新钢包内钢液温度以0.5 ℃/min的速度下降，旧包内钢液温度下降速度则为0.25 ℃/ min。同时，考虑了中间包锥度对于包内钢液温度损失的影响。计算所用物性参数见表4-22。

表4-22　模型计算中使用的物性参数

材　料	质量密度/kg · m^{-3}	比热容/J · (kg · K)$^{-1}$	导热系数/W · (m · K)$^{-1}$	黑　度
镁质涂料	1900	988.6 +0.145T	0.9	0.8
捣打料	2860	800 +0.42T	2.1 +0.0019T	
轻质绝热板	1200	816.4	0.261	
高铝质浇注料	2800	1000	2.7	
钢　板	7801	473	28.9	0.8
钢　液	7000	880	23.3	0.4
炭化稻壳	70	1000	0.035	0.6
渣　层	3500	1340	4.0	0.6

4.6.1.4　结果与分析

计算了连浇三个包次的浇注过程，计算所得钢液温度变化规律与实测温度变化规律相一致。分析认为：

(1) 中间包内钢液通过炭化稻壳的散热很少，主要是包衬的蓄热损失，因此在开浇前强化中间包的烘烤非常必要。

(2) 中间包内钢液在钢包开浇之初和更换钢包期间，热量损失非常严重，钢液温降很大，特别是第一包次开浇时有必要对钢液热量损失进行补偿，以保证连铸的顺利进行，同时应尽量减少更换钢包的时间。

(3) 计算所得钢液温度变化规律符合“低—高—低”的规律，该模型可为制定中间包合理温度控制制度提供指导。

4.6.2 结晶器温度场模型

4.6.2.1 概述

浇钢漏钢率是连铸生产中的重要技术经济指标之一。漏钢不仅降低连铸机的工作效率，而且损坏设备，增加结晶器耐火材料的消耗，是连铸生产中最严重的事故之一。在所有的漏钢事故中，黏结性漏钢的发生率最高，高达70%，因此减少黏结性漏钢是降低连铸漏钢率的关键所在。和其他漏钢事故不同的是，黏结性漏钢有一个重要的特征：当铸坯与结晶器铜板发生黏结时，结晶器铜板的局部区域温度就会升高。用埋设在结晶器铜板内的热电偶来检测铜板局部区域温度是否有变化，变化的特征是否符合黏结性漏钢的特征，可以在铸坯与铜板发生黏结时，破裂口拉出结晶器下端之前，发出报警，进而采取适当的措施防止漏钢事故的发生。

该模型通过对结晶器内的温度分布情况进行分析，建立温度场数学模型。通过该模型，现场操作人员可对结晶器的温度分布进行直观地判断结晶器内的钢水运行状况，为科学控制结晶器温度和漏钢预报提供有力的分析和决策依据。

4.6.2.2 模型的建立

A 数据采集

连铸机结晶器的温度监控是通过36个热电偶进行温度监测而实现的。结晶器铜板的尺寸为1690 mm ×238 mm ×904 mm，铜板厚度为40 mm。在结晶器内每一边安装有温度传感器（K型热电偶）网格，热电偶埋设在结晶器铜板20 mm厚度内。

这些热电偶与安装在结晶器附近的远程I/O单元相连接，温度信号可传至PLC单元。网络适配器CP5611安装在监控计算机中，它与现场节点相连，负责与现场节点进行数据的交换。安装在监控PC上的OPC服务器程序通过硬件驱动程序访问网络适配器。客户端应用程序则通过OPC接口与OPC服务器进行数据交互，间接获取现场信息。

B 温度场数学模型

仅靠36个热电偶数据无法实现三维温度场分布可视化。该模型以36个采集数据为基础，利用有关的传热理论，通过合适的插值算法，建立结晶器内的三维温度场数学模型。实际的板坯连铸生产过程具有复杂的边界条件和工艺条件，不可能对其进行精确的解析，通常根据实际生产的工程要求，忽略对温度影响较小的因素，作如下假设：

(1) 弧形结晶器铜管简化为直形；

(2) 结晶器振动和钢水波动对传热影响通过经验公式表达；

(3) 冷却水属于强制对流，假定冷却水温度恒定（取入水口温度），冷却水和钢套外壳之间传热、出入水口之间的温差等各因素，均通过经验估计的传热系数来考虑；

(4) 结晶器铜管各物性参数不随温度变化。

以结晶器铜管顶部中心为原点，长、宽、高度方向分别为x、y、z轴建立坐标系，则在上述假设条件下，由能量守恒原理导出传热方程为：

$$\frac{\partial}{\partial x}\left[\lambda\frac{\partial T}{\partial x}\right]+\frac{\partial}{\partial y}\left[\lambda\frac{\partial T}{\partial y}\right]+\frac{\partial}{\partial z}\left[\lambda\frac{\partial T}{\partial z}\right]=\rho\cdot c\cdot\frac{\partial T}{\partial t} \tag{4-147}$$

式中，T为瞬时温度，℃；t为时间，s；λ为铜板导热系数，kW/(m · K)；ρ为铜金属密度，kg/m^3；c为铜板比热容，J / (kg · K)。

C 边界条件

偏微分热传导方程以数学方程的形式描述无数具有不同特点的导热现象中导热体内温度分

布情况。对于特定的导热现象,该方程须附加上特定的边界条件才能得到特定的解。该研究中,存在如下边界条件:

(1) 热电偶实测温度。属于第1类边界条件,可直接将36个热电偶测得的温度作为温度已知的边界条件。

(2) 结晶器热面铜板与铸坯的接触面。热流密度已知,属于第2类边界条件。结晶器器壁的热流密度 q 是拉坯速度 v 和距钢水液面距离 z 的函数。结合现场测得的热电偶数据,通过对不同的经验公式进行大量的数值计算比较研究,热流密度确定为:

$$q = \left\{2.64\exp\left[-\left(\frac{z}{v}\right)\right] + 0.96\exp\left[-\left(\frac{z}{113v}\right)\right] + 0.93\right\} \times 5.4 \times 10^5 \tag{4-148}$$

(3) 结晶器冷却水与铜板水槽之间的接触面。与结晶器相接触的流体介质温度和对流传热系数已知,属于第3类边界条件。热流密度为:

$$q = -\lambda \frac{\partial T}{\partial n} = h_w (T - T_b)$$

式中,T_b 为冷却水入口温度,℃;h_w 为冷却水和铜壁间对流传热系数,可根据经验公式加以确定,即:

$$h_w = 0.023 \cdot \left[\frac{D \cdot v_w \cdot \rho_w}{\mu_w}\right]^{0.8} \left[\frac{c_w \cdot \mu_w}{\lambda_w}\right]^{0.4} \left[\frac{\lambda_w}{D}\right]$$

式中,D 为冷却水槽当量直径,m;v_w 为冷却水流速,m/s;ρ_w 为冷却水动力密度(取 1.0×10^3 kg/m^3);μ_w 为冷却水动力黏度(取 1.02×10^{-4} Pa · s);c_w 为冷却水的比热容(取 4.2×10^3 kJ/(kg · K));λ_w 为冷却水导热系数(取 0.598 54 W/(m · K))。

(4) 结晶器的上表面和侧面为空气冷却面,属于第3类边界条件。热流密度计算式为:

$$q = -\lambda \frac{\partial T}{\partial n} = h_c (T - T_\infty)$$

式中,h_c 为空气冷却传热系数;T_∞ 为空气环境温度,℃。根据现场实测数据计算,取 h_c = 110 W/(m^2 · K),T_∞ = 20℃。

(5) 结晶器铜板的下底面也为空气冷却面,其边界条件选取同侧面相似,只是 h_c 和 T_∞ 取值有所不同。根据现场实测数据计算,取 h_c = 1000 W/(m^2 · K),T_∞ = 200℃。

(6) 连铸过程中,结晶器入口处钢液面上部经保护渣与高温气体接触,结晶器换热以热辐射为主,热流密度为:

$$q = -\lambda \frac{\partial T}{\partial n} = h_r (T - T_\infty)$$

式中,h_r 为有效传热系数;T_∞ 为环境温度。根据现场实测数据计算,取 h_r = 1.1 W/(m^2 · K),T_∞ = 1560℃。

4.6.2.3　模型的求解与验证

A　模型的求解

该系统采用 ANSYS 软件作为有限元分析模块。ANSYS 求解的主要步骤为:实体建模、区域化分、施加载荷、求解、后处理。该系统用 20 节点六面体等参单元(ANSYS 中代号为 SOLID90)进行映射网格划分。计算域离散为 19052 个单元,32579 个节点。

B　模型的验证

在铸坯速度为 4.2 m/min,冷却水出入口温度为 35℃和 50℃的工艺参数下对温度场求解,计算值与测量值基本接近,其相对误差不超过 5%,说明建立的模型是可行的,可以作为漏钢预报的辅助判断手段和分析决策平台。

4.6.3 板坯连铸二冷仿真模型

4.6.3.1 概述

连续铸钢过程是钢液的冷却凝固过程，也是将液态钢的过热、潜热和显热用某种适当的方式带走而使钢液凝固的传热过程。应用二维非稳态传热数学模型建立板坯连铸的凝固传热模型进行仿真研究是连铸技术研究的重要手段。本节介绍一个针对板坯连铸机的特点建立的板坯连铸凝固传热模型，并在此模型上应用面向对象的编程语言 Visual Basic 6.0 开发的板坯连铸二冷计算机仿真软件系统。系统可以模拟板坯连铸过程的温度场和凝固状态，优化二冷凝固过程的工艺参数。

4.6.3.2 板坯连铸凝固传热数学模型

A 基本假设

板坯的凝固过程采用二维传热模型进行模拟，即考虑板坯宽度和厚度方向的传热。板坯连铸机生产的铸坯均为矩形，但考虑到内外弧冷却的不均匀性，在建立数学模型时，取铸坯的 1/2 断面为研究对象，针对具体的连铸工艺条件作出一些合理的假设，以简化传热微分方程及其边界条件，假设如下：

(1) 在稳定生产条件下，拉坯速度稳定，铸坯内部各点温度处于定态（准稳态）；

(2) 将凝固潜热按比例换算为两相区内固液混合态钢液的比热容；

(3) 将钢液对流导热系数转换为有效导热系数：

$$\lambda_{\mathrm{eff}} = n\lambda \tag{4-149}$$

式中，n 为修正系数，一般取 5～10。该模型中取 $n=7$。固－液两相区中，取固、液相的比例分配值：

$$\lambda'_{\mathrm{eff}} = \lambda f_{\mathrm{s}} + n\lambda(1-f_{\mathrm{s}}) \tag{4-150}$$

式中，f_{s} 为固液相比率。

B 控制方程

根据以上假设，连铸坯的温度场可用下述偏微分方程来描述：

固相 $$c_{\mathrm{p}}\rho_{\mathrm{s}}\frac{\partial T}{\partial \tau} = \lambda\left(\frac{\partial^2 T}{\partial x^2}+\frac{\partial^2 T}{\partial y^2}\right)+\lambda_{\mathrm{b}}\left[\left(\frac{\partial T}{\partial x}\right)^2+\left(\frac{\partial T}{\partial y}\right)^2\right] \tag{4-151}$$

液相 $$c_{\mathrm{p}}\rho_{\mathrm{l}}\frac{\partial T}{\partial \tau} = \lambda_{\mathrm{eff}}\left(\frac{\partial^2 T}{\partial x^2}+\frac{\partial^2 T}{\partial y^2}\right)+\lambda_{\mathrm{b}}\left[\left(\frac{\partial T}{\partial x}\right)^2+\left(\frac{\partial T}{\partial y}\right)^2\right] \tag{4-152}$$

两相区 $$c_{\mathrm{p}}\rho_{\mathrm{f}}\frac{\partial T}{\partial \tau} = \lambda'_{\mathrm{eff}}\left(\frac{\partial^2 T}{\partial x^2}+\frac{\partial^2 T}{\partial y^2}\right)+\lambda_{\mathrm{b}}\left[\left(\frac{\partial T}{\partial x}\right)^2+\left(\frac{\partial T}{\partial y}\right)^2\right] \tag{4-153}$$

式中，ρ_{s}、ρ_{l}、ρ_{f} 分别为连铸坯在固态、液态、两项区的密度，$\mathrm{kg/m^3}$；c_{p} 为板坯比热容，J/(kg · K)；λ 为板坯导热系数，W/(m · K)；λ_{b} 为固液相间的导热系数，W/(m · K)；T 为板坯温度，℃；τ 为铸坯凝固时间，s。

C 边界条件

a 结晶器冷却水传热

对于板坯连铸机，其热流密度（$\mathrm{W/m^2}$）采用在不同拉速、不同铸坯尺寸下整理出来的结晶器平均热流的计算公式：

$$q = A - B\sqrt{\tau} \tag{4-154}$$

式中，τ 为铸坯凝固时间，s；A 、B 根据具体情况输入不同的值。

b　夹辊传热

根据文献研究可得，夹辊传热的热流密度（W/m^2）计算公式：

$$q = 5756.9 \times T_w^{0.7556} \times v^{-0.201} \times (-0.3116 + 4.6105L)^{-0.1639} \tag{4-155}$$

式中，L 为夹辊处离结晶器液面的距离，m；v 为拉速，m/min；T_w 为铸坯表面温度，℃。

c　水冲击区喷淋水传热

水冲击区喷淋水与铸坯表面间的传热与喷嘴的性能和钢种有关，其传热量是喷嘴传热系数和铸坯表面温度与喷淋水温度的函数。

$$q = h(T_s - T_0) \tag{4-156}$$

式中，q 为热流密度，W/m^2；h 为传热系数，$kW/(m^2 \cdot K)$，采用实际测出的喷嘴与铸坯表面间的传热的喷淋水传热系数进行计算；T_s 为铸坯表面温度，℃；T_0 为冷却水温度，取平均值 25℃。

d　辐射区和空冷段传热

辐射区和空冷段的传热采用辐射传热公式进行计算：

$$q = \varepsilon\sigma[(T_s + 273)^4 - (T + 273)^4] \tag{4-157}$$

式中，ε 为铸坯表面黑度（取 0.85）；σ 为斯忒藩 - 玻耳兹曼常量（$5.67 \times 10^{-8}\ W/(m^2 \cdot K^4)$）；$T$ 为室温（25℃）。

e　水聚集蒸发传热

水聚集蒸发传热区的传热与喷嘴的雾化性能、喷嘴喷淋水的多少、铸坯表面温度及每两对相邻夹辊间各种传热方式的传热区域的长度有关。根据文献资料并对照所用喷嘴的性能确定水聚集蒸发传热区的传热，采用以下公式进行计算：

$$\Phi_w = x\phi \tag{4-158}$$

式中，Φ_w 为水聚集蒸发区传热的热流量，W；Φ 为每两对相邻夹辊间四种传热方式的总热流量，W；x 为系数，根据铸机情况进行设置，一般为 0.2 ~ 0.4。

4.6.3.3　仿真及结果验证

采用面向对象的编程语言 Visual Basic 6.0 编制了板坯连铸二冷计算机仿真软件，在仿真软件中输入连铸机参数、钢种特性、边界条件后即可提交计算。

在现场应用雷泰（Raytek）生产的便携式非接触式红外线测温仪（Rayngen 3i™）对铸坯表面温度进行了测试。在拉速稳定时，在水平段区域对铸坯表面中心、1/4 处分别进行了多次的温度采集。把采集时间段内的最大温度视为铸坯表面温度。在第 13 扇形段末的表面 1/2 部位的实测温度与仿真软件计算的温度比较见表 4-23。温差小于 22℃，大偏差为 2.7%，仿真计算的温度与实测温度吻合较好，说明仿真模型和仿真结果可靠，可以对连铸的二冷工艺参数进行研究和优化，指导连铸生产。

表 4-23　测试温度和仿真结果比较

序　号	拉速/m · min^{-1}	测试温度/℃	仿真温度/℃	温差/℃	偏差/%
1	0.9	874	893	19	2.2
2	1.1	906	928	22	2.4

5 冶金过程人工智能控制系统

5.1 烧结人工智能控制系统

5.1.1 烧结配矿专家系统

5.1.1.1 概述

目前，钢铁公司使用的铁矿石原料很多是依赖进口的，这使得配矿问题一直是各钢铁企业努力研究解决的问题。这里的原因主要有：

(1) 配矿方案直接影响烧结矿质量，把握配矿对质量的影响规律，具有十分重要的意义。

(2) 各钢铁企业在配矿中经常要试用新矿石，如何评价这些新矿石，以及确定它们对烧结质量有什么影响，一直没有一个有效的办法。

(3) 进口铁矿石一般价格较高，这使得矿石原料成本在各公司的采购成本中占有较大比重，更有甚者，有些矿石还限量购买。为了降低成本，也为了在铁矿石进口贸易中争取主动，必须在保证质量的前提下，选择优化的低成本方案，且要准备多种方案。

以往采用的配矿调整方法，基本是从前面的配矿方案出发，凭专家经验作微量调整，然后根据烧结的质量情况决定下一步的进退。这种方法最大的缺点是比较盲目，难以掌握规律，且有可能失控。所以，利用计算机和信息技术，进行配矿专家系统的研究，总结配矿经验，探索配矿规律，是解决烧结生产配矿"老大难"问题的有效方法。

因此本节将介绍如何建立配矿模型，预测烧结质量和优化配矿方案。其目标是建立配矿数据库，综合评价各种矿石的优劣并解决矿石替代问题，通过总结近年来现场的配矿经验，探索配矿规律，较为准确地预测烧结矿质量，根据对烧结矿的质量要求，产生低成本的优化配矿方案，用以指导配矿。

5.1.1.2 系统的设计

A 配矿问题

配矿工艺如图5-1所示。首先将各种矿石混合起来形成混匀矿，然后送烧结厂烧结形成烧结矿，在烧结时还需加入一些辅料。由于通常要采用多种矿石形成混匀矿，烧结矿的质量控制问题就显得十分复杂：矿石以及辅料的种类越多，越难以把握矿石配比；矿石之间的相互作用和交叉影响，使配矿问题具有很强的非线性特征，难以进行单因素分析；因为成本过高，实际上不能进行工业实验等等。

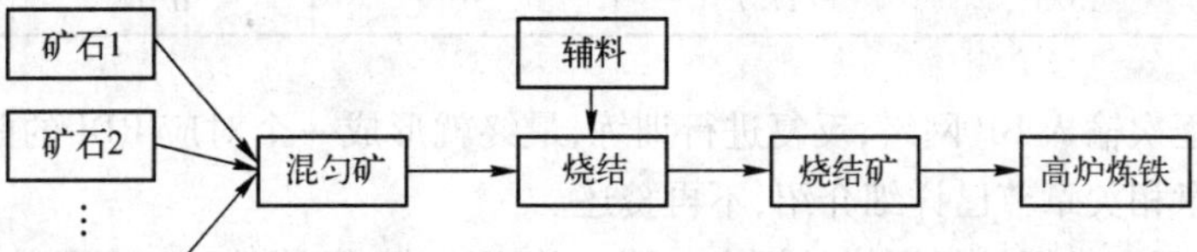

图5-1 配矿工艺

在配矿上要解决的几个基本问题包括：

(1) 选用什么矿石，用怎样的比例混匀，才能保证烧结矿的质量；

(2) 各种矿石对烧结矿有怎样的影响；

(3) 形成多种配矿方案以应付各种情况；

(4) 尽可能降低配矿成本。

B　神经网络配矿模型

配矿规律和知识的总结以及知识库的建立，是配矿专家系统的关键环节。由于配矿问题十分复杂，影响因素很多，许多机理方面的问题还没有解决，即便是配矿专家也很难全面、明确地表述配矿规律和知识，这给配矿知识库的建立带来了很大的困难。针对这一状况，该模型在知识获取和知识库设计上，没有沿用传统的知识表达方式，而是采用了以机器学习为主、专家知识为辅的策略，即利用神经网络技术，建立配矿模型，再辅以专家知识构成知识库，而随后的机器推理，实际上就是一定约束条件下的神经网络正向计算。

该系统采用了误差反向传播算法，即 BP 算法，网络模型只含一个中间层，输出层只含一个变量，即多输入、单输出模型。

其输出与输入的关系式为：

$$Y = f\left[\sum_{j=1}^{p} v_j f\left(\sum_{i=1}^{n} w_{ij}x_i + \theta_j\right) + \gamma\right] \tag{5-1}$$

式中，Y 为输出变量；$x_i(i=1,2,\cdots,n)$ 为输入变量；w_{ij} 为输入层神经元 i 与中间层神经元 j 的连接强度；v_j 为中间层神经元 j 与输出层神经元的连接强度，θ_j 和 γ 分别为中间层神经元和输入层神经元的阈值。特性函数取 S 形函数，即：

$$f(x) = \frac{1}{1+e^{-x}} \tag{5-2}$$

在建立配矿模型时，我们取输入变量 $x_i(i=1,2,\cdots,n)$ 为各矿石及辅料的用量百分比（配比），输出变量 Y 为烧结矿的某种质量指标，如低温还原粉化率（RDI）、强度（TI）和还原性（RI）等。一个配矿方案可表示为一组输入变量 x_i（或矿石 i 的配比）$(i=1,2,\cdots,n)$，称为一个样本，每个样本都对应着一组质量指标 RDI、TI 和 RI。其数据结构如表 5-1 所示，各列中的数字表示该矿石在不同样本中的用量的百分比，最后一列表示对应各样本的某个质量指标。从原料厂的过程数据库中可以整理出大量的这样的样本，这是利用神经网络建模的最基本的条件。

表 5-1　矿石在不同样本中的用量　　%

样　本	矿石 1	矿石 2	…	矿石 n	RDI
1	23.7	10.7	…	6.2	31.8
2	18.0	16.0	…	8.0	33.7
⋮	⋮	⋮	⋮	⋮	⋮
m	15.3	17.7	…	6.0	36.2

将这些样本逐次输入 BP 网络，反复进行训练，最终就形成一个对应 RDI 的配矿模型。具体的训练方法第 3 章相关章节已详细介绍，不再赘述。

一般来讲，学习和掌握神经网络的概念与算法并不困难，但是对于一个具体的应用，却往往有一些难题需要针对这个应用的特点，认真研究和耐心解决。对于 BP 网络，最大的问题通常是训练速度慢，有可能陷入局部最小，以及网络参数（如中间层神经元的个数）和训练参数（如学习率、误差阈值等)难以确定。由于配矿模型的输入变量较多,系统的非线性程度大,使得上述问题变得十分突出。对此,采取的基本策略是:

(1) 由于配矿系统属于离线决策支持系统,训练速度慢不是关键问题,所以可以用时间换精度,即不计较训练速度,只求模型精度;

(2) 采用较多的中间层神经元个数(多于输入变量);

(3) 大约用一半样本进行训练,另一半样本用于测试;

(4) 耐心地反复调整网络参数和训练参数,以达到最佳效果;

(5) 反复调整训练样本集,以跳出局部最小;

(6) 误差阈值依训练周期逐步减小。

通过这样反复调整和训练,得到的配矿模型对烧结质量指标的预测准确率达到85%以上。

C 质量预测与配矿方案优化

神经网络模型的建立,实际上是建立了某质量指标(如 RDI)与配矿方案的一个函数关系,即:

$$\mathrm{RDI}=f(\boldsymbol{x}) \tag{5-3}$$

式中,$\boldsymbol{x}$ 为一个配矿方案,可看做是由各种矿石及辅料的配比构成的向量。这时,所谓质量预测,就是将一个配矿方案 $\boldsymbol{x}$ 代入上述函数关系,计算 RDI 的值。只要模型比较精确,这种预测往往是相当准确的。

但是,仅仅能预测质量还是不够的,对于生产实际来说,更重要的是如何调整配比使质量达到要求,这是一个优化问题。所谓优化,就是要寻找上述函数关系的最优解,即使 RDI 达到最小的 $\boldsymbol{x}$。这个问题可以采用各种函数优化的方法以及 GA 算法来解决。

不过,配矿方案的优化问题,往往不是求最优(最小值),而是求"足够优",即设定一个足够好的 RDI 值,求 $\boldsymbol{x}$。另外,我们还希望得到多个 $\boldsymbol{x}$,因为要准备多个配矿方案。从这一特定要求出发,采用了最简单易行,且也最容易控制中间结果的变量轮换法来进行配矿方案优化。其基本原理是沿着不同的坐标方向轮流地进行搜索,即先只改变一个矿石的配比而保持其他矿石配比为常数,进行一维搜索而得到第 1 个最优点,然后再换一个变量,同样进行一维搜索而得到第 2 个最优点,如此继续下去,对 n 个变量轮换完毕而得到第 n 个最优点,直到完成一个循环,也就是完成了第 1 步迭代。如果迭代结果满足不了设定的要求,则可重复上述过程。

例如,从某一配矿方案开始,先在专家设定的范围内调整矿石 1 的配比,而保持其他矿石配比不变,每调整一次矿石 1,都将新方案代入上述计算 RDI 的公式(函数关系),得到一个 RDI 的值,若干次调整后,选出最小的 RDI 值,并记住相应的矿石 1 的配比。在此基础上,再用类似的方法调整矿石 2 的配比,依此类推,直到完成一个循环。如果结果不满足要求,则可重复上述过程。

这种方法看似简单,但对于配矿方案优化问题却非常实用,因为在生产中,实际上可以调整用量的矿石十分有限,故这种方法往往能得到满意的结果;另外,这种方法十分灵活,容易设定约束,也容易控制中间结果和整个过程,比如,控制成本可通过直接控制某些矿石用量来实现,且可随意调整;对于一般人,这种方法容易理解和掌握,所以也易于操作。此外,还可以用这种方法进行单因素分析,与专家经验相结合,进行手工调优等。

5.1.1.3 系统的开发与应用

配矿专家系统的框图如图 5-2 所示。配矿数据库是用 Oracle(Develop 2000)开发的,而专家系统部分是在 SAS 系统上开发的。硬件平台为个人 PC 即可。该系统与现场铁区区域管理机联网,数据共享。数据库部分包括所有与配矿有关的数据和信息,如历史配矿方案与实绩、矿石物化特性、生产工艺参数、国内外矿山资料和矿石价格、货源与运输条件等等。知识库主要由神经网络配矿模型构成，辅以有关的专家知识，预测和优化都是依据配矿模型和专家提供的约束条件完成的。

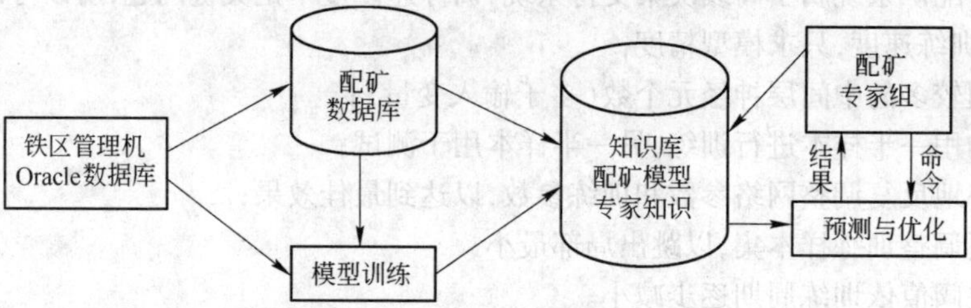

图 5-2　配矿系统框架图

该系统投入运行后已取得如下实绩：

（1）对矿石的综合评价完全与专家经验吻合；

（2）预测烧结矿质量正确率大于 85%；

（3）提出多种优化配矿方案，对配矿起到了很好的指导作用；

（4）取得显著经济效益：经公司财务部门核算，年创效益 3500 万元人民币。

5.1.2　烧结过程操作优化指导系统

5.1.2.1　系统方案设计

A　烧结过程工艺剖析

烧结过程可以看做是原始混合料经过一系列物理化学变化转化成烧结矿的一个过程，所以可以将烧结料层分为：混合料带（或称湿料带）、反应带和烧结矿带。混合料带温度最低，进入反应带时料层温度开始上升，开始发生物理化学反应，当料层中的固体燃料燃烧完毕、化学反应结束，料层温度开始下降，就形成了烧结矿。而烧结料层的透气性也可相应地分成：混合料带透气性（即原始料层透气性）、反应带透气性和烧结矿带透气性；且各带透气性的好坏顺序如下：烧结矿带 > 混合料带 > 反应带。

烧结台车的上方是完全敞开的，在风机的抽风作用下，料层上方的空气就由上而下通过料层经过风箱进入大烟道，所以风箱内的废气温度分布，综合反映了烧结过程的透气性和热量的分布及变化情况。典型的纵向烧结废气温度曲线如图 5-3 所示。

B　系统控制思想

同一时刻沿台车行进方向上的废气温度变化可以看成是同一料层在不同时刻的变化情况。因此，由图 5-3 可以看出：点火后，料层表面固体燃料着火燃烧，反应带逐步形成，料层透气性恶化，废气温度有一个明显的降低趋势；随着烧结的进行，烧结矿带开始增厚，原始混合料带逐渐变薄，反应带由上而下开始移动，料层整体透气性开始变好，废气温度与料层温度基本达到平衡，变化不大。当反应带前沿到达台车底部时，反应带

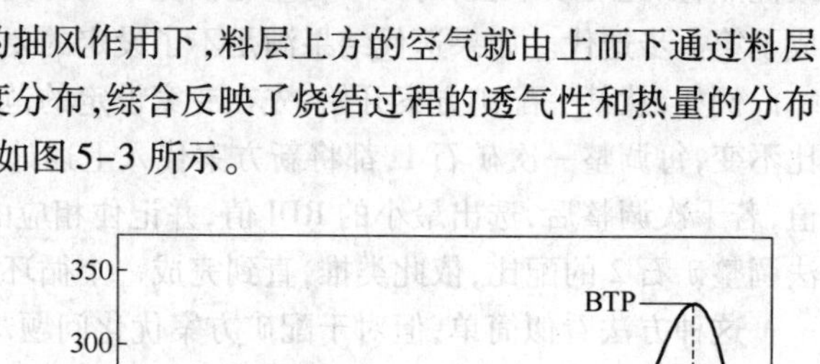

图 5-3　典型的烧结废气温度曲线示意图

1—反应带形成；2—反应带移动；3—反应带消失

开始逐渐消失,下部料层温度逐渐升高,废气温度开始快速上升。一旦反应带完全消失,就意味着整个料层烧结完成,料层透气性维持在最大值,即为烧结矿带透气性,而料层温度则开始下降,所以废气温度也随之降低。可以将从点火开始到烧结结束这一过程分成反应带形成、移动和消失三个主要阶段。

对于某一台车上的料层,这三个阶段在时间和空间上都是连续的,即这三个阶段会在不同的时间和空间上发生。但对于整个烧结机上的料层来说,这三个阶段在空间上是连续的,在时间上是并存的,即在同一时间不同的位置发生。同一时间,机头与机尾的料层结构特性有可能发生了变化;不同时间,同一位置上的料层结构也会不同。所以,应当从多角度、分阶段考虑烧结过程状态。

台车从烧结机头运行到机尾时,台车内料层完成了从反应带的形成、移动到消失的整个烧结过程,台车循环运行,机速的调节会同时影响整个烧结机上的料层的过程状态。因此,必须权衡上述三个阶段的状态,根据一定的原则协调好各个阶段的优化控制,避免出现频繁调整或误操作,以至于影响整个烧结生产。

C 系统控制策略

a 软测量策略

烧结过程控制之所以复杂,一个很大的原因就在于其盲目性——反映烧结过程状态的一些重要参数难以实现连续的在线检测,控制目标不明确。而这些参数是可以通过其他一些可测参数计算出来的,即可以建立这些参数的软测量模型。

该系统研究了烧结过程各阶段的特点,以废气温度曲线为主,建立了各主要参数的软测量模型,使得烧结过程相对透明化,也为烧结过程模型的建立以及优化控制提供了依据,简化了控制过程。

b 提前预报策略

点火以后,烧结过程状态主要受料层本身特性的影响(混合料、反应带透气性),而部分反映烧结过程状态的参数(如垂直烧结速度、烧结终点等)要进入最后一个阶段(反应带消失阶段)才能获得,存在较长的时滞,要优化控制的话必须进行提前预报。而且,对于一般控制系统,结合控制对象的预测值及变化趋势的预测控制效果要好。

烧结过程的进行主要受混合料透气性和反应带透气性的影响,混合料透气性可根据点火前参数获得,而反应带形成阶段的参数也可以反映反应带透气性的情况。也就是说,根据反应带形成阶段的参数大致可以预测出后续阶段的状态参数,可以建立参数的预报模型。

c 模糊控制策略

烧结过程中的一些参数(如料层温度、废气流量、成分等)难以实时准确测量,而且烧结过程还存在一些不确定的因素,控制变量与被控参数之间的关系复杂,难以建立精确的控制模型。这些特点决定了烧结过程状态的优化控制不能采用精确的控制方法,而模糊控制方法是在更高层次上模拟人类思维的一种系统方法,较适合这种复杂系统的控制。所以该系统采用了模糊控制方法。

d 技术集成策略

烧结是一种复杂的物理化学过程,包括水分的蒸发与冷凝、固体物料的分解、氧化还原反应、固相反应以及化合物的熔化与冷凝等,整个过程还涉及了气体的流动力学、液固间的相变过程以及传热过程,单一的数学模型难以描述烧结过程的特性。

近年来,人工智能技术的迅速发展为这类复杂工业系统的优化控制提供了有效的途径。人工智能技术主要包括人工神经网络、专家系统和模糊控制三大类。人工神经网络建模避开了复杂的机理过程,专家系统以事实和数据为依据,通过总结现场专家的知识、经验来实现烧结过程优化控制,所以要真正实现对烧结过程的优化控制,必须集成多种人工智能技术,发挥各自的优点,又相互弥补各自的不足。

5.1.2.2　系统的开发与实现

A　系统的总体结构

烧结过程操作优化控制指导系统需要从现场的集散型控制系统中采集系统所需的在线检测数据,并将数据存储到系统数据库中,以便系统进行实时的分析、判断。该研究将整个烧结过程分成三个主要阶段,并对各个阶段的主要状态参数进行软测量,再利用系统辨识、模糊控制等技术,根据检测信息、软测量结果以及观察到的现象对各个阶段的生产状态进行判断、分析,给出分段的操作建议,最后综合各个阶段的状态以及生产实际,给出最终的操作指导,用户可以根据这些指导来调整集散型系统的部分操作参数的设定值,以实现对生产的优化控制。系统总体结构如图 5-4 所示。

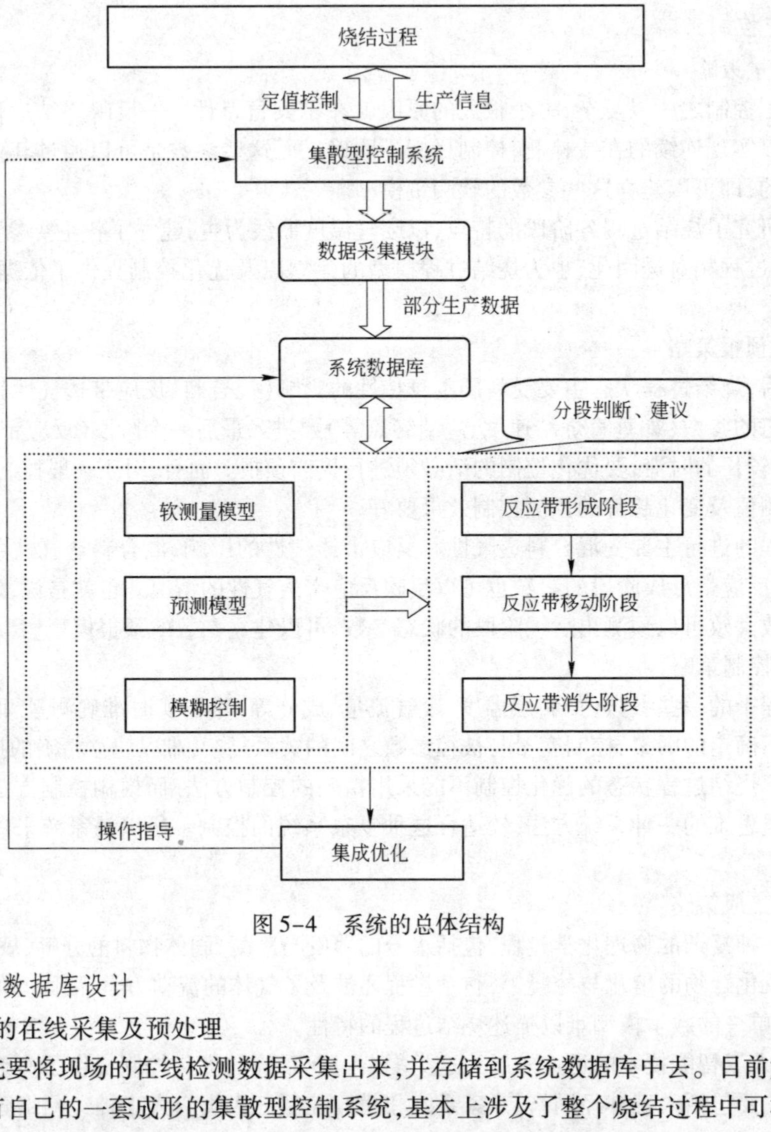

图 5-4　系统的总体结构

B　系统数据库设计

a　信息的在线采集及预处理

系统首先要将现场的在线检测数据采集出来,并存储到系统数据库中去。目前大多数大、中型烧结厂都有自己的一套成形的集散型控制系统,基本上涉及了整个烧结过程中可检测的信息。

但各烧结厂采用的集散型控制系统不同,其信息存储的方式、结构等也有所不同,必须根据各自数据的特点,在不影响现有集散型系统的前提下完成在线信息的采集工作。

烧结生产工艺流程复杂、设备环节多,检测数据容易受到干扰,如果以这种数据进行模型的修正的话,势必会影响模型的精度,所以必须对采集到的数据进行一定的预处理,先剔除生产异常时(如检修、故障停机等)的数据,再通过一定的计算程序对采样信号进行平滑处理,以保证信息的可靠性。

b 系统数据库的建立

无论是烧结过程各阶段状态的判断、模型的建立、专家推理等都是以现场检测信息及专家知识经验为基础的,需要集合大量的生产信息;而且系统通过计算、推理又会产生一些新的信息。所以,需要建立一个系统数据库,以供查找、存储系统所需的信息以及系统本身产生的信息。

根据所存储信息的特点,分别建立实时数据库、系统知识库和历史数据库。实时数据库用于存储系统所需的实时在线检测数据,以及系统产生的实时信息,随时间的变化不断更新,保持一定的数据量;系统知识库则存储系统推理所需的经验知识以及模糊控制规则等;历史数据库作为一个数据备份,存储系统启动以后产生的所有系统需要备份的信息,数据量随时间的延长而增大。

C 参数的软测量模型

将正在烧结的料层分成混合料带、反应带和烧结矿带三个带,将烧结过程分成反应带形成、移动和消失三个主要阶段,而废气温度曲线可以大致反映这三个阶段的状态,所以根据烧结机下部风箱内的废气温度拟合出废气温度曲线,并以该曲线方程为主建立各阶段参数的软测量模型。下面简要介绍三个阶段的代表性参数。

a 反应带形成阶段

反应带形成阶段即为废气温度曲线刚开始的下降阶段。料层包含了反应带和混合料带,并以混合料带为主,烧结过程状态主要受混合料性质及料层结构等因素的影响,其代表性参数有混合料透气性、反应带形成时间和阶段透气性。混合料透气性根据点火罩处的参数,采用 Voice 公式计算。

反应带的形成时间的计算步骤如下:先根据实际生产数据拟合出机头部分风箱内废气温度与所处位置之间具体的关系式,然后计算出反应带完全形成时所处的位置 X_{rf},最后结合这一阶段的机速 PS_{rf} 得出反应带的形成时间 t_{rf},计算公式为:$t_{rf}=X_{rf}/PS_{rf}$。

该阶段的料层透气性综合反映了混合料与反应带的透气性状态,而且该阶段基本上是在点火、保温段完成的,所以该研究以点火、保温段对应的风箱温度、负压以及保温炉温度作为评判因子,采用模糊综合评判的方法对反应带形成阶段的透气性进行了评判。

b 反应带移动阶段

该阶段废气温度变化不大,曲线较为平缓。料层包含了烧结矿带、反应带和混合料带,随着混合料逐渐向烧结矿转化,反应带下移,其代表性参数有反应带前沿到达台车底部时所处的位置以及反应带前沿的移动速度。因为反应带前沿到达台车底部时,混合料带完全消失,废气温度开始上升,所以称其为废气温度上升点(rising position of gas temperature,简称 TRP)。

TRP 同样是根据拟合的废气温度曲线获得的;然后根据台车从点火炉移动到 TRP 位置所用的时间 t_{TRP} 以及料高计算出反应带前沿的移动速度,计算方法如式(5-4)所示。

$$V_{rm}=H/t_{TRP} \tag{5-4}$$

式中,V_{rm} 为反应带前沿移动速度,m/min;H 为料高,m;t_{TRP} 为反应带移动时间,min,计算公式为:$t_{TRP}=\mathrm{TRP}/PS_{TRP}$,其中 PS_{TRP} 为点火开始到 TRP 这一阶段的机速。

c 反应带消失阶段

反应带消失阶段为废气温度曲线快速上升阶段，料层包含烧结矿带和反应带，并以烧结矿带为主，代表性参数有：反应带完全消失时所处的位置（即烧结终点，burn through point，简称 BTP），反应带消失时间（即从废气温度上升点到烧结终点所花的时间），以及烧结时间 BTT、垂直烧结速度 $v_{\perp}$ 等与烧结终点 BTP 有关的参数。

因为 BTT、$v_{\perp}$ 以及 BTP 三者之间存在如下关系：

$$\mathrm{BTP} = \int_0^{\mathrm{BTT}} PS(T)\,\mathrm{d}t = \overline{PS} \cdot \mathrm{BTT} \qquad (5\text{-}5)$$
$$v_{\perp} = \frac{H}{\mathrm{BTT}}$$

所以只需得出 BTP 的值，就可以根据机速和料高计算出另外两个参数，BTP 则为废气温度曲线的最高点位置。反应带消失时间在数值上等于台车从废气温度上升点移动到烧结终点所花的时间，其计算公式如下：

$$t_{\mathrm{rd}} = (\mathrm{BTP} - \mathrm{TRP})/PS_{\mathrm{rd}} \qquad (5\text{-}6)$$

式中，t_{rd}为反应带消失时间，min；PS_{rd}为该段时间内的机速，m/min。

D 预报模型的建立

反应带形成时间和反应带消失时间主要受反应带透气性的影响；反应带移动速度以及废气温度上升点主要受混合料透气性的影响；垂直烧结速度和烧结终点则受混合料透气性和反应带透气性的综合影响。可以建立以下关系模型：反应带形成时间与消失时间；混合料透气性与反应带移动速度；混合料透气性、反应带形成时间与垂直烧结速度等。

因为要建立多个模型，而模型的构造、参数的辨识方法是类似的，所以编制了通用的预报模型类，采用最小二乘法对模型参数进行了辨识。对某一系统进行辨识，首先要确定系统的模型类，再根据大量数据确定模型的具体结构，最后根据新数据进行实时辨识，修正模型参数。

a 模型类的确定

所建的模型均是单输出的，假设模型的输出量可以用输入量的线性组合表示，则可以用式(5-7)这样的多输入、单输出（MISO）模型来描述被辨识过程。

$$A_k(z^{-1})y(k) = \sum_{i=1}^{N} B_{ik}(z^{-1})u_i(k)z^{-d} + e(k) \qquad (5\text{-}7)$$

式中，$y(k)$为过程的输出变量；$u_i(k)$为过程的输入变量；$e(k)$为零均值高斯白噪声；d 为输出与输入之间存在的时滞步数；N 为输入变量的个数，$N=1$ 时，即为单输入、单输出模型；$A_k(z^{-1})$，$B_{ik}(z^{-1})$为时变的模型参数，如式(5-8)和式(5-9)所示。

$$A_k(z^{-1}) = 1 + a_1(k)z^{-1} + \cdots + a_n(k)z^{-n} \qquad (5\text{-}8)$$

$$B_{ik}(z^{-1}) = b_{i0}(k) + b_{i1}(k)z^{-1} + \cdots + b_{im_i}(k)z^{-m_i} \qquad (5\text{-}9)$$

式中，$a_i(k)$、$b_{ij}(k)$为对应变量的系数；n、m_i 为对应变量的阶数。

该研究建立模型的最终目的是为了预报。所谓预报就是基于输出变量及对应的输入变量的现在及过去值来估计输出变量的将来值。这种未来时刻的输出预报值应该是已知数据的某种函数，即可表示成：

$$\hat{y}(k+d|k) = f[y(k), \cdots, y(k-n+1), u_i(k+d), \cdots, u_i(k-m_i+1)] \qquad (5\text{-}10)$$

它使得准则函数 $J = E\{[y(k+d) - \hat{y}(k+d|k)]^2\}$ 达到最小值。该研究采用直接法确定上述预报函数。

b 模型的在线辨识

确定了模型类后，就可以根据生产数据对模型进行辨识，主要包括模型结构的确定和模型参数的辨识，模型参数是在结构确定的前提下进行辨识的。上述模型结构的确定主要是阶次 n、m_i 以及预报步数（即时滞）d 的确定。时滞 d 一般是根据过程的具体情况或实际需要来确定的。该研究采用 F 检验法确定模型的阶次。

在确定了模型的结构以后，就可以对模型参数进行辨识。采用带遗忘因子的限定记忆最小二乘法对模型参数进行实时辨识。限定记忆是指保持参与辨识的数据长度（组数）一致，即增加一条新信息时，就要去掉一条最老的信息；带遗忘因子是指给予新老数据以不同的信度，以降低老数据提供的信息量，使模型更能反映最新的情况。

c 模型预报结果

以垂直烧结速度的预报模型为例，该模型输入变量有 2 个，分别为反应带形成时间和反应带移动速度。初始训练样本取 250 组，数据长度取 500，预报步数 d 取 2，遗忘因子取 0.99，预报结果如图 5-5 所示。模型的预报命中率高，达到了 95% 以上，说明所建模型符合实际生产情况，并能自动跟踪生产过程的变化，具有较好的自适应能力。

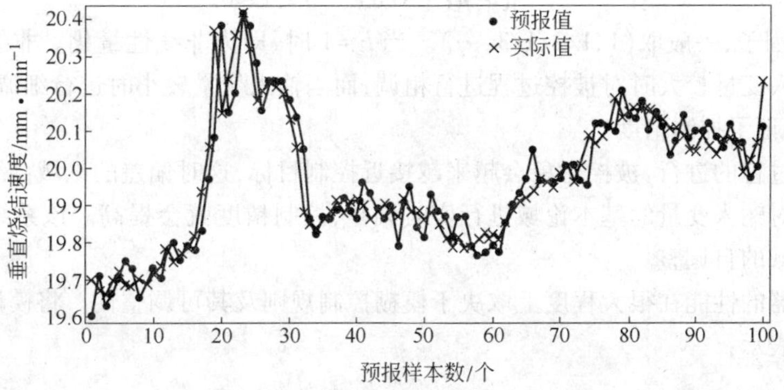

图 5-5 垂直烧结速度预报结果

E 模糊控制器的设计及模糊控制算法的改进

a 模糊控制器的设计

将烧结过程分成三个阶段进行分析、判断，各个阶段有各自的目标参数及控制变量，但均采用模糊控制算法，为方便起见，构造了通用的模糊控制算法类，再通过建立不同的类对象实现了分段控制。

反应带形成阶段以混合料透气性计算值 P_e、反应带形成时间 t_{rf} 以及阶段透气性评判值 P_j 作为输入，以料高或机速的调整值作为输出；反应带移动阶段以 TRP 预报值与目标值的偏差及偏差变化为输入变量，输出为机速调整值；反应带消失阶段的输入变量为 BTP 预报值与目标值的偏差及偏差变化，输出为机速调整值。

一个模糊控制器主要包括模糊化、模糊推理、清晰化三个主要部分。模糊化是指将精确的输入变量用模糊语言描述；模糊推理就是根据变量的模糊值以及模糊规则推导出输出变量的模糊值；而清晰化则是将模糊的输出变量转化为精确值。

各变量的模糊子集论域均取[-6,6]，采用七个模糊子集：{负大、负中、负小、零、正小、正中、正大}，用{NB、NM、NS、ZR、PS、PM、PB}表示，每个模糊子集的隶属函数采用等腰三角形，并在整个论域范围内均匀分布，其具体分布如图 5-6 所示。采用最大最小法进行模糊推理，并采用面积重心法得出输出变量的精确值。

b　模糊控制算法的改进

烧结生产是一个时变系统，在不同的时期，烧结生产的总体目标会发生变化，而生产过程更是时刻变化着的。因此，系统的模糊控制算法必须具有一定的自适应能力，控制算法中知识库的内容能允许用户根据实际情况自行修改，还要能自动跟踪生产的变化。采用非线性量化、变论域、控制规则自调整等方法对模糊控制算法进行改进，提高了控制精度，增强了算法的自适应能力。

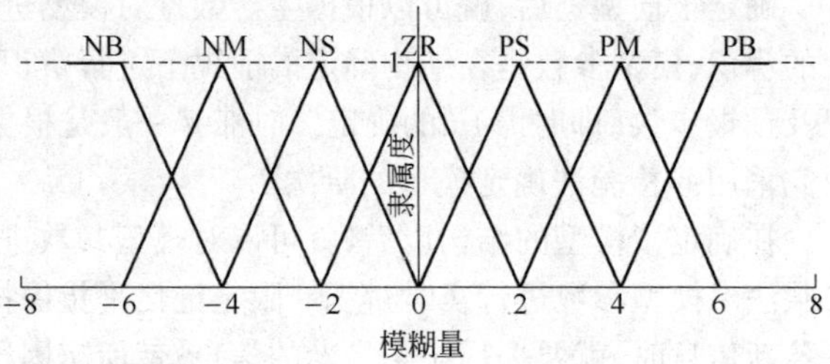

图 5-6　模糊控制器的隶属函数

为了进行模糊化处理，要先将基本论域为$[a,b]$的连续变量 x 转化为论域为$[-n,n]$区间内的变量 y，即将连续变化的变量量化。该研究中取 $a=-b$，并用如下量化公式：

$$y=\begin{cases} n(x/b)^k & 0\leqslant x\leqslant b \\ -n(-x/b)^k & a\leqslant x\leqslant 0 \end{cases} \tag{5-11}$$

式中，k 为量化因子，一般取(1,1/2,1/3,…)。当 $k\neq1$ 时，即为非线性量化。非线性量化可使模糊控制器在输入变量较大时对被控过程进行粗调，而当输入变量较小时进行细调，不仅防止了过大的超调，还保证了控制精度。

随着控制过程的进行，被控对象会越来越接近控制目标，这时偏差的论域会缩小。若系统能根据实际情况对输入变量的基本论域进行实时调整，控制精度就会提高。该系统采用人工修改方式实现了论域的自调整。

模糊控制器的性能在很大程度上取决于模糊控制规则及其可调整性。将模糊控制器的规则用如下解析式表示：

$$U=-\frac{\sum_{i=1}^{n}a_iX_i}{\sum_{i=1}^{n}a_i} \tag{5-12}$$

式中，U 为规则中结论的模糊语言值，按四舍五入的方法取整；X_i 为某输入变量的模糊语言值，取(−3，−2，…，2，3)；a_i 为某输入变量的权重，在[0,1]中取值；n 为输入变量的个数，取1,2,…。

这样就可以根据不同的输入变量及其变量的权重，自动生成不同的控制规则表，实现任意维数模糊控制规则的自调整。

5.1.2.3　系统的应用

软件的开发方法、模型的算法等可以通用，但不同的烧结机其设备参数是不同的，所以软件的开发需要有一定的针对性，系统的主界面如图 5-7 所示。

为了方便用户使用、管理、维护、评价整个软件使用效果，系统在主界面上设置多个功能按钮，用户只需要做一些简单的操作就可以实现对参数的设置、系统知识库的修改，进一步提高系统的自适应能力；通过直接点击按钮还可以查看某一时段的烧结过程状态参数趋势以及对系统的整体评价，方便用户掌握生产动态。为了使系统运作过程透明化，针对每一条操作指导，系统还给出了详细的推理过程说明。

图 5-7 所示的软件系统于 2005 年 7 月开始应用于某炼铁厂烧结车间，应用前后烧结过程主要状态参数的变化如表 5-2 和图 5-8 所示。

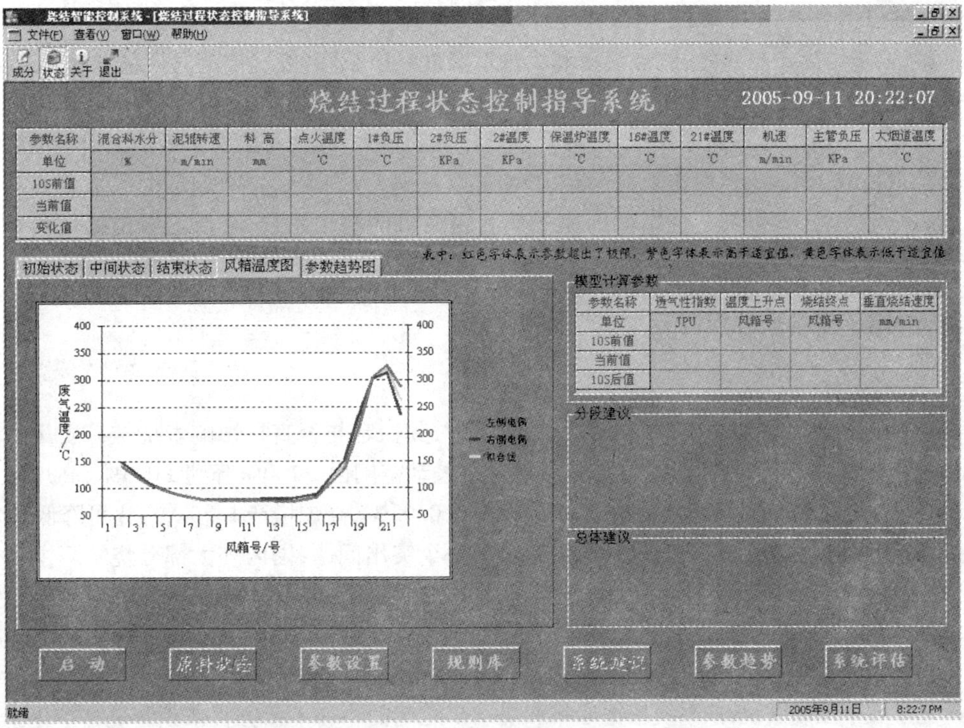

图 5-7　系统的主界面

表 5-2　系统使用前后主要参数指标比较

参　数	适宜范围	平均值		标准偏差		前后偏差变化
		前	后	前	后	
终点温度	(300 ± 30)℃	337.97℃	317.454℃	20.866℃	15.164℃	−27.3%
大烟道温度	(115 ± 5)℃	121.308℃	118.016℃	2.735℃	2.116℃	−22.6%
BRP	(43.5 ± 1.0)m	44.186 m	43.828 m	1.196 m	0.984 m	−17.7%
BTP	(58.5 ± 1.0)m	58.670 m	58.440 m	0.530 m	0.375 m	−29.3%

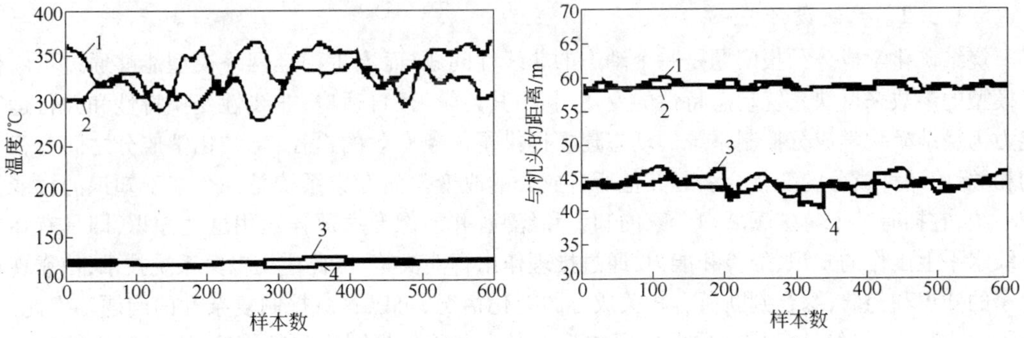

(a)　　(b)

图 5-8　系统应用前后主要参数的比较

(a) 在线检测参数
1—21 号风箱温度(前);2—21 号风箱温度(后);
3—大烟道温度(前);4—大烟道温度(后)

(b) 计算参数
1—烧结终点(前),m;2—烧结终点(后),m;3—废气温度上升点(前),m;4—废气温度上升点(后),m

由表 5-2 和图 5-8 可知，使用该软件后，烧结过程的主要状态参数标准偏差减小，波动下降 18% ~29%，烧结生产更稳定；终点温度和大烟道温度有所下降，废气带走的热量降低。

该系统只需在中控室添加 1 ~2 台工控机，不需增设其他检测设施，投资少；系统可以代替现场专家或操作工给出合理的操作指导，降低了操作工的劳动强度，每班在不增加工人劳动强度的基础上至少可减少 1 ~2 名操作工，劳动生产率可以提高 3% ~7%。系统使用后，大大提高了烧结终点的稳定率，进而提高了烧结矿的成品率和烧结机的利用系数，降低了单位能耗和生产成本，创造了较好的生产效益。

5.1.3　烧结矿化学成分控制专家系统

5.1.3.1　概述

烧结矿化学成分是烧结矿的主要指标参数之一，其稳定与否直接影响着烧结矿质量的稳定与高炉的稳定操作。有经验数据表明，烧结矿 TFe 波动范围由 ±1.0% 降到 ±0.5%，高炉一般增产 1% ~3%；烧结矿碱度波动范围由 ±0.1% 降到 ±0.05%，高炉增产 1.5%，焦比可降低 0.8%。目前烧结矿化学成分波动大是国内外高炉原料的一个突出问题，国内外大部分烧结厂主要通过控制原料场和配料系统来实现对烧结矿化学成分的前馈控制，由于原料的随机波动、工艺过程的动态复杂性和长时间滞后，很难做到准确控制。

国内外都对烧结矿化学成分控制进行了研究。20 世纪 80 年代初，日本住友金属公司开发出了烧结矿化学成分控制系统，该系统根据原料和烧结矿之间的物料平衡方程来预测烧结矿化学成分（CaO、SiO_2、MgO 和 FeO）的含量，可预报供给原料 2 h 以后的烧结矿化学成分，再根据预报成分和目标成分的偏差，计算并修正混合料最佳配比，以达到稳定成分的目的；郭文军等人研制的烧结矿化学成分神经网络预报模型选择了与烧结矿质量有直接关系的碱度、全铁和 FeO 含量作为预报的输出，采用 Matlab 语言仿真，预报结果与实际结果的偏差均在允许的工艺范围内；中南大学申炳昕分别采用时间序列模型和人工神经网络方法，建立了烧结矿化学成分的预测模型，结合某烧结厂实际的生产情况，开发出了“以碱度为中心”的烧结矿化学成分控制专家系统，该系统的离线应用结果表明：系统能够提高烧结矿化学成分的一级品率及其稳定率。本节介绍的系统是在前人研究的基础上，利用神经网络预报与专家系统控制相结合的策略，开发了基于人工神经网络和专家系统的烧结矿化学成分控制系统，为烧结矿化学成分的控制提供了一条新的途径。

5.1.3.2　系统设计

烧结矿化学成分预报问题是一个动态的非线性问题，而人工神经网络模型能够通过不断修正模型的参数来反映系统动态特性的变化，利用其自学习、自适应、非线性变换特性和并行运算能力为烧结矿化学成分控制系统的动态建模提供了一条有效的途径；烧结化学成分之间有很大的相关性，一种成分的变化会引起其他所有成分的改变。而专家系统是一个基于知识的智能推理系统，它拥有某个特殊领域内专家的知识和经验，并能像专家那样运用这些知识，即具有在专家级水平上工作的知识、经验和能力，通过推理作出智能决策，因此应用专家系统技术，依靠现场专家的知识和经验，综合判断所有相关成分的变化情况，可以解决控制复杂性的问题。为此，提出了集成基于 BP 算法的成分预报模型和基于专家经验的规则模型的策略，来控制烧结矿的化学成分。其总体结构如图 5-9 所示。

A　预报模型

烧结矿化学成分出现波动的主要原因是原料化学成分、原料下料量、返矿成分和配比的改变或波动，这些信息综合反映在连续变化的混合料和烧结矿的化学成分中。所以，预报模型就是根据之前的一系列混合料的化学成分、烧结矿化学成分等预报将来时刻烧结矿化学成分的。

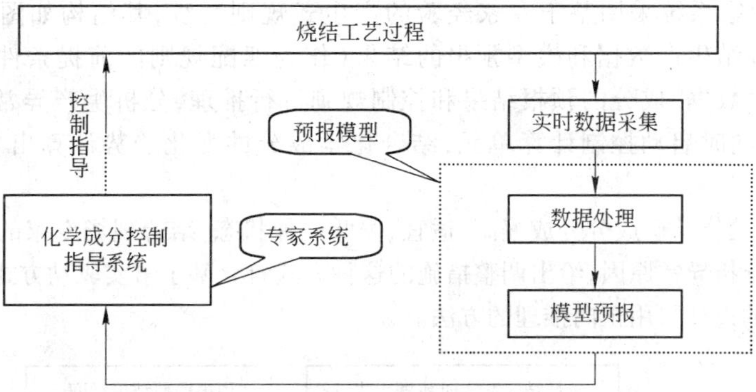

图 5-9 系统总体结构

a 离线建模

用神经网络实现非线性映射关系，损失函数（误差）定义为：

$$E = 1/2 \sum_{p} \sum_{j} (y_{pj} - \bar{y}_{pj})^2 \tag{5-13}$$

式中，y 为网络输出值，$\bar{y}$ 是烧结矿化学成分指标实测值，确定函数使 E 最小，即预报值与实测值的误差满足给定的精度要求。

通过对神经网络模型及其算法的研究，采用线性再励的变步长快速 BP 算法，该算法具有误差收敛速度快、不易陷入局部极小值的特点。在 BP 模型结构中，输入输出的神经元数是由问题本身决定的，该模型的输入层为原料中的 TFe、SiO_2、CaO 三个神经元，输出层为烧结矿中的 TFe、SiO_2、R 三个神经元（CaO 根据计算得出）。对于隐层的神经元数目，目前尚未有一个统一的指导原则，该系统运用神经网络自构形算法确定隐层单元数，算法利用数理统计的方法引入隐层单元之间的相关性和样本分散度概念，考虑隐层神经元对网络的贡献，经计算删除或合并那些作用小或作用相近的神经元，从而确定合理的网络结构。因此计算出隐含层为 10 个神经元。模型结构确定如图 5-10 所示。

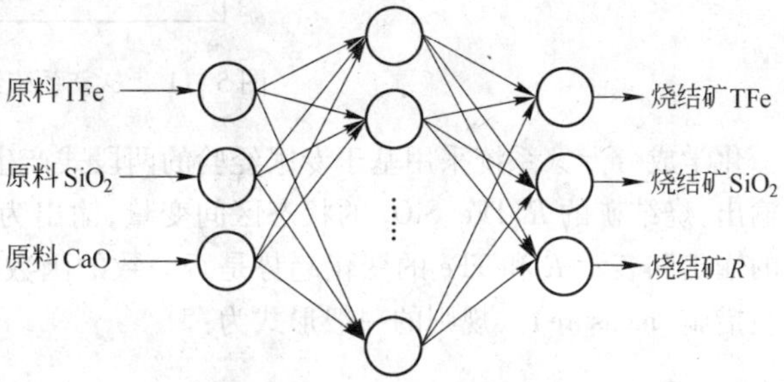

图 5-10 模型结构

b 模型的在线学习

对于稳定的、时不变的系统，应用神经网络模型训练就可以将其用于预报了，而烧结过程处在不断的变化之中，所以烧结矿成分预报模型需要在使用过程中随烧结过程的变化而自适应更新。模型采用等维新息法来训练模型，在线训练时，将最新的一组数据加入训练样本集，去掉最旧的一组样本，始终维持样本数量不变。依据过程特点，当系统读取一组新的烧结矿化学成分时，即产生一组新的样本，因此，将这组样本加入到新息样本集中，去掉距现在最远的一组旧样本，然后进行神经网络的自适应训练，即神经网络自适应更新一次。神经网络训练采用后台运行方式。模型在线学习的参数如下：训练样本 80 组，动量因子 $\alpha = 0.30$，学习初始速率 $\beta = 0.70$，初始权值与初始阈值都为 0.50，激励函数均采用 $f(x) = \dfrac{2}{1 + e^{-x}} - 1$ 函数，模型经现场在线训练验证，当训练步数达到 6000 时，网络训练误差达到 0.000145。

B　基于经验规则的专家系统

化学成分专家系统采用基于专家经验的产生式规则系统，其结构如图 5-11 所示。数据库存储实时烧结生产数据和模型预报的结果（作为匹配规则的前提条件）。推理机根据数据库中的实时数据、成分的预报结果和控制规则进行推理，分析生产异常原因，给出定性操作指导建议，同时启动控制计算单元，结合化学成分的变化趋势计算出各原料的定量配比调整量。

将模型预报的烧结矿成分分成偏高、适宜、偏低三种状态，结合现场专家的经验对各成分的状态进行判断，分析异常原因，给出调整措施的这种方式符合基于事实驱动方式的正向推理的方法，因此推理机的设计采用正向推理的方法。

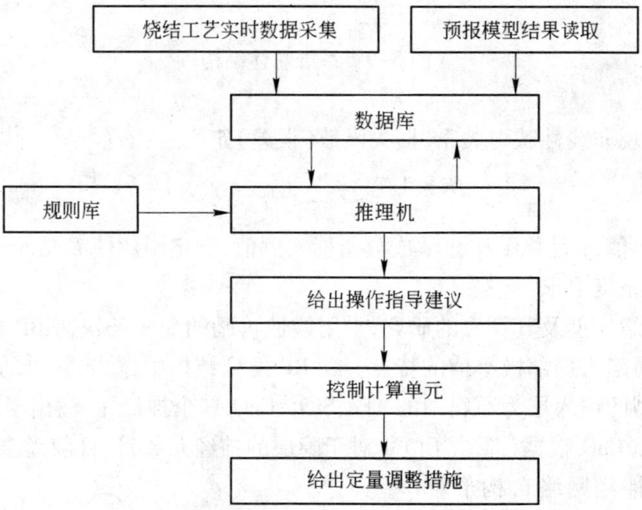

图 5-11　专家系统结构

化学成分专家系统采用基于专家经验的两段式产生式规则模型。第一段的输入为预报模型的输出：烧结矿的 R、TFe、SiO_2 的状态区间变量，输出为原因分析（cause）；第二段的输入为第一段的输出和表示 R 和 TFe 的变化趋势是否一致的函数 boolRTrend( ) 和 boolTFeTrend( )，输出为调整措施（measure）。规则的一般形式为：

Rule：

Rule[1]：If $R \in A[1,j]$ and if TFe $\in A[2,j]$ and if $SiO_2 \in A[3,j]$ Then Cause

Rule[2]：If Cause and if boolRTrend( ) and if boolTFeTrend( ) Then Measure

其中，$A[i,j]$ 表示 R、TFe、SiO_2 的状态化区间，$i=1,2,3$；j 表示 5 个区间，$j=1,2,\cdots,5$，boolRTrend( ) 函数当 R 变化趋势一致时为 1，否则为 0，boolTFeTrend( ) 类似。$A[i,j]$ 的初始值如表 5-3 所示，用户可根据生产要求的变化自己设定。

表 5-3　化学成分状态区间

项　目	NB	NS	ZO	PS	PB
R	<2.15	2.15~2.17	2.0±0.03	2.23~2.25	>2.25
w(TFe)/%	<48.7	48.7~49.0	49.25±0.25	49.5~49.8	>49.8
$w(SiO_2)$/%	<4.85	4.85~5.05	5.10±0.05	5.15~5.35	>5.35

将化学成分预报模型的预报结果对应于表5-3的区间，结合现场专家的经验得出规则第一段的Cause，并进行配料计算，然后根据烧结矿化学成分过去2 h的检测值、当前的检测值和模型预报的2 h后的值3点确定R、TFe的变化趋势是否一致，决定对原料的调整幅度，最后得出定量的调整措施（measure）。

5.1.3.3 系统开发与应用

系统采用功能强大的面向对象程序设计语言Visual C ++6.0作为开发工具，后台数据库选用SQL Server 2000数据库管理系统。采用基于多周期的运行模式，即在系统运行过程中，当系统读取最新的烧结矿化学成分时，系统根据实时采集的原料数据预报并更新模型数据库中的数据（不定周期）；当系统仅读入原料的化学成分时，模型及时给出预报结果和调整措施（不定周期）；系统每30 min（定周期）预报一次；另外，为了能随时跟踪下料量的变化，点击界面上的“预报”按钮，系统可以瞬时预报某一时刻的成分。基于这种运行模式的预报系统全面地反映了整个烧结过程的化学成分的变化。

某炼铁厂的烧结机采用美国Intellution公司的IFIX组态监控软件，利用它的ODBC接口将生产数据实时导入SQL Server 2000数据库，供专家系统调用。同时系统数据库中还包括为BP模型训练提供样本数据的模型数据库、专家系统知识库，还有来自化验室等网络终端输入的原料和烧结矿化学成分的检测数据。完整的系统结构如图5-12所示。

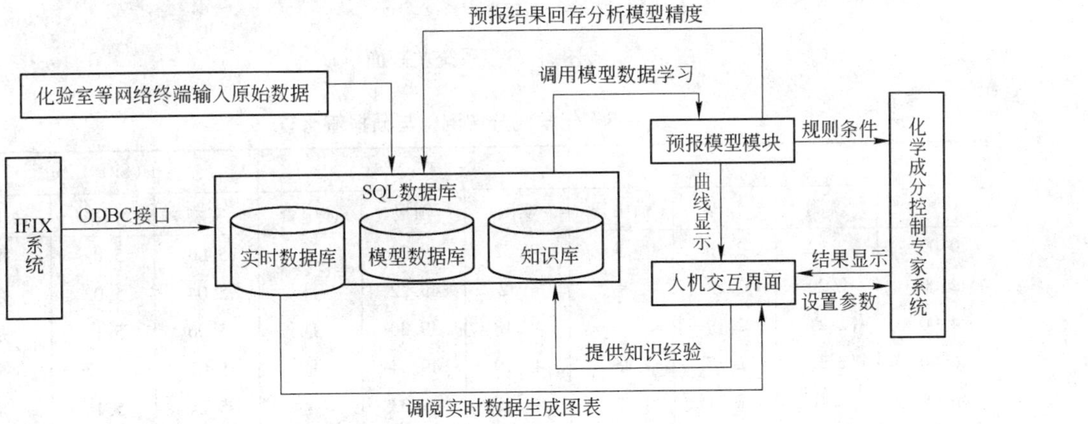

图5-12 系统总体结构

系统于2005年6月正式投入运行，系统主画面如图5-13所示，经在线运行结果表明：系统运行稳定，化学成分预报命中率一直稳定在90%以上，操作指导建议采纳率为92%，命中率统计数据如表5-4所示。

表5-4 化学成分命中率统计

评价指标	R	TFe	SiO_2
预报命中率/%	91.36	94.87	90.13

预报命中率的计算方法如下：当预报值与检测值都在同一个区间（表5-3所示）就算命中。以R为例，当前R预测值在PS区间，2 h后化验室的检测值也在PS区间，则这次预报命中。以其中某一天的数据（每2 h一组）为例，R、TFe、SiO_2的预报与实测详细对比如表5-5所示。

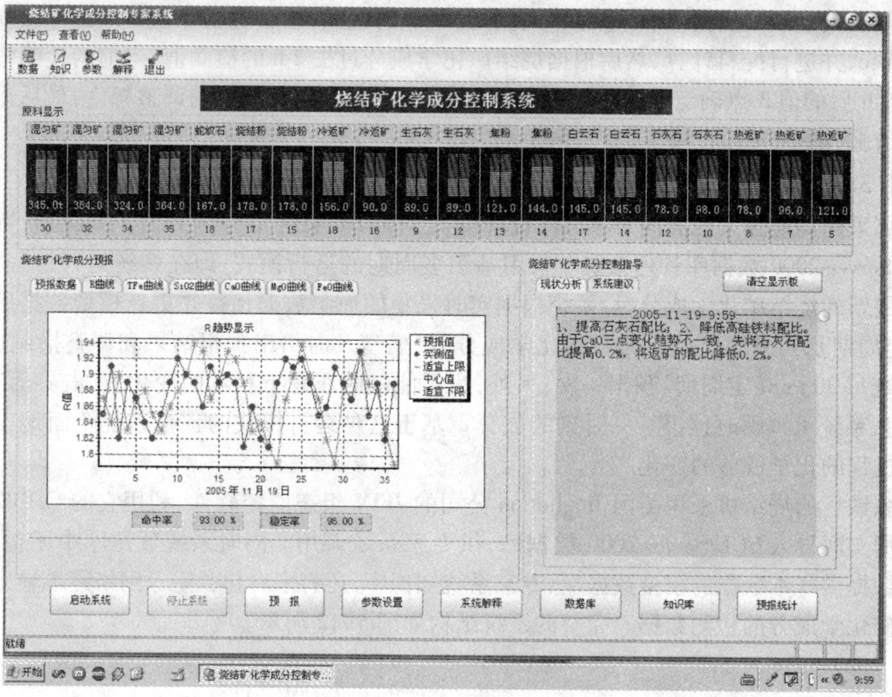

图 5-13　系统主画面

表 5-5　化学成分实测值与预报值比较

时　间	R			$w(\mathrm{TFe})/\%$			$w(\mathrm{SiO_2})/\%$		
	实测	预报	命中否	实测	预报	命中否	实测	预报	命中否
0:00	2.22	2.20	是	49.32	49.21	是	5.06	5.05	是
2:00	2.20	2.23	是	49.2	49.22	是	5.04	5.02	是
4:00	2.21	2.19	是	49.18	49.20	是	5.06	5.13	是
6:00	2.22	2.17	是	49.19	49.34	是	5.07	5.12	是
8:00	2.18	2.21	是	49.35	49.33	是	5.24	5.16	是
10:00	2.19	2.15	否	49.31	49.36	是	5.18	5.14	否
12:00	2.18	2.19	是	49.32	49.34	是	5.14	5.15	是
14:00	2.16	2.17	是	49.32	49.30	是	5.23	5.20	是
16:00	2.18	2.19	是	49.37	49.39	是	5.15	5.13	是
18:00	2.22	2.20	是	49.37	49.35	是	5.06	5.15	是
20:00	2.24	2.23	是	49.35	49.38	是	5.04	5.02	是
22:00	2.21	2.20	是	49.44	49.46	是	5.07	5.19	否

5.2　高炉人工智能控制系统

高炉炼铁工艺是一个典型的复杂工业系统，在其长期的发展历程中，人们逐渐意识到，利用专家系统实现对高炉的控制，是高炉计算机控制的方向，旨在实现高炉冶炼过程闭环控制的专家系统在实践中体现了极大的价值。高炉专家系统开发应用历程表明，不同时期、不同阶段、不同水平、不同形式的开发应用，一直在促进着现代高炉炼铁技术的进步，现已步入闭环控制开发应用阶段,成为高炉冶炼实现“高效、节能、低耗、长寿”的重要措施之一。

国内外广大冶金工作者为此付出了极大的努力,也取得了长足的进步,本节主要介绍两个典型的单一控制目标的智能系统和一个综合智能控制系统。

5.2.1 高炉炉况诊断与报警专家系统

5.2.1.1 概述

保持高炉炉况稳定运行对高炉炼铁至关重要,高炉冶炼是在高温下发生的包含许多物理、化学变化及传输过程的一个复杂过程。生产实践表明,只有保持炉况稳定顺行,才能取得较好的技术经济指标。传统数学模型在炉况稳定时命中率较高,但对异常炉况却不适用,因此建立高炉异常炉况判断专家系统,利用高炉操作者的丰富经验进行顺行炉况和异常炉况的判断具有重要意义。

高炉冶炼过程是在密闭的容器中进行的,过程参数大多不能直接观测,且很多参数难以连续监测。因此,只能根据高炉仪表检测的数据间接地认识高炉过程。已有的专家系统正是利用高炉炼铁学的一系列原理与高炉专家的经验知识相结合,根据仪表数据对高炉运行状况进行判断的。但是,高炉的反应非常复杂,反映高炉运行状况的数据量非常大,变化难以预测,即使最出色的高炉专家也难以具备有效完备的专家知识对高炉的炉况进行预报。如何根据现有的高炉条件进行高炉炉况的预报,最大限度地减少异常事故的发生,对于提高我国钢铁生产水平具有非常重要的意义。

针对这一情况,在总结国内外相关领域专家系统成果,深入研究相关技术,采用 CLIPS 专家系统工具的基础上,以高炉异常炉况报警为目的,基于 CLIPS 的高炉异常炉况报警专家系统得以开发。

5.2.1.2 高炉异常炉况分析

异常炉况的种类有很多,通常主要指管道行程(中心管道和边沿管道)、炉墙结厚、炉墙结瘤、悬料、崩料、炉凉和炉缸堆积(中心堆积和边沿堆积)等。

本节所介绍的这一系统主要分析悬料、管道、炉凉、崩料这四种异常炉况发生的原因、征兆及处理措施等。在此基础上,通过实际情况总结和高炉操作者的经验,整理出炉况判断的推理网络图。该推理图是在由专家知识、专家经验、书本知识、现场修正等多种渠道而获取的知识的基础上建立起来的,但推理图的完善完整情况将决定高炉专家系统的可靠性。所以在实际应用中,根据需要可对推理图不断修正、完善以满足专家系统命中率不断提高的要求。

A 悬料

悬料是高炉炉温过热状态,是高炉运行中时常发生的故障。此时炉料下降速度迟缓,以致料速停滞超过一定时间。从炼铁工艺角度解释悬料的形成,一方面,是因为炉温过热常常导致炉内料柱的透气性变差,风压增大,风压的静压力容易托起料柱;另一方面是因为软熔炉料在炉墙上黏结,既阻滞了边沿气流的上升,也阻滞了炉料下行运动。两方面作用的结果,软熔带以上料柱被阻滞,如果不及时消除,就会形成悬空的料柱,故称之为悬料。而从流体力学角度分析,应当看到炉内气流向上运动受阻,容易在高炉下部空间形成湍流。这种湍流的发展与加强就会产生巨大的托力顶住炉料下行。这种湍流的托力比风压增大产生的向上静压力要大得多,从而急剧形成高炉悬料。悬料事故不仅对高炉设备安全是危险的,而且对正常冶炼行程的破坏性也是很大的。

悬料的主要征兆有以下几点(如图 5-14 所示):

(1) 悬料初期风压缓慢上升,风量逐渐减少,探尺活动缓慢;

(2) 发生悬料时炉料停滞不动;

(3) 风压急剧升高,风量随之自动减少;

(4) 顶压降低,炉顶温度上升且波动范围缩小甚至相重叠;

(5) 上部悬料时上部压差过高,下部悬料时下部压差过高。

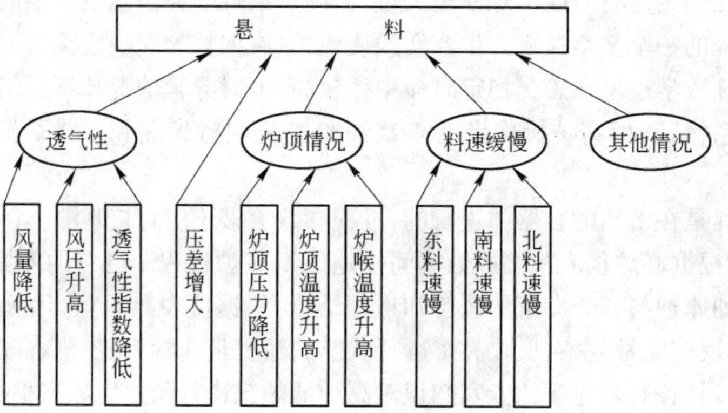

图 5-14　悬料推理图

悬料的处理方法有:

(1) 炉热有悬料征兆时,立即停氧、停煤或适当撤风温,及时控制风压,炉凉有悬料征兆时应适当减风;

(2) 探尺不动同时压差增大,透气性下降,应立即停止喷吹,改常压放风坐料,坐料后恢复风压要低于原来压力;

(3) 坐料后如探尺仍不动,应把料加到正常料线后不久进行第二次坐料,第二次坐料应进行彻底放风;

(4) 如悬料坐不下来可进行休风坐料;

(5) 悬料可临时撤风温处理,降风温幅度可大些,坐料后料动,先恢复风量,后恢复风温;

(6) 每次坐料后,应按指定热风压力进行操作,恢复风量应谨慎;

(7) 冷悬料难以处理,每次坐料后都应注意顺行和炉温,防热悬料和炉温反复,严重冷悬料,避免连续坐料,只有等净焦下达后方能好转,此时应及时改为全焦操作;

(8) 坐料前应观察风口,防止灌渣与烧穿,悬料坐料期间应积极做好出渣出铁工作;

(9) 悬料消除,炉料下降正常后,应首先恢复风量到正常水平,然后根据情况,恢复风温、喷煤及负荷。

B　管道

管道是在炉料下降过程中由于化学反应速度的不均衡形成的,当然与布料过程的不均衡也是密切相关的。风口进风不均,炉料下降不均或煤气分布不均,可能引起局部煤气量集中形成管道。按产生部位不同分为中心管道、边缘管道、局部管道。高炉内料柱形成了局部管道,必然破坏炉内煤气流的正常分布,因而大大降低了高炉的生产效率,也容易形成崩料,造成炉温的剧烈波动和铁水质量的波动。由于局部料柱发生流态化,可以从炉况、气流、炉体以及设备检测等几个方面来预测管道,如图 5-15 所示。

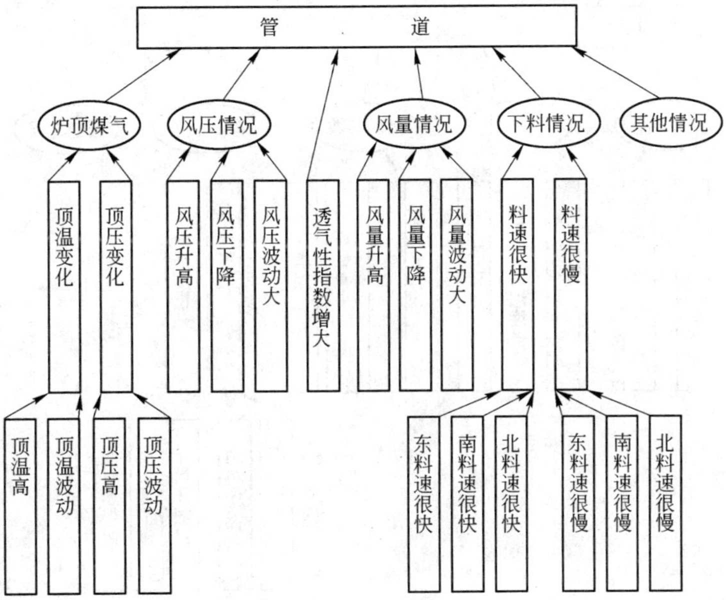

图 5-15 管道推理图

管道行程的主要征兆为：

(1) 顶压波动大；

(2) 煤气曲线不规律；

(3) 风口不均匀，管道方向忽明忽暗，有时升有时降；

(4) 炉顶与炉墙温度出现固定方向的偏离；

(5) 中心管道产生时，炉顶温度集中上升，炉墙温度下降；

(6) 风压下降，风量自动上升；

(7) 边缘方向产生管道时，此方向的炉墙、炉顶温度升高，静压下降；

(8) 中心管道时，四个方向的静压力差别不大；

(9) 除尘器炉尘量增加；

(10) 管道严重时，小块焦炭被吹出。

管道行程的处理措施有：

(1) 适当减少风量；

(2) 如果是由炉热引起的，可适当减风温；

(3) 加双装料，控制煤气分布；

(4) 如管道方向明确，可定点布料；

(5) 上述措施不见明显效果时，可采用减风、放风坐料方法以破坏管道。

C 炉凉

高炉炉凉的定义为二次铁平均温度 PT（铁水温度）≤1490℃或平均 PT≤1500℃。

炉凉是高炉操作的大忌，产生炉凉的原因非常复杂，总体可以分为高炉顺行情况下的炉凉、炉况异常时炉凉和设备原因导致炉凉。高炉顺行时炉凉的根本原因是实际燃料比比所需要的燃料比要低，测得的铁水温度低于管理温度。炉况异常时炉凉指由于崩滑料、悬料、管道、炉墙脱落和低料线等导致的炉凉，如图 5-16 所示。

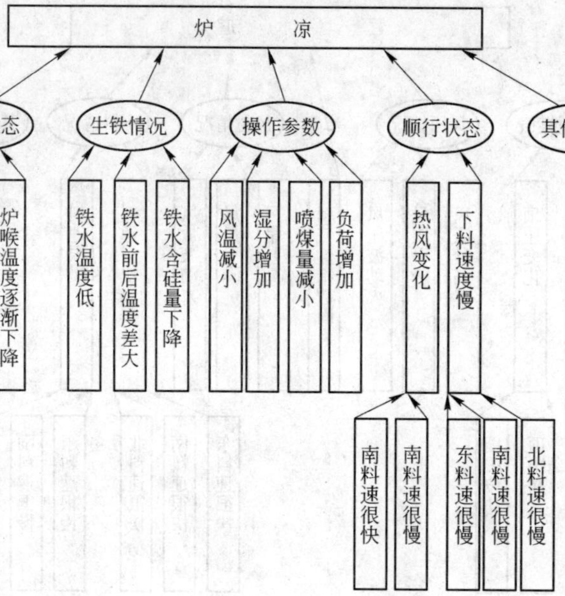

图 5-16　炉凉推理图

高炉初期炉凉的主要征兆为：

(1) 风口向凉；

(2) 风压下降，风量增加；

(3) 在不增加风量的情况下，料速自动加快；

(4) 炉渣中 FeO 含量增加，渣温降低；

(5) 高炉易接受风温；

(6) 炉顶温度降低，炉身温度降低；

(7) 铁水 $w(\mathrm{Si})$ 降低，$w(\mathrm{S})$ 升高；

(8) 静压力压差降低，特别是下部压差明显降低；

(9) 炉喉十字测温降低；

(10) 铁水面火星多。

严重炉凉的主要征兆为：

(1) 风压风量不稳定，且剧烈波动；

(2) 炉况难行，下料时有停滞或陷落；

(3) 炉顶压力波动，装料后顶压下降；

(4) 风口发红；

(5) 炉渣变黑；

(6) 铁水 $w(\mathrm{Si})$ 下降，$w(\mathrm{S})$ 明显上升；

(7) 下部静压力降低；

(8) 铁水面火星多而密集，跳跃低。

炉凉的处理措施有：

(1) 初期炉凉，可增加喷煤量，提高风温，减风量控制料速；

(2) 如果是长期性炉冷，可以减焦炭负荷；

(3) 剧烈炉凉时，风量应以减少到不灌渣为准；

(4) 为了防止冷悬,可按风压操作;

(5) 炉凉严重时,下部调节可加风温,加富氧等;

(6) 必要时还可以适当地加净焦,减负荷;

(7) 风口窝渣时,要及时放渣放铁;

(8) 组织专人看风口,以防风口自动灌渣;

(9) 当炉况急冷又悬料时应以处理急冷为主;

(10) 炉凉状态一直缓不过来时,应考虑风口及冷却器有无漏水,若无漏水应堵此部位风口,或缩小风口。

D 崩料

崩料是炉料在下降过程中,在难行或短期停滞后突然自动下降,包括高处的料柱向低处崩落现象。这是由于料柱中矿石与焦炭的分布不均匀和化学反应速度的不均衡造成的炉内各部位炉料下降速度不同,形成料柱各部位高低差别较大,导致高处料柱向低处垮落。高炉炉顶卷扬控制系统通过左探尺和右探尺来探测料面高度。如果在高炉冶炼进程中,左、右两探尺测到的深度不一致逐步增大,那么继续下去,则发生崩料的可能性就加大。在形成管道的条件下,料柱向管道内垮落也是典型的崩料现象。发生崩料将带来炉温的剧烈波动,铁水硫含量剧烈波动,以致发生不合格铁,崩料推理如图 5-17 所示。

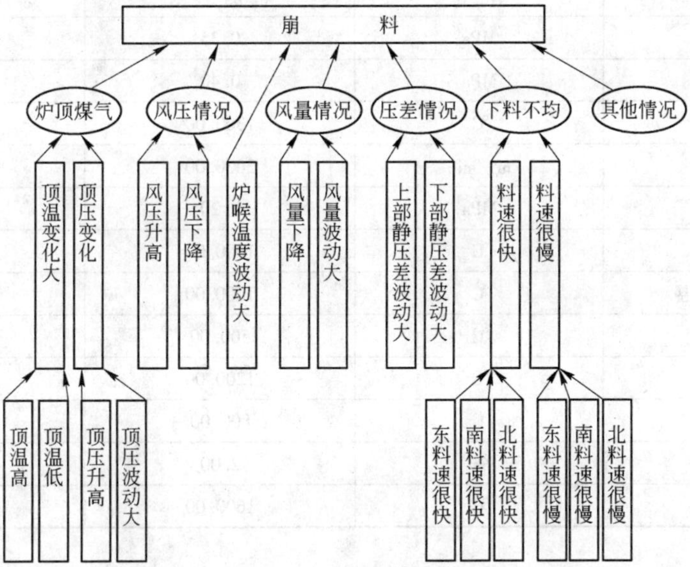

图 5-17 崩料推理图

连续崩料的主要征兆为:

(1) 料尺连续停滞或陷落;

(2) 炉顶温度或炉喉十字测温剧烈波动;

(3) 风压、风量剧烈波动,接受风量难;

(4) 炉顶压力连续波动而降低;

(5) 风口亮度不均匀,有涌渣、灌渣发生;

(6) 渣铁温度变凉,放渣比较困难。

连续崩料的处理措施有:

（1）应立即减风量；

（2）加轻料加净焦；

（3）加倒装疏松边缘；

（4）炉况转好后，不要急于恢复风量；

（5）连续崩料又炉凉时，要注意炉缸温度的变化；

（6）注意风口的变化，以防大量灌渣。

5.2.1.3　系统的设计与开发

A　高炉参数选择

高炉炉况是利用各种炉况特征指数来描述的，高炉检测系统主要采集以下参数：炉顶温度、炉顶压力、炉顶煤气成分、矿石组成、重量及成分、东西料线高度、炉喉缸砖温度、十字测温、炉身温度、热风温度、热风压力等，这些均为一次参数。还有一些参数：透气性指数、煤气利用率、料尺差、时间温差、各检测参数的特征量如标准方差、变化梯度等，这些参数是从一次参数经过复合计算得到的，称为二次参数，它们同样对高炉炉况的判断起着重要作用，高炉炉况部分参数范围如表5-6所示。

表5-6　高炉炉况部分参数范围表

参　数	单　位	检测上限	检测下限
热风压力	MPa	0.35	0.00
顶　压	MPa	0.40	0.00
风　温	℃	1300.00	0.00
冷风流量	m^3/min	3000.00	0.00
全压差	MPa	0.20	0.00
炉顶温度	℃	1000.00	0.00
炉喉十字测温	℃	1000.00	0.00
冷却壁温度	℃	500.00	0.00
炉身温度	℃	1200.00	0.00
炉底温度	℃	800.00	0.00
铁水 w(Si)	%	2.00	0.00
铁水温度	℃	1600.00	1200.00

炉况分析首先需要确定炉况顺行时各个参数的合理范围，为此根据实际生产经验列出了部分参数的炉况顺行参数范围，如表5-7所示。

表5-7　高炉炉况顺行部分参数合理范围

参　数	单　位	上　限	下　限
压　差	kPa	180	160
透气性指数		2.5	2.3
铁水 w(Si)	%	0.5	0.3
铁水温度	℃	1520	1480
炉渣二元碱度		1.28	1.2

续表 5-7

参 数	单 位	上 限	下 限
炉渣 Al_2O_3 含量	%	15.8	0
扫描周期内探尺差	m	0.5	0.2
烧结矿低温还原粉化率 RDI	%	70	70
焦炭反应后强度 CSR	%	70	70
焦炭反应性 CRI	%	28	25
边缘气流指数(*W* 值)		2.0	0.7
中心气流指数(*Z* 值)		12	9
Z/*W* 值		13	6

B 炉况规则知识

关于炉况规则,以悬料和管道为例进行说明。

a 悬料规则

炉况发生异常后,如发生崩滑料、悬料、管道、炉凉等,煤气流受到扰动,料层结构被打乱,炉温的调节出现很多不确定因素,原有炉内平衡被打破,因此在发生异常炉况后容易发生悬料。原燃料物理性能影响高炉透气性主要有三个强度指标:烧结矿低温还原粉化率(RDI),焦炭反应后强度(CSR),焦炭反应性(CRI),分别给上述的三个强度指标分配一个标准值,通过比较当前值和标准值来确定原燃料可能导致悬料的概率。根据文献可知,炉渣 Al_2O_3 含量超过一临界值时,渣的黏度会急剧上升,炉渣流动性变差,导致炉渣出不干净,从而引起高炉受憋悬料。同理,渣碱度 *R* 越高,渣黏度会相应升高,也可能导致高炉受憋悬料。煤气流分布失常可能导致悬料,中心或边缘气流受抑,最终可能导致风压走高、透气性变差、走料变慢、探尺呆滞等。表征气流的参数有十字(悬臂)测温各点温度、中心气流指数(*Z* 值)、*Z*/*W*、边缘气流指数(*W* 值)、顶温(*TT*)、钢砖温度、煤气封罩温度、煤气利用率(η_{CO})等。假定这些气流参数在一个标准范围内不会出现悬料,如果超出标准范围,则会发生悬料的可能。假定 *Z* 值、*W* 值、*Z*/*W* 值在标准值范围内时不会出现悬料,而超出标准时可能会出现悬料。根据以上知识推出的部分规则如下:

(1) IF 透气性指数≥透气性指数上限 AND 当前透气性指数>上次透气性指数 AND 透气性指数连续上升超过十次 THEN 悬料概率=(20+2*透气性指数连续上升次数);

(2) IF 透气性指数≥透气性指数上限 AND 当前透气性指数>上次透气性指数 AND 透气性指数连续上升少于十次 AND(当前透气性指数/上次透气性指数) ≥1.1 THEN 悬料概率=70;

(3) IF 铁水温度≥铁水温度上限 THEN 悬料概率=5*(铁水温度-铁水温度上限)/5;

(4) IF w(Si)≥w(Si)上限 THEN 悬料概率=100*(w(Si)-w(Si)上限);

(5) IF 铁水温度≥铁水温度上限 OR w(Si)≥w(Si)上限 THEN 悬料概率=20+3*max{*Z* 标准值-*Z*,(*W* 标准值-*W*)/0.1};

(6)IF 铁水温度<铁水温度下限 OR 硅含量<w(Si)下限 THEN 悬料概率=30+3* max{Z 标准值-Z,(W 标准值-W)/0.1};

(7) IF 炉缸内贮存的渣铁所占炉缸体积 *V*≥0 AND 0<*V*<40 THEN 悬料概率=10;

(8) IF 炉缸内贮存的渣铁所占炉缸体积 *V*≥40+5*N* THEN 悬料概率=10+5*N*;

(9) IF 任何一把探尺在一个扫描周期内探尺的变化<0 THEN 悬料概率=90;

(10) IF 任何一把探尺在 20s 内探尺的变化=0 THEN 悬料概率=80。

b 管道规则

管道是高炉横截面某一局部区域气流过分发展的表现。它形成的主要原因是原燃料强度降低、粉末增多，风量与料柱透气性不相适应。管道的征兆有风压持续下降、风压和风量不对称、压差减小、局部气流会发生异常变化、顶压波动、静压力异常、η_{CO}异常等现象。因此应从炉况、煤气流以及设备检测等几个方面来预测管道。通过透气性趋势来预测发生管道的概率，当发生管道时，某些参数会发生明显的变化，如顶压波动、静压力异常、η_{CO}异常以及顶温异常升高等现象。发生管道时，顶压会发生波动，顶压波动的大小以及波动的频率可以表示管道的大小。当 TP 波动大于 8 kPa 时，说明顶压波动。炉身静压力曲线呈垂直状，某段高度上压差为零或为负值。由于气流从局部窜出导致化学能利用降低，煤气利用率下降。气流与原料的接触和反应减少，热交换效率降低，导致顶温急剧升高。发生管道之前，局部气流会发生异常变化，主要表现在气流偏，可以根据十字测温边缘 4 点温度、炉喉钢砖 8 点温度以及煤气封罩 8 点温度计算偏差。偏差越大发生管道的可能性就越大。根据经验，通过边缘的气流比通过中心的气流要多。如果边缘严重受抑、中心很强，比较容易发生中心管道。根据以上知识推出的部分规则如下：

(1) IF 透气性指数 < 透气性指数下限 AND 当前透气性指数 < 上次透气性指数 AND 连续超过十次当前透气性指数 < 上次透气性指数 THEN 管道概率 = 20 + 2 * 透气性指数连续下降次数；

(2) IF 透气性指数小于 < 透气性指数下限 AND 当前透气性指数 < 上次透气性指数 AND 连续超过十次当前透气性指数 < 上次透气性指数 AND 当前透气性指数/上次透气性指数 < 0.9 THEN 管道概率 = 70；

(3) IF 热负荷波动≥300/min AND 热负荷≥13000 THEN 管道概率 = 40 + 10 * (热负荷波动/300)；

(4) IF 热负荷波动≥300/min AND 热负荷 < 13000 THEN 管道概率 = 20 + 10 * (热负荷波动/300)；

(5) IF 顶压波动≥8 kPa OR 在 20min 内顶压波动两次 THEN 管道概率 = 80；

(6) IF BP、TP、各层静压力的任一两层的压力差 $\Delta p \leqslant (20-\mathrm{N})$ kPa THEN 管道概率 = $(70+N)$ ($N=0, 1, 2, \cdots$)；

(7) IF 发生管道的概率 $P \geqslant 70$ AND η_{CO}在 10 s 内降低幅度 > 0.5 THEN 管道概率 = 80；

(8) IF 发生管道的概率 $P \geqslant 70$ AND η_{CO}在 5 s 内顶温 TT 上升了 50 THEN 管道概率 = 80。

C 推理机实现

推理机的推理过程可总结如下：读入当前所插入事实，与知识库中的间接规则的前提相匹配，并将匹配成功的规则的结论存入工作内存中；将上一步得出的中间结论作为新的事实与知识库中的直接规则的前提相匹配；如果工作内存中的事实达到一种稳定状态即再无新的事实产生时，结束推理过程，输出专家系统的建议或结论。该系统制定了三条 CLIPS 规则——修订规则、删除规则、匹配规则来实现推理机的正向推理。

```
(deftemplate sign "征兆"
    (slot name)
    (slot status))
(deftemplate rule "规则"
    (multislot precondition)
    (slot result))
(defrule modify-rule "修订规则"
```

```
    ? f1 <-(sign(name? name))
    (status ? status)
    ? f2  <-(rule(precondition? Name? tatus and $? rest))
    (result ? fault)
=>
    (modify? f2(precondition? Rest)))
(defrule remove-rule“删除规则”
    (declare(salience 1))
    ? f1 <-(sign(name ? name))
    (status ? status)
    ? f2 <-(rule(precondition ? name -? status  $ ? rest))
= >
    (retract ? f2))
(defrule match-rule “匹配规则”
    ? f1 <-(sign(name ? name))
    (status ? status)
    ? f2 <-(rule(precondition ? name ? status))
    (result ? fault)
=>
    (retract ? f1)
    (retract ? f2)
    (printout t ? fault crlf))
```

专家系统在实时诊断时根据已有的规则集通过这三条推理规则，就可以在知识库的规则库找到匹配的规则从而找到相应的故障，这样就建立了异常炉况诊断专家系统的推理机。

D　VC++调用 CLIPS 内核的实现过程

开发的专家系统采用调用 CLIPS 推理内核的方式实现专家推理，推理内核被封装成一个动态链接库 CLIPS. dll。调用内核 CLIPS. dll 通过类 CCLIPSWrap 来实现。实现步骤如下：

（1）向工程中添加静态库，如图 5-18 所示：

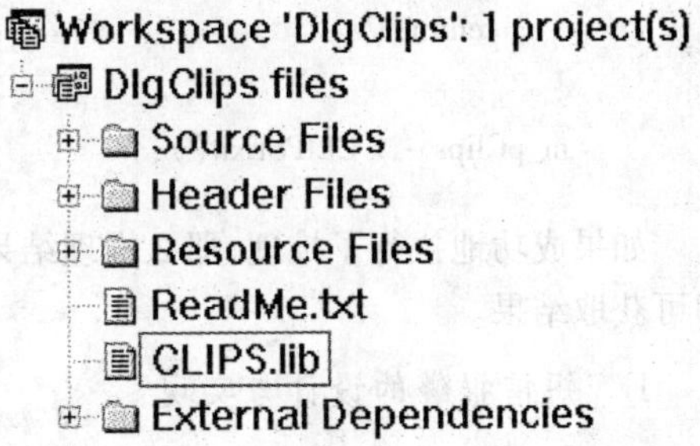

图 5-18　工程中 CLIPS 静态库

（2）声明一个 CCLIPSWrap 对象：

```
CCLIPSWrap * pClips;
```

（3）动态创建对象：

```
m_pClips = new CCLIPSWrap();
```

（4）初始化内核：

```
m_pClips- > CLIPSInit();      //初始化内核
```

（5）内核加载规则库，其中规则库放在一个后缀为 . clp 的文本中：

```
Cstring strFileName = " \\ClipsFile\hang. clp";
int nReturn = m_pClips- > CLIPSLoad(strFileName);      //加载规则库
```

其中 strFileName 为文件名及路径，nReturn 为判断加载是否成功，如果返回为 2，则加载失败。

（6）内核复位：

```
m_pClips- > CLIPSReset( ) ;      //复位
```

（7）设置判断结果关联

```
CstringArray    m_StrArray;
      Cstring sDisplay = "wdisplay" ;      //设定标识
      m_pClips - > SetRouteBuffer( &m_StrArray, sDisplay) ;
```

其中 sDisplay 为关联标志符号，当 CLIPS 推理结束后通过这个标志号去取推理结果。M_StrArray 为 CLIPS 推理结果数据存放的地方。

（8）向内核插入事实：

```
Cstring strClips = "( defrule startup  =>    \      / * 拼写事实字符串 * /
                         ( assert( Template_AA01_PCS_Data \
                                 ( HAG_FS_K " + strHAG_FS_K + " ) \
                                 ( HAG_FS_DIFP " + strHAG_FS_DIFP + " ) \
                                 ( HAG_FS_K1 " + strHAG_FS_K1 + " ) \
                                 ( HAG_FS_DIFP1 " + strHAG_FS_DIFP1 + " ) \
                                 ( HAG_FS_RDBP " + strHAG_FS_RDBP + " ) \
                           ))) ";
m_pClips - > CLIPSAssert( strClips) ;      //插入事实
```

其中 strClips 为事实，通过该语句把事实数据拼写成符合 CLIPS 语法的字符串传递给 CLIPS 内核，为推理做准备。

（9）执行推理：

```
nReturn = m_pClips - > CLIPSRun( ) ;      //执行推理
if( nReturn == 0)      //判断是否推理成功
{
    MessageBox( "CLP Failed to Execute" , "CLIPS" , MB_OK | MB_ICONSTOP) ;
    return;
}
m_pClips - > CLIPSExit( ) ;
```

如果成功地执行了推理，那么推理结果就从内核返回给变量 m_StrArray，从变量 m_StrArray 即可获取结果。

E　短信报警的设计与实现

高炉运行是个连续过程，操作人员需要连续关注高炉的变化过程。高炉的实时性要求高炉操作者必须在第一时间内知道高炉的状况，如果出现异常情况则马上通知相关人员可降低高炉出现异常的概率，因此重要信息通过短信报警不失为一种方便、快捷的方法，而且短信报警系统扩展了高炉专家系统的人机界面，将通信工具跟计算机联系是一种可行的方法。因此采用当前最可靠、最成熟的 GSM 移动网络，直接把炉况判断的结果以短信的形式发送到相关的作业长或者操作工手机上。

a GSM 模块的选择

实现报警模块是高炉生产过程中关键的组成部分。一个稳定高效的高炉生产过程,离不开便捷快速的报警系统。报警功能的优良与否,关系着高炉生产的稳定顺行,它为高炉生产的稳定和正常运作提供了一定程度的保障,为使整个高炉的风险发生率和事发后的损失减到最小提供了必要的实现手段。

在移动终端与监控中心之间的通信是通过移动终端上的 GSM 模块来实现的。移动终端中的无线 GSM 通信模块是一个与 GSM 网络的接口,它接收来自 GSM 网络的信息,同时把移动终端待发送的短消息发送出去。而 GSM 数字移动通信系统电信业务中的短消息业务具有随时在线 Always Online、不需要拨号、价格便宜、覆盖范围广等特点,特别适合于需要频繁传送小流量数据的应用。考虑到中心 PC 主机上还有多余的串口资源可以利用,后台软件系统中的串行通信模块又可以方便调用,并且现在的住户普遍都能随身携带手机,尤其是在外出的时候,所以可以选用一个 GSM 发送接收模块加在 PC 主机的串口上,利用 GSM 短消息的形式将警情随时发送给相关管理人员。

b 串口控制

计算机的标准接口分为并行接口和串行接口。并行接口的数据通路是按字或字节设置的,其数据传输速率高。当外部设备的工作方式是并行传送数据,并且与主机系统距离较近时,选用并行接口。串行接口不同于并行接口之处在于它的数据和控制信息是一位接一位串行地送下去的,这样虽然速度会慢一些,但传送距离较并行口长。因此,长距离的通信应使用串行接口。常用的串行外设有电传打字机、CRT 终端设备、传真机以及远程数据采集设备、通信设备等。

一般说来,计算机都有一个或多个串行端口,它们依次为 Com1,Com2,…。这些串口还提供了外部设备与 PC 进行数据传输与通信的通道,这些串口在 CPU 和外设之间充当解释器的角色。当字符数据从 CPU 发送给外设时,这些字符数据将被转换成串行比特流数据;当接收数据时,比特流数据转换为字符数据传递给 CPU。串行通信接口目前有多种,但都是在 RS-232 标准的基础上经过改进而形成的。RS-232C 标准于 1969 年公布,适合于数据传输速率在 0 ~ 20000 bit/s 范围内的通信。它作为一种标准,目前已在微机通信接口中广泛采用。

串口控制部分主要根据用户设置的串口参数完成串口的连接/断开,其参数设置包括串口的选择/串口通信速率。

c 短信报警系统设计原理

短信报警系统是一个由 GSM 模块加上软件报警系统组成的控制系统,GSM 模块主要是用来建立无线信道,接收和发出短消息,短消息编码采用 Unicode 编码。软件报警系统用来控制 GSM 模块,并且对收到的短消息信息进行解释并执行,该系统的原理如图 5-19 所示。

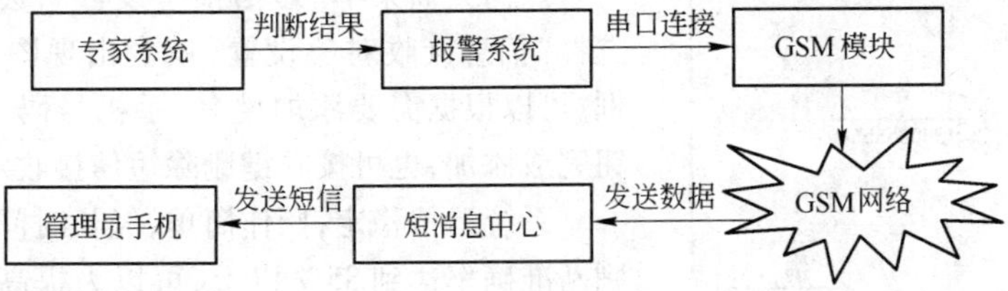

图 5-19 GSM 短信报警系统原理图

F　可视化人机界面

开发的系统主界面以柱状图显示了高炉的悬料、管道、炉凉、崩料的发展趋势，趋势图的横坐标表示最近10 h高炉的各种炉况趋势，纵坐标表示高炉可能发生异常的概率。其中红色代表炉况异常，需要引起注意，绿色代表炉况正常。如果出现红色异常情况就自动将相关信息发送短信到操作人员手机上，最下面文字显示出需要报警的信息，如图5-20所示。

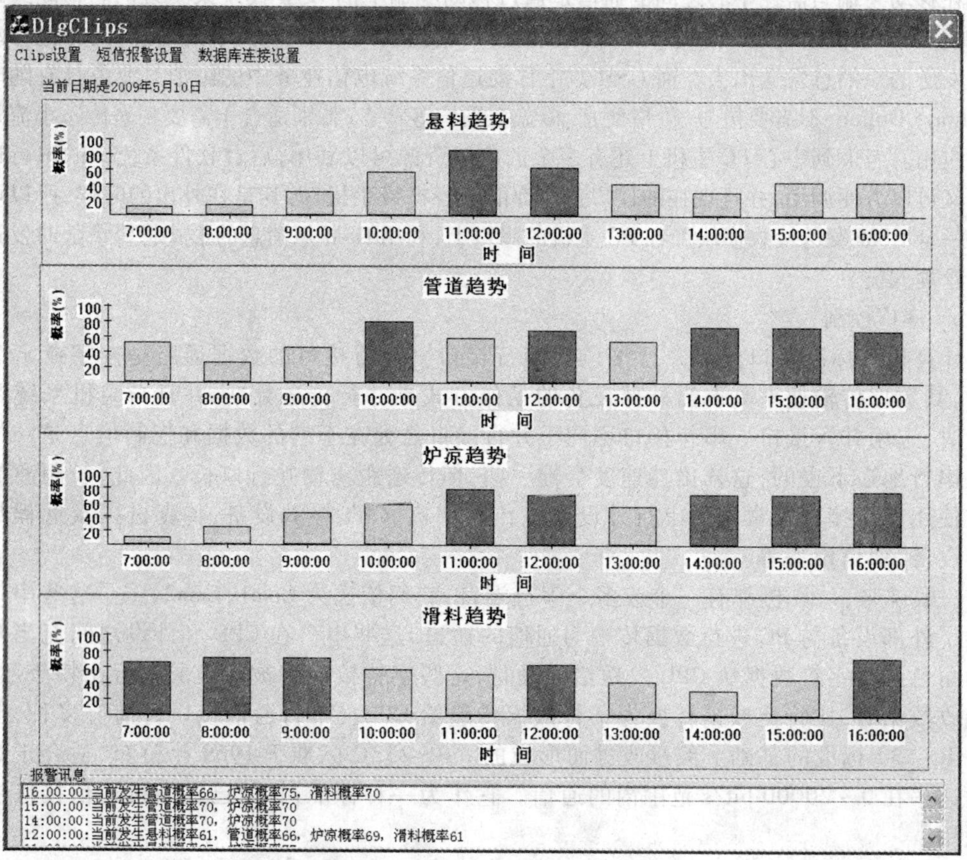

图5-20　高炉炉况结果显示

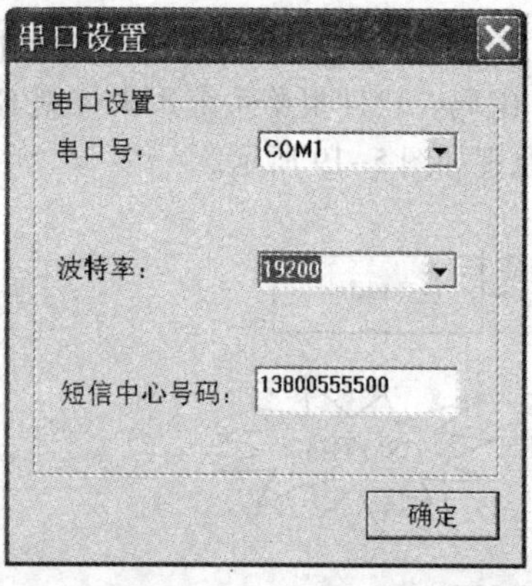

图5-21　串口设置

点击界面菜单“短信报警设置”，会出现下拉菜单，选择“串口设置”就会出现图5-21所示对话框，选择相应的参数设置串口，完成后按确定按钮就完成了串口的设置。

点击界面菜单“短信报警设置”，会出现下拉菜单，选择“信息接收对象设置”就会出现图5-22所示对话框，可以根据需要添加姓名、手机号码、职业，按添加按钮完成添加，也可按右键删除短信接收对象。

系统运行稳定，操作简单，经长时间在线测试，炉况判断准确率达到85%以上，可以为提高高炉操作效率、稳定生产提供有力支持。

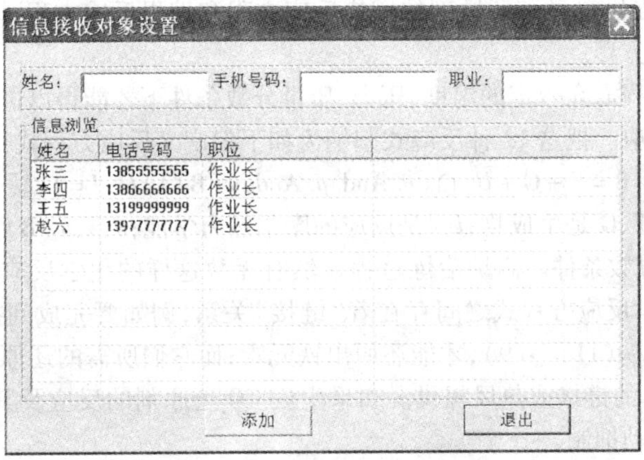

图 5-22 信息接收对象设置

5.2.2 高炉综合智能控制专家系统

5.2.2.1 概述

高炉冶炼过程是一个极为复杂的工业过程，一直以来，专家、学者们致力于高炉过程的模拟与解析，以达到掌握炉况、自动控制高炉的目的。由于高炉冶炼过程的高度复杂性，要达到高炉冶炼过程的闭环控制，单一或少数几组数学模型将无法完整解析整个过程。本节将介绍一个高炉冶炼过程多模型智能化集成的专家系统，其基本架构如图 5-23 所示。

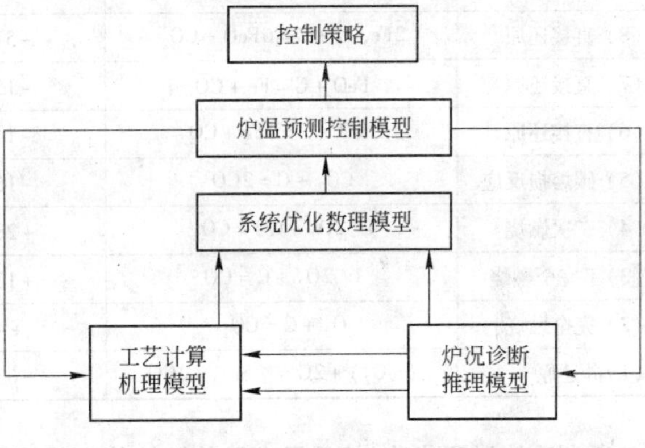

图 5-23 基于数学模型集成专家系统的基本架构

图 5-23 中，炼铁工艺计算机理模型是保持冶炼过程物料平衡和热平衡的基础，是高炉专家系统进行计算与控制的基础；炉况诊断推理模型保障炉况的正常运行；系统优化数理模型是挖掘高炉增产节焦潜力的保障，是建立在混合动力学基础上的优化模型；炉温预测控制模型给出未来炉况的精确预测；在炉温预测控制模型精确预测的基础上，需要有一整套的控制策略对高炉冶炼过程进行控制。这些模型是相辅相成、不能相互替代的，综合起来就构成了一整套的高炉炼铁智能控制专家系统，从而为高炉冶炼过程的最优控制奠定了基础。

5.2.2.2 混合动力学机理模型

高炉冶炼过程是三相流体动力学条件下的化学反应过程。大型高炉条件下的这种流体运动与化学反应的相互影响，在实验室中是无法模拟的。炉内微观的化学反应方程是无法检测的，能够检测的是反应结果，如铁水、炉渣以及炉体温度场等参数；而宏观的流体动力学参数也只能检测初始条件或边界条件。因此，需要依靠模型分析和仿真计算来研究冶炼过程的动态发展规律和优化。

高炉冶炼过程炉内发生的化学反应多达 100 多种，表 5-8 选取了高炉中发生的有代表性的几种典型的化学反应方程进行建模分析。其中 12 种反应方程包含了铁元素的直接还原方程和间接还原方程，由碳提供热量和还原剂的燃烧反应方程和熔损反应方程，以及与铁水 Si 含量密切相关的硅元素还原方程。

这些化学反应方程需在一定的温度、压力、质量分数条件下才能得以进行。在反应过程中发生吸热或放热的热效应。把这 12 种反应式归纳为如下的广义反应方程式：

$$(A + B = F + G + U_m \cap (\theta.\ \text{And}.\ p.\ \text{And}.\ w(B)))I \quad I = 1, 2, \cdots, n \tag{5-14}$$

式中，A、B 是反应物；F、G 是生成物；U_m 是反应的摩尔热力学能；θ、p、w(B) 是反应过程需要满足的温度、压力和质量分数条件。高炉冶炼过程显然有无数这样的化学反应发生。需要特别指出的是：表 5-8 中的化学反应方程式之间存在着"链接"关系，例如要完成间接还原的三个反应方程构成的反应链(12)→(11)→(9)，才能还原出铁元素；而它们所需的还原剂 CO 和热量则需要反应方程式(1)和(4)的链接或热风提供。如果生成 CO 还原剂的反应及其热量不满足要求，那么间接还原就会被自动抑制。

表 5-8　对流体动力学模型参数有显著影响的主要反应类型

反应类型	反应方程式	U_m/kJ · mol^{-1}	反应起始条件	
			θ/ ℃	反应区域
(12) 间接还原	$3Fe_2O_3 + CO = 2Fe_3O_4 + CO_2$	8.87	141	
(11) 间接还原	$Fe_3O_4 + CO = 3FeO + CO_2$	-4.99	240	
(10) 间接还原	$FeO + CO = Fe + CO_2$	+13.6	300	
(9) 直接还原	$6Fe_2O_3 + C = 4Fe_3O_4 + CO_2$	-10.98	390	
(8) 直接还原	$2Fe_3O_4 + C = 6FeO + CO_2$	-51.78	750~800	
(7) 直接还原	$FeO + C = Fe + CO$	-152.2	800~850	
(6) 直接还原	$2FeO + C = 2Fe + CO_2$	-145.6	850~900	
(5) 碳熔损反应	$CO_2 + C = 2CO$	-165.8	800~850	
(4) 二次燃烧	$1/2O_2 + CO = CO_2$	+283.4		风口燃烧带
(3) 不完全燃烧	$1/2O_2 + C = CO$	+125.5		风口燃烧带
(2) 完全燃烧	$O_2 + C = CO_2$	+408		风口燃烧带
(1) 硅还原	$(SiO_2) + 2C = [Si] + 2CO$	-635.1	1350~1550	

所谓冶炼过程优化，就是寻求最佳链接状态的炉况条件，并且保持反应链成为稳定流场。例如，(1)→(4)→(12)→(11)→(9) 反应链，如果反应过程的吸热效应得到热风热量的有效补充，那么反应链具有可持续性；否则反应不可能持续进行，而自动改变为其他反应链方程。因此，要建立化学反应的稳定流场，反应链的热效应等约束条件必须得到满足。它构成了反应空间的动态热平衡，而不是静态热平衡。

以此类推，反应链的各个环节之间的比例、反应速度也会在各自约束条件下自动调整和转化。在实际冶炼进程中，由于直接还原与间接还原的反应链比例随着时间的推移而变化，从一种反应链逐步过渡到另外一种反应链，通过不同反应链的调整，炉内反应不断变化，吸热效应和放热效应也在不断改变，从而对铁水中 w(Si) 产生直接影响，导致其时间序列呈现混沌性的非周期波动。

从流体动力学角度考察高炉的冶炼过程，它包括由炉顶装入的原燃料在高温物理化学条件下形成的"下降流体"运动，也包括由风口进入的鼓风、喷煤以及化学反应形成的"上升流体"运动。反映流体动力学普遍规律的是以下三大方程：

$$\frac{\partial \rho}{\partial t} + \operatorname{div}(\rho \boldsymbol{v}) = k\rho \tag{5-15}$$

$$\frac{\partial v}{\partial t} + (\boldsymbol{v} \cdot \Delta)\boldsymbol{v} = F - \frac{1}{\rho}\mathbf{grad}\ \rho \tag{5-16}$$

$$p = f(\rho) \tag{5-17}$$

式中,k 为增长因子;Δ 为 Hamilton 算子;$\boldsymbol{v}$ 为流体运动速度向量。式(5-15)为连续性方程,反映质量守恒规律;式(5-16)为流体运动方程,反映在重力 F 与压差作用下的运动规律;式(5-17)是物态方程,反映压力 p 与流体密度 ρ 的函数关系。并且:

$$\operatorname{div}(\rho \boldsymbol{v}) = \frac{\partial \rho v_x}{\partial x} + \frac{\partial \rho v_y}{\partial y} + \frac{\partial \rho v_z}{\partial z} \tag{5-18}$$

$$(\boldsymbol{v} \cdot \Delta)\boldsymbol{v} = \left[v_x \frac{\partial}{\partial x} + v_y \frac{\partial}{\partial y} + v_z \frac{\partial}{\partial z}\right](v_x, v_y, v_z) \tag{5-19}$$

$$\mathbf{grad}\ p = \left[\frac{\partial \rho}{\partial x}, \frac{\partial \rho}{\partial y}, \frac{\partial \rho}{\partial z}\right] \tag{5-20}$$

在炉况顺行的条件下可进一步简化模型,只考虑流体在高炉轴向 z 上的运动速度(v_{LS}) 而忽略径向 r 及环向 θ 上的运动速度,那么式(5-15)、式(5-16) 可以简化为:

$$\frac{\partial \rho}{\partial t} + \frac{\partial \rho v_{\mathrm{LS}}}{\partial z} = k\rho \tag{5-21}$$

$$\frac{\mathrm{d}v_{\mathrm{LS}}}{\mathrm{d}t} = F - \frac{1}{\rho}\frac{Q_{\mathrm{fq}}}{F_{\mathrm{f}}} \tag{5-22}$$

式中,Q_{fq}为风量;F_{f} 为透气性指数,按照炼铁工艺计算的定义是:$F_{\mathrm{f}} = F_{\mathrm{q}}/\mathbf{grad}\ p$。综合以上方程可知,在高炉冶炼过程中,与流体运动规律密切相关的变量是料速 v_{LS}、风量 Q_{fq}、透气性 F_{f}、压差 $\mathbf{grad}\ p$ 以及流体密度 ρ。这 5 项参数中 4 项参数可以实时采集与计算,据此选择它们作为随后建立的控制方程的输入变量,而流体密度无法在线检测。这样,基于化学反应动力学和流体动力学的高炉冶炼过程的混合动力学机理就建立起来了。

式(5-14) ~ 式(5-22)构成的微分方程组在数学上难以求解。在微观的化学反应链不具有可检测性的情况下,通过建立起揭示高炉冶炼内在规律的混合动力学机理模型,从高炉的工艺机理模型入手,逐步建立起基于多模型的高炉专家系统,从而控制冶炼过程的流体动力学参数,优化化学反应途径。

5.2.2.3 工艺机理模型

在炼铁工艺计算中,物料平衡与热平衡是基础。根据数据库中采集的各种原燃料成分数据,以及喷煤速率等数据,计算得到工艺过程中的重要参数,包括理论铁量、渣量、焦炭负荷等。在这些参数计算的基础上,再加上高炉采集到的温度压力等数据,建立起高炉专家系统的工艺机理模型,主要包括确定性的透气性计算模型、理论燃烧温度模型、直接还原度计算模型、RIST 操作线计算模型、基于热传导方程的有限差分算法的炉缸侵蚀模型等。

5.2.2.4 炉况诊断的逻辑推理模型

炉况诊断的推理模型是专家系统重要组成部分,只有在保证高炉顺行稳定的条件下才可能对高炉冶炼过程进行优化和预测控制,在实际应用中主要包括随机参数估计模型、模糊逻辑推理模型、神经网络模型等。由于用于高炉炉况诊断的高炉工长操作经验多属因果性判断,这里的炉况诊断模型主要采用模糊逻辑推理方法。

5.2.2.5 系统优化模型

在安全、顺行的前提下,高产低耗是高炉智能化操作努力的方向。建立系统优化模型是对高炉冶炼过程进行提高产量、降低焦比、保证铁水质量和炉况稳定顺行的多目标优化计算。系统优化模型的实质是寻求流体动力学参数对化学反应状态变量的最佳控制，是对冶炼过程直接还原—间接还原等化学反应"三传(传质—传热—传动)"过程的动态优化，是对冶炼过程非线性能耗的解析计算。通过对各主要控制变量的优化和调控，达到降低焦比、提高利用系数的目标。

显然，这样的模型计算功能是机理模型和推理模型不具备的。面对高炉错综复杂的流体动力学与化学反应动力学交叉作用机理，系统优化的数理模型可以定量化地弥补机理模型、推理模型在处理非线性能耗难题上的缺陷，获得过程动态优化控制的控制变量与状态变量的最佳控制范围和最佳组合，构成控制模式，并且预测其控制结果。

5.2.2.6　炉温预测控制方程及控制策略

在系统优化模型的基础上，建立起反映高炉炉温预测控制偏微分方程如下：

$$\frac{\partial w(\mathrm{Si})}{\partial t}=A\frac{\partial v_{\mathrm{LS}}}{\partial t}+F\frac{\partial F_{\mathrm{f}}}{\partial t}+L\frac{\partial F_{\mathrm{t}}}{\partial t}+W\frac{\partial F_{\mathrm{w}}}{\partial t}+B\frac{\partial P_{\mathrm{m}}}{\partial t} \tag{5-23}$$

式中，$\frac{\partial w(\mathrm{Si})}{\partial t}$是铁水中 $w(\mathrm{Si})$ 的变动指数；$\frac{\partial v_{\mathrm{LS}}}{\partial t}$是料速变动指数；$\frac{\partial F_{\mathrm{f}}}{\partial t}$是透气性变动指数；$\frac{\partial F_{\mathrm{t}}}{\partial t}$是风量变动指数；$\frac{\partial F_{\mathrm{w}}}{\partial t}$是风温变动指数；$\frac{\partial P_{\mathrm{m}}}{\partial t}$是喷煤速率变动指数；所谓变动指数是指各项变量对 $w(\mathrm{Si})$ 指数的影响，都按照神经网络算法进行了时效预处理，而不是实际采集数据的本身；A、F、L、W、B 系数则是非线性的，可以按照模式识别方法进行线性化处理。通过多种非线性方法对其做出有效的"粗糙求解"，在实际中取得了较好的效果。

对模型输入和输出变量做模糊模式划分，每一组输入变量的值可以粗糙地归入输入变量的某种模式，再通过对历史数据的学习训练来确定对应模式下方程的系数，进而求出模型输出变量的值。按照这样的方法对铁水 $w(\mathrm{Si})$ 进行动态预报，每 30 min 做一次预报，其成功率达到 90 % 以上。如果对下一时刻铁水中 $w(\mathrm{Si})$ 的预报值与实际值误差绝对值不超过 0.1 %，而且上升或下降的方向是一致的，就认为这样的预测是成功的。模型较好地预测了未来炉温的走势，提供给工长较为精确的未来炉温信息，从而对控制炉温有很好的指导作用。

在得到较为精确的未来炉温信息之后，依据划分的模糊模式给出对应的控制措施。假设预测得到下一时刻铁水 $w(\mathrm{Si})$ 为 0.6(%)，而通过系统优化模型得到的最佳范围应在 0.30 ~ 0.45，因此需要采取控制措施降低炉温。从上一炉次所属的模式出发，找出与该模式最邻近的炉温范围在 0.30 ~ 0.45 的模式，并进而将当前输入(控制变量)调整到该模式的范围内从而得到合理的控制策略。

该系统在容积分别为 2000 m^3 和 2500 m^3 的两座高炉的应用中，一方面通过专家系统很快总结出低硅冶炼的优化规律，另一方面通过预测控制方程为工长平稳控制炉温提供了有效的指导，从而实现了提高利用系数和降低焦比的优化目标。在 2000 m^3 高炉 2006 年 4 ~ 8 月试验期与 2004 年 7 ~ 12 月基准期相比，利用系数提高 0.07 t/(d · m^3)，焦比下降了 12 kg/ t，低硅操作达到月份平均值 0.299 的先进水平，达到了专家系统应用的预期效果。

5.2.3　热风炉燃烧智能控制系统

5.2.3.1　概述

热风炉是高炉冶炼过程中重要的热交换装置，它的作用是把鼓风加热到要求的温度。热风炉燃烧控制系统的目标是实现热风炉燃烧过程控制的自动化，核心是实时优化空燃比和煤气流量，保证燃烧过程的高效、节能、稳定，延长热风炉使用寿命，其控制品质直接影响高炉焦炭消耗量和炉况稳定性。

目前,我国绝大多数热风炉风温低于日本、德国、韩国等国外先进高炉使用的风温,造成风温低的原因是多方面的,包括煤气热值低、炉体设计因素、操作制度、炉况不稳等因素,但是燃烧控制是影响热风炉燃烧效率的关键因素之一,因此,近年来国内外都很重视对热风炉燃烧控制的研究与应用。热风炉燃烧控制比较典型的方法有:

(1) 采用比例极值调节法、烟气氧含量串级比例控制法等。其中,比例极值调节法对检测点要求不多,但在煤气热值变化时不能及时改变空燃比,难实现热风炉的最佳燃烧。烟气氧含量串级比例控制法是以比例调节作为粗调,以烟气中氧气含量反馈控制作为细调,对空气、煤气量进行控制,使烟气残氧量处于或接近于依据经验设定的目标值,但由于含氧量分析仪寿命有限,易损坏,难维护,应用效果也不理想。

(2) 利用热平衡计算来优化设计煤气和空气的流量,控制热风炉燃烧和操作制度,达到节能和提高风温的目标。此方法的缺点是检测点多,投资大,在生产条件不稳定、装备水平较低的热风炉中难实现,限制了方法的广泛应用。

(3) 针对热风炉燃烧过程复杂、难以直接建模的特点,采用模糊控制理论设计控制器,通过专家知识修正控制器参数,这种模糊专家控制器方案在国内外都有成功的应用,适用于中、小热风炉燃烧控制。

(4) 利用物理模型计算出热风炉的作业条件,设定热风炉必须投入的热量、煤气、空气流量,采用模糊模型将拱顶、废气温度管理的经验知识转换到神经网络中,构成模糊神经网络构成的混合型控制系统,修正物理模型的参数。

(5) 采用专家系统等智能控制技术实现热风炉的全自动控制,这是目前高炉控制系统的研究热点,但还没有形成一种规范的系统开发方法。

本节介绍一个采用专家规则和模糊控制理论模仿人工烧炉的炉况估计与控制决策,通过案例推理结合模糊修正补偿建立空燃比优化策略,采用一类模糊专家控制器来建立的热风炉燃烧控制模型,实现热风炉自动烧炉。

5.2.3.2 热风炉燃烧特性分析

热风炉的工作过程是燃烧—闷炉—送风—闷炉—燃烧的重复工作过程,其工作原理是蓄热室格子砖在燃烧期间吸收热量,送风期间将热量传递给冷空气,加热送到高炉的冷空气。

热风炉的燃烧主要有如下特性:在燃烧初期,蓄热室拱顶的温度很低,废气的热量大部分被拱顶吸收,拱顶的温度上升较快,蓄热室中下部的温度则上升缓慢;当拱顶温度上升到一定值后,其温度几乎不再上升,废气所带的热量主要被蓄热室中下部吸收,中下部格子砖几乎以一种稳定的热流传热,并且拱顶温度越高,则蓄热室热流传热的效率越高,中下部格子砖的温度迅速上升;然而由于煤气热值的变化,热风炉拱顶温度不是总能到达预定值,在拱顶温度难以上升时需要及时调整燃烧制度,使蓄热室下部的格子砖温度迅速上升;废气温度是反映蓄热室热交换能力的重要因素,废气温度低说明炉内热交换能力强,随着蓄热室温度的上升,从蓄热室排放的废气温度随时间延长而增加,为了避免蓄热室的耐火砖被烧坏,废气温度必须控制在操作规程规定的范围内。

5.2.3.3 燃烧控制模型设计

A 系统控制结构

热风炉燃烧控制系统的结构图如图5-24所示。热风炉生产过程的基础自动化为热风炉燃烧控制系统提供了方便的数据通信功能,燃烧控制模型运行在控制系统的上位机,它通过 WinCC

组态软件连接 PLC 控制模块，实时采集热风炉燃烧过程数据和下发控制指令。

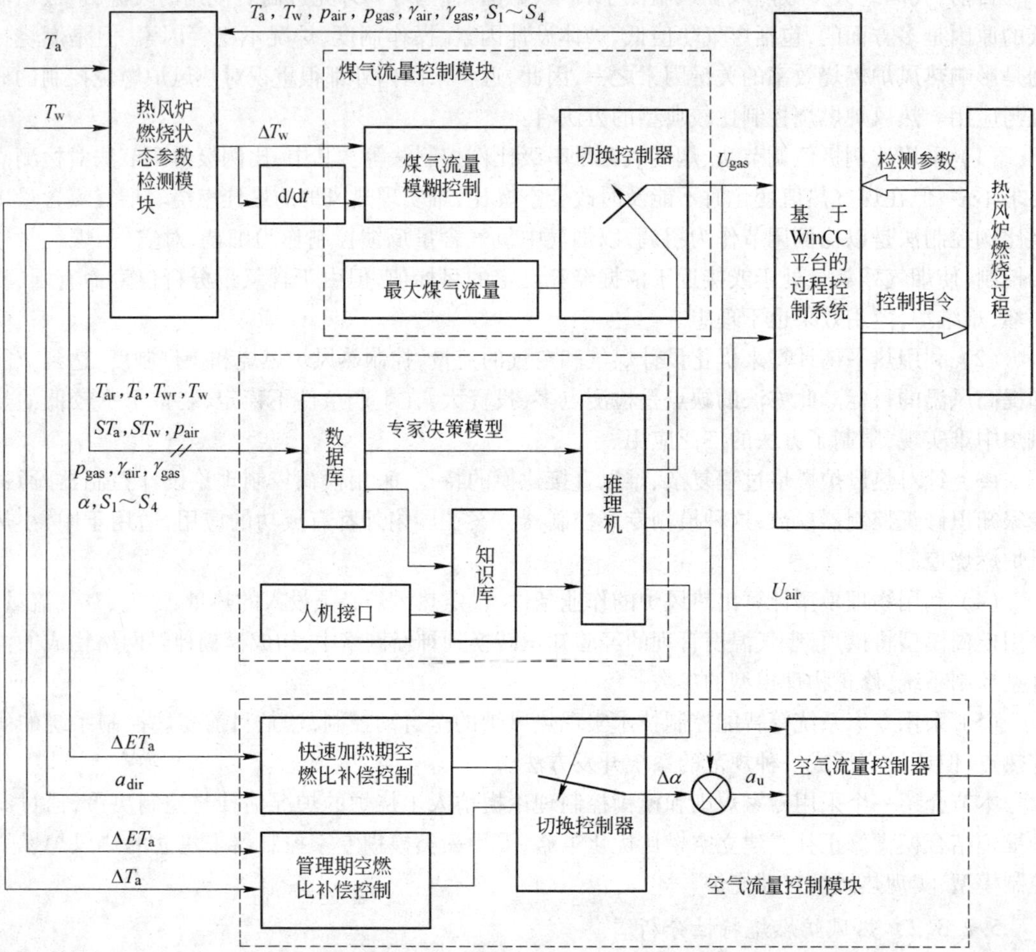

图 5-24　热风炉系统控制结构

由图 5-24 可知，燃烧控制模型可以分为燃烧状态参数检测模块、专家决策模型、煤气流量控制模块、空气流量控制模块四个部分。燃烧状态参数检测模块对从生产过程中采集的实时数据进行预处理，主要包括拱顶和废气温度检测值 T_a、T_w，空气和煤气压力 p_{air}、p_{gas}，空气和煤气阀门开度 γ_{air}、γ_{gas}，1 ~ 4 号热风炉的燃烧标志 $S_1 \sim S_4$，并保存这些过程检测参数以及设定控制参数，如拱顶和废气温度设定 T_{ar}、T_{wr}，计算并保存空燃比 α，累积平均拱顶温度 ST_a，累积平均废气温度 ST_w，燃烧时间 t，为热风炉的炉况判断和决策提供数据支持，同时计算实时的拱顶温度变化 ΔT_a 及其变化率 ΔET_a、空燃比变化方向 α_{dir} 作为空燃比补偿控制的入口参数，将废气温度变化 ΔT_w 及其变化率 ET_w 作为煤气流量的入口参数；专家决策模型一方面根据燃烧状态和专家规则制定合适的切换控制策略，依据热风炉燃烧特性不同的燃烧期采用不同的煤气和空气控制方式，另一方面根据存储的燃烧案例分析初步设定适当的空燃比 α_i；煤气流量控制模块在快速加热期采用最大煤气流量燃烧，在温度管理期根据废气温度采用模糊控制器和专家规则相结合的模式来优化煤气流量的设定 U_{gas}；空气流量控制模块综合案例分析初步设定空燃比 α_i 以及模块控制器计算空燃比的补偿增量 $\Delta\alpha$，计算实时空燃比 α_u，然后结合煤气流量计算空气流量 U_{air}。空气和煤气控制量通过 WinCC 过程控制系统下发到生产过程的执行机构，调整燃烧过程。

B 燃烧状态参数检测

燃烧状态参数检测模块负责采集和预处理数据，为炉况判断和决策提供实时数据，其中：

拱顶温度变化

$$\Delta T_a = T_a(k) - T_a(k-1) \tag{5-24}$$

式中，k 为采样时间。

拱顶温度变化的变化率

$$\Delta ET_a = T_a(k) - 2T_a(k-1) + T_a(k-2) \tag{5-25}$$

废气温度变化

$$\Delta T_w = T_w(k) - T_w(k-1) \tag{5-26}$$

废气温度变化的变化率

$$\Delta ET_w = T_w(k) - 2T_w(k-1) + T_w(k-2) \tag{5-27}$$

累积平均拱顶温度

$$ST_a = (T_a(0) + T_a(1) + \cdots + T_a(n)) \cdot \Delta t / t \tag{5-28}$$

式中，n 为采样数；Δt 为时间间隔；t 为燃烧时间。

累积平均废气温度 $ST_w = (T_w(0) + T_w(1) + \cdots + T_w(n)) \cdot \Delta t / t$。

空燃比的定义就是空气流量和煤气流量的比值。影响空燃比的主要因素有：

(1) 煤气调节阀门的开度；

(2) 煤气总管压力；

(3) 燃烧炉子的个数和位置；

(4) 空气调节阀门开度；

(5) 空气总管压力；

(6) 煤气支管本身损坏或者堵塞(不能在线检测)。

这六个方面因素的变化都会引起空燃比变化，影响燃烧过程的控制效果。由于空气支管流量和煤气支管流量不准确并且热风炉未安装热值分析仪，空燃比只能通过数据和经验分析的经验公式来间接估计，该系统以煤气质量较好时最优空燃比为 0.50 作为基准，主要考虑煤气总管压力和阀门开度以及空气总管压力和阀门开度的影响预测空燃比，经过长时间的现场经验总结和数据相关性分析，得到如下基于阀门开度的空燃比计算经验公式：

$$\alpha = 1.25 \times \gamma_{air} \times p_{air} / (80 \times p_{gas}) \tag{5-29}$$

式中，α 为空燃比；γ_{air} 为空气调节阀开度；p_{air} 为空气总管压力；p_{gas} 为煤气总管压力。

这个经验公式适合于煤气总管压力不是很高或者很低的情况，在煤气总管压力持续很高或者很低的情况下，应对公式进行分段的校正。规则如下：

当煤气总管压力小于 10.2 时，$\alpha = \alpha/0.85$；当煤气总管压力小于 10.8，并且煤气总管压力不小于 10.2 时，

$$\alpha = \alpha / 0.90 \tag{5-30}$$

当煤气总管压力小于 11.4 并且煤气总管压力不小于 10.8 时，

$$\alpha = \alpha / 0.94 \tag{5-31}$$

当煤气总管压力不小于 14.5 时，

$$\alpha = \alpha / 1.10 \tag{5-32}$$

空燃比变化方向：

$$\alpha_{\text{ait}} = \begin{cases} 1 & \alpha(k) - \alpha(k-1) \geq 0 \\ -1 & \alpha(k) - \alpha(k-1) < 0 \end{cases} \tag{5-33}$$

式中，k 为采样时间。

C　专家决策模型

专家决策模型包括数据库、知识库、人机接口、推理机四个部分。数据库负责存储高炉过程检测参数、状态数据、算法控制参数，知识库可以在线从数据库提取知识规则，也可以依据领域专家的专门知识和经验，通过人机接口输入或者修正知识规则。推理机采用前向推理机制，一方面根据知识库中的规则分析高炉过程数据和状态，选择不同的控制策略，另一方面根据存储的燃烧案例分析预设定空燃比。

a　燃烧控制策略

根据热风炉的燃烧特性，热风炉燃烧过程可以分为快速加热期和温度管理期两个阶段，两者的切换由拱顶温度的变化来判断。当拱顶温度达到 1250℃时，开始进入管理期，燃烧终点由废气温度确定，当废气温度达到 300℃时，提示操作人员热风炉需要转入闷炉状态，其决策规则如下：

IF($T_a < 1250$ && $T_w < 300$) THEN 执行快速加热器期控制方式；
IF($T_a \geq 1250$ && $T_a < 1270$ && $T_w < 300$) THEN 执行管理期控制方式；
IF($T_a \geq 1270$ && $T_w < 300$) THEN 执行异常处理；
IF($T_w \geq 300$) THEN 燃烧结束处理。

其中，T_a 为拱顶温度，℃；T_w 为废气温度，℃。

b　基于案例分析的空燃比初步预设定

煤气压力和热值波动以及助燃空气流量变化等因素都会使得空燃比偏离优化设定值，导致拱顶温度上升速度减慢甚至下降。在不能及时、准确求取空燃比的情况下，对空燃比的变化方向可能判断错误以致系统不稳定。实际复杂的生产中，操作人员往往依据经验设定空燃比来得到较好的燃烧效果。案例推理为学习过去成功的案例提供了一种手段，在理论模型和领域知识不完全的情况下模仿人工操作经验。

与传统的基于规则的系统相比，基于案例推理的系统具有简化知识获取、便于知识积累等优点。案例分析的步骤可以分为目标案例输入—案例检索—案例重用—案例评价—案例修正。当案例库中的案例数量较多时，采用多级索引的技术可以有效提高案例检索的速度。由于四座热风炉燃烧之间具有很强的耦合性，不同的燃烧组合呈现不同的特性，因此根据热风炉的燃烧状态可以先将案例分为 14 类抽象案例作为第一级索引，采用拱顶温度、拱顶温度上升速度、废气温度、废气温度上升速度、实时空燃比计算值来表征一个抽象案例的条件属性，空燃比预设定值为决策属性，如表 5-9 所示。采用聚类分析的方法来制定推理策略，针对案例数据的不完整和非确定因素利用专家经验修正决策规则，减少案例搜索的时间和空间，决策规则如下：

(1) 在快速加热期，如果拱顶温度始终上升，预设定空燃比取实时空燃比计算值，否则根据案例优化设定空燃比。

(2) 在温度管理期，如果拱顶温度维持在设定值，废气温度始终上升，预设定空燃比取实时空燃比计算值，否则根据案例优化设定空燃比。

(3) 设案例库 $C = \{C_1, C_2, \cdots, C_m\}$，其中案例 $C_j (j = 1, 2, \cdots, m)$ 的特征描述为 $F = (f_1, f_2, f_3, f_4, f_5, f_6, f_7, f_8)$，$C_i$对应的预设定空燃比为 $\alpha_i (i = 1, 2, \cdots, 5)$。

(4) 燃烧工况描述特征与案例特征的相似度函数为：

$$SIM(f_i^k, f_i^C j) = 1 - \frac{|f_i^k - f_i^C j|}{\max(f_i^k, f_i^C j)} \tag{5-34}$$

式中，f_i^k 为 k 时刻的工况特征；$f_i^C j$ 为案例 C_j 的工况特征，$i=1,2,\cdots,8$。

（5）k 时刻工况与案例库中案例的最大相似度为：

$$SIM_{k,\max} = \max_{C_i \in C}[SIM(C_k, C_i)] = \max_{C_i \in C}\left[\sum_{i=1}^{8} \omega_i SIM(f_i^k, f_i^C j)\right] \tag{5-35}$$

式中，$\omega_i(i=1, 2, \cdots, 8)$ 是描述特征的加权系数，采用极值统计迭代法再归一化处理后得：

$$\omega_1 = 0.11;\ \omega_2 = 0.16;\ \omega_3 = 0.10;\ \omega_4 = 0.16;$$

$$\omega_5 = 0.18;\ \omega_6 = 0.12;\ \omega_7 = 0.09;\ \omega_8 = 0.08$$

（6）输入的目标案例首先和抽象案例进行匹配，找到最相似的抽象案例，然后在检索到的相似抽象案例对应的具体案例库中进行具体案例检索，选择相似度最大的案例的决策属性为目标解，如果最大相似度小于设定的阈值，将案例直接添加到案例库中。

（7）验证案例检索所设定空燃比的有效性，根据控制效果的评价修正案例库中案例。在快速加热期，若拱顶温度变化偏差大于0，则认为预设定空燃比有效，若有多个类似案例，选择空燃比平均值为案例决策属性，若拱顶温度变化偏差小于0，说明拱顶温度下降，认为预设定空燃比无效，设空燃比在其变化范围内可以分为五个基准级别，根据空燃比变化方向逐次搜索基准空燃比，调整空燃比预设定值保证拱顶温度不下降。在温度管理期，如拱顶温度维持在设定值±10℃之间，则认为预设定空燃比有效，在有多个案例的情况下选择最大空燃比为预设定值，否则逐次搜索基准空燃比，调整空燃比预设定值，使拱顶温度维持在设定值附近。如果类似案例的决策属性相差两个基准级别以上，调整权值将案例重新分类。

表 5-9 案例的表示

条件属性 F								决策属性 S
f_1	f_2	f_3	f_4	f_5	f_6	f_7	f_8	α_i
拱顶温度	累积平均拱顶温度	废气温度	累积平均废气温度	煤气压力	空气压力	空气阀门开度	煤气阀门开度	预设定空燃比

D 煤气流量控制

热风炉的加热方式有两种：

（1）固定煤气量，调节空气量；

（2）固定空气量，调节煤气量。

在快速加热期，一般采用煤气开到最大值，在温度管理期，首先调整煤气流量维持拱顶温度，同时增大空气过剩系数，从而提高蓄热室传热效率，这两者是相互影响的。当高炉煤气热值不高时，废气升温速率较低，此时依然采用最大煤气设定；当煤气热值较高时，废气升温速率较大，此时根据废气升温速率的变化来调节煤气流量；当升温速率过大，且有继续增大的趋势时，减少煤气流量；当升温速率偏大，但速率的变化为负值时，保持流量不变；当升温速率偏低且有继续减小的趋势时，适当增加煤气流量。

E 空气流量控制

快速加热期空燃比模糊补偿控制器设计步骤如下：

步骤1：确定模糊控制器的输入变量和输出变量。模糊控制器的输入是拱顶温度当前时间段和上一时间段上升速率的差值 ΔET_a 和空燃比变化的方向 α_{dir}，模糊控制器的输出是空燃比增量 $\Delta\alpha$。

步骤 2:设计模糊控制器的控制规则。首先,确定模糊变量集合,ΔET_a 模糊变量的词集选择为 7 个:{ NB, NM, NS, ZO, PS, PM, PB},其论域为:{ −6, −5, −4, −3, −2, −1, 0, 1, 2, 3, 4, 5, 6}。α_{dir} 模糊变量的词集选择为 2 个:{ N, P},其论域为:{ −1, 1}。U 的模糊变量的词集选择为:{ NB, NM, NS, ZO, PS, PM, PB},其论域为:{ −5, −4, −3, −2, −1, 0, 1, 2, 3, 4, 5}。其次,确定三角形的隶属度函数。然后基于手动操作经验和数据分析建立规则,如表 5-10 所示。

表 5-10　快速加热期空燃比补偿控制规则表

α_{dir}	ΔET_a						
	NB	NM	NS	ZO	PS	PM	PB
P	NB	NM	NS	ZO	PS	PM	PB
N	PB	PM	PS	ZO	NS	NM	NB

步骤 3:模糊控制器参数设定。根据拱顶温升速度差范围和空燃比变化的范围,建立拱顶温升速度差和空燃比变化方向到各论域的映射关系。

步骤 4:模糊推理、解模糊并计算模糊控制查询表。对建立的模糊规则经过模糊推理决策出控制变量,再经过解模糊将语言表达的模糊量恢复到精确量,计算公式如下:

$$u_o = \frac{\sum u(u_i) \cdot u_i}{\sum u(u_i)} \tag{5-36}$$

式中,u_i 为控制量论域中的第 i 个元素;$\mu(u_i)$ 为 u_i 对应的隶属度;u_o 为解模糊后算出的精确控制量。

管理期空燃比模糊补偿控制器的设计步骤和加热期相同,模糊控制器的输入是拱顶温度上升速率变化率 ΔET_a 和拱顶温度变化偏差 ΔT_a,输出是空燃比增量 $\Delta\alpha$。

5.2.3.4　工业应用

燃烧控制模型控制算法实现了空燃比自寻优和煤气流量的优化控制,采用智能控制技术克服煤气压力、助燃空气压力、煤气热值波动、阀门动作等外界干扰,系统应用到某钢铁厂 1 号高炉后,实现拱顶温度和废气温度的快速上升,提高了热风炉的燃烧效率和供风效果。四座热风炉的燃烧效果和温度曲线基本是相同的,下面以 1 号热风炉为例进行说明。1 号热风炉在手动控制下,在煤气热值相近的情况下,手动调节受人工经验的影响,温度上升时波动较大,在温度达到温度管理期设定值后温度仍然会出现较大的振荡,投入自动控制以后,热风炉拱顶温度上升趋势快速、平稳。热风炉废气上升速率明显提高,热风炉的燃烧周期由 3 h 缩短为 2.4 h,提高了热风炉的燃烧效率,节约了煤气消耗。

考虑到影响高炉产量、优化生产的因素还有设备故障、工况变化等其他干扰,选取工艺状况相近、高炉相对稳定顺行的 9 月份数据和 8 月份的数据进行综合比较。系统投入后 9 月份的数据与系统投入前 8 月份的数据相比,热风风温提高了 42.82℃,折算焦比降低了 23.56 kg/t,折算综合焦比降低了 15.32 kg/t,正常生产条件下的铁水日产量分别提高 4.6 %,每冶炼 1t 铁热风炉所消耗的煤气量下降了 5.2%,优化了高炉生产,起到了增产降耗的作用。

5.3　转炉人工智能控制系统

随着转炉炼钢生产节奏的加快以及生产规模的不断扩大,每天产生大量的生产过程自动化数据。面对日积月累的庞大数据量,如何充分利用现有数据进行数据挖掘,从中获得有用信息,进而指导生产操作,提高生产效率,是各个企业迫切需要解决的问题。具体而言,是对生产过程中某一特定操作的实际生产和规定的工序找出规律性的控制规则,以及有降低成本潜力的因素,以指导生产作业,避免各工序的操作顺序提前或者延迟,力求实现由局部成本优化到全局成本优化,挖掘使生产成本下降的潜力,从而使生产向着有序、协调、智能、高效的方向运行,不断实现钢厂的生产数据实时化、生产成本最小化、企业信息化。

5.3.1 基于辐射信息分析的转炉终点预测

5.3.1.1 概述

炼钢终点控制是指控制冶炼终点的碳含量和温度,是炼钢关键技术之一。本节介绍如何利用光纤谱分复用和 DirectShow 技术设计炉口辐射多频道信息获取系统,详细介绍了这一系统的设计、工作及利用提取出的炉口辐射信息规律建立起终点时刻的回归模型,并对模型进行了显著性检验和预测精度的测试分析。

5.3.1.2 炉口辐射多频道信息获取系统的设计

A 系统设计原理及组成

研究以光谱辐射理论为基础,根据普朗克定律基本公式(实际应用时需根据具体情况作修正),设计相应的光纤光学系统,采集炼钢转炉口的光辐射,同时构建火焰图像采集系统,在线实时地进行视频采集处理,根据现场数据分析,寻找与不同温度、不同碳含量所对应的炉口辐射各光谱光强分布,图 5-25 为原理装置框图。

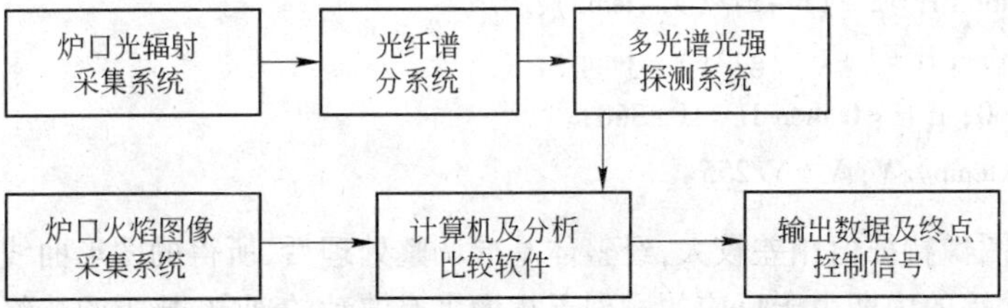

图 5-25 系统原理装置

考虑到炼钢现场恶劣的环境,为了尽可能减少现场高温、烟尘等对测试造成的影响和距离太远引起的采集失真,光辐射采集系统和炉口火焰图像采集系统放置在炉口的合适距离处。光纤谱分系统将辐射光的采集抽样分成若干光谱段传送至离炉口更远的由多个分立的单色谱线探头组成的多光谱光强复合探测系统。复合探测系统取若干波长间隔段作为若干个谱线测试点,同时测试并比较在线炉口瞬态各光谱线辐射光强。炉口火焰图像采集系统是利用 DirectShow 这一 Windows 平台上进行流媒体应用开发的最新标准技术设计的,以特定的时间实时采集视频资料,并进行存储及空间模型转换,得到关键特征信息曲线。

B DirectShow 的体系结构及过滤器图表的构建

过滤器(filter)是 DirectShow 的基本组成模块,它是 COM 组件的一种,能单独完成流媒体处理过程中的一个或多个阶段。把一些过滤器组合在一起可以完成每一个特定的任务,组成的过滤器的集合称为过滤器图表(filter graph),是 DirectShow 体系结构中最为重要的部分。DirectShow 按照应用程序的意图建立起相应的过滤器图表,然后使用过滤器图表管理器(filter graph manager)来管理整个数据流的处理过程,通过 COM 接口以消息的方式与应用程序进行通信。

应用程序需要调用过滤器图表管理器接口构建过滤器图表。主要步骤为:

(1) 创建过滤器图表管理器;

(2) 创建捕获图表构建器并到管理器中;

(3) 在过滤器图表中加入捕获过滤器。包括创建系统和视频采集设备枚举器,将枚举到的视频源设备绑定到 BaseFilter 接口,然后把捕获过滤器加入到过滤器图表中;

(4) 预览与压缩存储。预览可实时地观测火焰图像,压缩过滤器添加类似捕获过滤器。调用 ICaptureGraphBuilder2::SetOutputFileName( ) 函数可以设置文件格式及名称,格式采用 MEDIASUBTYPE_Avi。

5.3.1.3　炉口辐射信息规律的提取及分析

实验基于某炼钢厂的转炉吹炼过程进行实时采集监控,对每炉次用上述方法进行全程采集。系统着重分析了 492 ~ 535 nm 波长段这一典型谱线测试点对应的光强曲线与图像曲线的对比情况。

转炉炼钢生产时,炉口火焰图像的特征及变化是经验炼钢的重要判断依据。考虑到 HSV (色调 hue、饱和度 saturation、亮度 value) 颜色系统比 RGB 系统更接近于人们的经验和对色彩的感知,因此该系统选用该颜色系统来提取火焰图像的特征信息。使用的 RGB 颜色空间映射到 HSV 空间的转换代码为:

```
V = max(r,g,b),temp = min(r,g,b);
If V = 0 or V = temp then H = 0 and S = 0;
If r = V then H = (g - b)/(V - temp);
If g = V then H = 2 + (b - r)/(V - temp);
If b = V then H = 4 + (r - g)/(V - temp);
H = H * 60; if H < 0 then H = H + 360;
S = (V - temp)/V; V = V/255。
```

由于光强与图像特征值相差较大,经整体基准调整处理后,所得的图形曲线光强值随吹炼过程逐步变大,在吹炼的中期由于反应的剧烈干扰增多有波动的现象,接近吹炼终点时光强曲线缓慢下降;与此同时图像特征值在吹炼的初期缓慢上升,中期存在着剧烈的振荡,而到达末期接近终点时却显著提高,在接近吹炼终点时,图像曲线有一个极大值出现。但是不同炉次的终点时刻存在了较大的波动,这是由各炉次加入的原材料及吹炼条件等因素的差异造成的。基于上述变化规律,可利用回归理论分析方法建立起不同炉次终点时刻所满足的数学模型。

5.3.1.4　回归模型的建立与效果分析

回归分析是研究变量之间相关关系的一种统计推断法,就是应用数学的方法,对大量的观测数据进行处理,从而得出较符合事物内部规律的数学表达式,目的在于试图用自变量来预测因变量的值。

A　多元线性回归系数的确定

假如变量 y 与另外 p 个变量 $x_1, x_2, \cdots, x_p$ 的内在联系是线性的, $(y_i; x_{i1}, x_{i2}, \cdots, x_{ip})\ i = 1, 2, \cdots, n$ 是第 i 次实验数据样本,那么,这组数据可以用式(5-37)来表示:

$$\begin{cases} y_1 = b_0 + b_1 x_{11} + b_2 x_{12} + \cdots + b_p x_{1p} + \varepsilon_1 \\ y_2 = b_0 + b_1 x_{21} + b_2 x_{22} + \cdots + b_p x_{2p} + \varepsilon_2 \\ \qquad \vdots \\ y_n = b_0 + b_1 x_{n1} + b_2 x_{n2} + \cdots + b_p x_{np} + \varepsilon_1 \end{cases} \tag{5-37}$$

其矩阵形式为:

$$Y = XB + \varepsilon, \qquad \varepsilon \sim N(0, \sigma^2) \tag{5-38}$$

式中，$Y = \begin{bmatrix} y_1 \\ y_2 \\ \vdots \\ y_n \end{bmatrix}$；$X = \begin{bmatrix} 1 & x_{11} & x_{12} & \cdots & x_{1p} \\ 1 & x_{21} & x_{22} & \cdots & x_{2p} \\ \vdots & \vdots & \vdots & \vdots & \vdots \\ 1 & x_{n1} & x_{n2} & \cdots & x_{np} \end{bmatrix}$；$B = [b_0, b_1, \cdots, b_p]^T$，$\varepsilon = [\varepsilon_0, \varepsilon_1, \cdots, \varepsilon_n]^T$。

用最小二乘法来估计参数 B，设 $\hat{b}_i$ 为 B 中参数所对应的最小二乘估计达到最小。

$$Q = \sum_{i=1}^{n} (y_i - b_0 - b_1 x_{i1} - \cdots - b_p x_{ip})^2 \tag{5-39}$$

根据微积分学中的极值原理，B 中参数应是下列方程组的解：

$$\begin{cases} \dfrac{\partial Q}{\partial b_0} = -2\sum_{i=1}^{n} (y_i - b_0 - b_1 x_{i1} - \cdots - b_p x_{ip}) = 0 \\ \dfrac{\partial Q}{\partial b_j} = -2\sum_{i=1}^{n} (y_i - b_0 - b_1 x_{i1} - \cdots - b_p x_{ip}) x_{ij} = 0 \\ j = 1, 2, \cdots, p \end{cases} \tag{5-40}$$

简化式(5-40)，并为了求解的方便，可将简化的方程式写成矩阵的形式。

因
$$X^T Y = \left[\sum_{i=1}^{n} y_i, \sum_{i=1}^{n} x_{i1} y_i, \cdots, \sum_{i=1}^{n} x_{ip} y \right]^T \tag{5-41}$$

$$X^T X = \begin{bmatrix} n & \sum_{i=1}^{n} x_{i1} & \cdots & \sum_{i=1}^{n} x_{ip} \\ \sum_{i=1}^{n} x_{i1} & \sum_{i=1}^{n} x_{i1}^2 & \cdots & \sum_{i=1}^{n} x_{i1} x_{ip} \\ \vdots & \vdots & \vdots & \vdots \\ \sum_{i=1}^{n} x_{ip} & \sum_{i=1}^{n} x_{i1} x_{ip} & \cdots & \sum_{i=1}^{n} x_{ip}^2 \end{bmatrix} \tag{5-42}$$

则简化式可写为：
$$X^T X B = X^T Y \tag{5-43}$$

从而可以得到方程式的解为：

$$\hat{B} = [\hat{b}_0, \hat{b}_1, \hat{b}_2, \cdots, \hat{b}_p]^T = (X^T X)^{-1} X^T Y \tag{5-44}$$

此即为 $Y = XB + \varepsilon$ 的回归系数。

B 模型变量的选择及模型的建立

通过前面的探讨，实验完整地确定了吹炼终点对应的位置，为了定量地进行分析，该模型采用统计逆向分析的原理，选取吹炼末期图像曲线最大值点所对应图像值 x_1、光强值 x_2、吹炼不同时间段(可在采集过程中进行调整)所对应的光强调整倍数 x_3、最大点参考调整倍数 x_4、该最大点出现的时刻 x_5 和吹炼终点与该点的时间差 y 等作为模型变量。首先观测各自变量与欲求变量间的散点图的分布，发现可以选用上面讨论的模型。利用采集到的大量不连续炉次的数据进行回归分析建模。

回归模型的显著性检验，从两方面进行检验：多元测定系数 R^2 和多元回归方程的 F 检验。

$$\sum_{i=1}^{n} (y_i - \bar{y})^2 = \sum_{i=1}^{n} (\hat{y}_i - \bar{y})^2 + \sum_{i=1}^{n} (y_i - \hat{y}_i)^2 \tag{5-45}$$

简写为 $SST = SSR + SSE$，其中 $\bar{y}$ 为目标输出的平均值，SST 为总离差平方和，SSR 为回归平方和,SSE 为残差平方和。多元测定系数 $R^2=1-SSE/SST$,R^2 越大越接近1,则说明拟合程度越好。F 检验对回归方程进行显著性检验的方法称为方差分析法,$F=\dfrac{SSR/p}{SSE/(n-p-1)}$。当临界值 $F_\alpha(p,n-p-1)$ 小于 F 时,表明在显著水平 α 下,回归方程有显著意义。

在置信水平为0.05的情况下,该模型 R^2 为0.98,F 为416.19,远大于临界值2.36,说明建立的模型显著且拟合程度好。由于 b_3 的置信区间包含零点(区间右端点离零点很近),说明回归变量 x_3 对因变量影响不是太显著,因而模型的预测方程为:

$$y=82262+0.00075373x_1-0.26065x_2-0.020623x_4-1.0278x_5 \tag{5-46}$$

随着后续实验数据的加入,即模型样本空间的增大,可以进一步调整模型方程的系数,从而达到更优的预测。用采集的48组不连续炉次的数据来测试检验模型的预测精度,结果得到预测时间差在4 s以内的精度为91.7%。

由于总体标准差 σ 通常是未知的,取 $\hat{\sigma}=\sqrt{\left(\sum_{i=1}^{n}(y_i-\hat{y}_i)^2\right)/(n-2)}$,则得到 $\hat{e}_i=e_i/\hat{\sigma}$ 为标准化残差,$\hat{e}_i$ 落在(-2,+2)区间的概率为95.8%,说明该模型对样本数据的拟合是良好的。系统运行稳定,模型预测精度为91.7%,适合转炉在线终点控制和快速出钢模型的要求。

5.3.2　转炉炼钢智能控制系统

5.3.2.1　转炉炼钢智能控制系统总体结构

转炉炼钢智能控制系统分为三部分:废钢及铁水质量监视、仪表监视控制、电气控制指示。废钢及铁水质量监视部分包括安装于天车上的压式称重传感器、XK3110D配料控制器、ZXD-YC200无线数据采发站、ZXD-YJ200无线接收中心和废钢及铁水监视计算机;仪表监视控制部分包括质量、流量、压力、温度等传感器及调节阀、仪表PLC、通信适配器、通信分线箱、工艺子图监控计算机(服务器)、工艺子图监控备用计算机(备用服务器)、散装料监视计算机、煤气回收监控计算机和车间生产调度计算机;电气控制指示部分包括电气PLC、通信适配器和电气控制指示计算机。上述各计算机组成计算机NT网络,实现数据共享。

5.3.2.2　转炉炼钢智能控制策略

转炉炼钢的终点控制主要是指终点温度和成分的控制。终点控制不仅要保证终点含碳量、温度的精确命中,确保S、P成分达到出钢要求,而且要求控制尽可能低的钢水氧含量。

转炉炼钢系统是一个大时滞、非线性、强耦合的复杂系统,系统内部物理、化学反应繁多,物质流、能量流交叉进行,这样纷繁复杂的系统要想实现"高产、低耗、优质、长寿"的多元化优化目标很困难。为实现高产、低耗的优化目标,建立了如下多元化目标函数:

$$\int_{\tau}^{\tau+T} F_1\left(\boldsymbol{Y},\frac{\partial \boldsymbol{Y}}{\partial t},\boldsymbol{Z},\frac{\partial \boldsymbol{Z}}{\partial t},\boldsymbol{X},\frac{\partial \boldsymbol{X}}{\partial t},\boldsymbol{H},\frac{\partial \boldsymbol{H}}{\partial t}\right)>\mathrm{d}t = U_t\text{—Max} \tag{5-47}$$

$$\int_{\tau}^{\tau+T} F_2\left(\boldsymbol{Y},\frac{\partial \boldsymbol{Y}}{\partial t},\boldsymbol{Z},\frac{\partial \boldsymbol{Z}}{\partial t},\boldsymbol{X},\frac{\partial \boldsymbol{X}}{\partial t},\boldsymbol{H},\frac{\partial \boldsymbol{H}}{\partial t}\right)>\mathrm{d}t = K\text{—Min} \tag{5-48}$$

式中,$\boldsymbol{Y},\boldsymbol{X},\boldsymbol{Z},\boldsymbol{H}$ 均为参数向量。$\boldsymbol{Y}$ 为原料参数;$\boldsymbol{Z}$ 为控制参数;$\boldsymbol{X}$ 为状态参数;$\boldsymbol{H}$ 为设备参数。各偏导数为其随时间变动的变差,积分区间$[\tau,\tau+T]$为炼一炉钢的起始与结束时间,即 T 为冶炼时间。式(5-47)代表产量泛函,求利用系数的最大化;式(5-48)代表能耗泛函,求耗能的最小化。

由于上述多元优化目标函数的优化解,既具有相容规律,又具有矛盾规律,因此,很难套用现成的数学公式进行求解。经过深入实践,潜心研究,摸索出了一套样本空间模型。样本空间模型就是将以前炼钢生产各参数数据，分成若干个样本，列出每个样本的相关各项参数及产量、能耗，生成系统优化表，形成炼钢专家知识库，进而形成带有推理机制的优化专家系统。

在每炉钢吹炼之初，入炉铁水量、入炉废钢量及各种散装料量都自动记入系统数据库，根据这些数值，通过优化专家系统的计算，生成保证高产、低耗的最佳终点温度和最佳终点碳含量。转炉炼钢生产使用副枪，可以在吹炼过程中在线测量温度、取样、测定钢水中碳含量和氧含量以及熔池液面等，并送入计算机的实时数据库。当转炉接近终点时，将测到的温度及碳含量输入优化计算机，计算出达到目标温度和目标碳含量补吹所需的氧气量及冷却剂加入量，并以测到的实际数值作为初值，以后每吹氧 3 s，启动 1 次动态模型，预测熔池内温度和目标碳含量。当温度和碳含量都进入目标范围时，发出停吹命令。

转炉炼钢一般分为三个阶段，即初期、中期和后期。终点控制主要是在后期完成的，是根据第一次副枪检测结果，通过吹入适量的氧气和加入一定量的冷却剂，使炉内的钢水温度和碳含量达到要求的目标范围。在转炉炼钢后期，钢水中的杂质大部分已经脱除，反应过程不像主吹阶段那样剧烈，逐渐趋于稳定，钢水中的碳含量和温度表现出比较确定的规律。

为了使转炉炼钢终点命中目标，在补吹阶段需要吹入一定量的氧气和加入适量的冷却剂，同时为了使冶炼过程顺利进行，还要加入一些辅助原料，通常包括石灰、混料、矿石和白云石等。由于 RBF 神经网络从输入层到隐含层是径向基函数，从隐含层到输出层为线性关系，可以采用线性调整技术，因而收敛速度快，且不易陷入局部极值点。因此，以副枪检测信息为基础，建立转炉炼钢终点温度和碳含量预报的 RBF 神经网络。2 个网络的结构完全相同，输入节点为 7 个，2 个网络前 6 个节点相同，分别对应于补吹氧气量、补吹阶段加入铁皮量、石灰量、混料量、矿石量和白云石量，对于终点温度预报神经网络，第 7 个输入节点对应于第一次副枪检测到的钢水温度 T_f；而对于终点碳含量预报神经网络，第 7 个输入节点则对应于第一次副枪检测到的钢水碳含量 $w(C)_f$，隐含节点数量 m 由训练结果确定，输出节点为 1 个，对应于终点钢水温度 T_e 或碳含量 $w(C)_e$。

转炉炼钢终点控制的目标是终点温度和碳含量，而动态控制模型则是根据副枪检测到的钢水状况和吹炼终点要达到的目标确定控制量，即吹氧量和加入冷却剂量，因此，在某种意义上讲，动态终点控制模型就是转炉炼钢终点过程的逆模型。目前，已建立了转炉炼钢动态终点预报的神经网络模型，输入为要求的终点温度和碳含量，而输出为实际的终点温度和碳含量。由于 BP 网具有很强的非线性映射能力，因此这里采用 BP 网建立控制模型，建立神经网络逆系统的方法有直接逆系统建模、正逆系统建模等方法。该研究采用正模型－逆系统学习方法，即首先要建立一个对象的正模型，利用逆神经网络的期望输入与受控系统正模型输出之差来调整逆神经网络的权值，因而它是使系统正模型输出与期望输出之差最小，而不是使逆神经网络输出与系统输入之差最小。

转炉炼钢动态终点控制系统如图 5-26 所示。图 5-26 中，ΔV_0 为补吹阶段所需的氧气量，$w(C)_e$ 为终点钢水碳含量，$w(C)_f$ 为主吹结束时副枪测得的钢水碳含量，W_r 为冷却剂的加入量，$w(C)_g$ 为目标终点碳含量，T_g 为目标终点钢水温度（℃），T_f 为主吹结束时副枪测得的钢水温度（℃），神经网络预报模型输出为钢水终点碳含量 $w(C)_{em}$ 和终点温度 T_{em}。

神经网络控制模型有两个，一个是补吹阶段所需吹氧量神经网络，另一个则是补吹阶段加入冷却剂神经网络，网络结构为 3 层 BP 网。在补吹阶段所需吹氧量与副枪检测时钢水中的碳含量、目标碳含量以及补吹阶段加入的冷却剂有关，在实际炼钢中，为了操作方便，通常只加入一种冷却剂，而其他辅助原料加入量很少，忽略其对氧气量的影响，因此，补吹氧气量神经网络控制器输入节点为 3 个，分别对应上述 3 个变量，网络输出对应于补吹氧气量 ΔV_0，而补吹阶段加入的

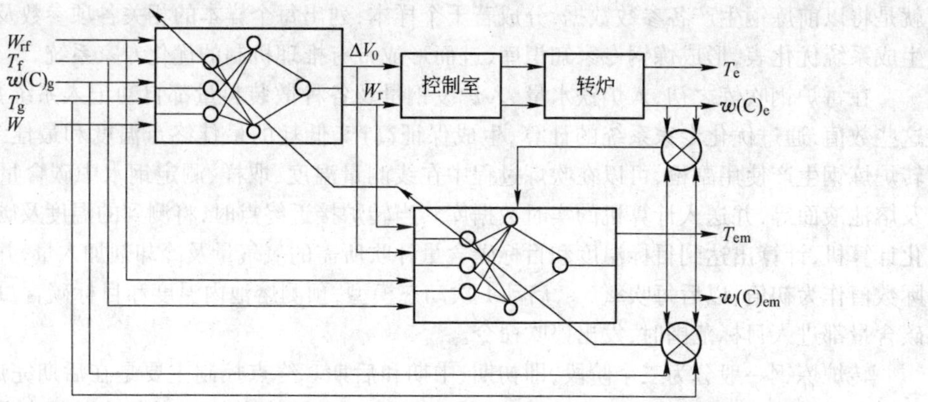

图 5-26 动态终点控制系统

冷却剂量则与副枪检测时的钢水温度和碳含量以及目标钢水温度和碳含量有关，因此，加入冷却剂神经网络控制器输入节点为 4 个，网络输出对应于加入的冷却剂量 W_r，隐含层节点数通过训练决定。

5.3.2.3 系统应用

经测试，转炉冶炼的终点碳含量和终点温度的仿真结果很理想。转炉炼钢冶炼环境恶劣，钢水温度极高，很难准确地对其进行连续测量，而且影响终点的因素很多，因此，给转炉炼钢终点控制带来很大困难。基于神经网络的转炉炼钢终点控制通过预报模型的传递作用，使得对神经网络控制模型的训练不是使控制模型的输出与实际补吹氧气量和加入冷却剂之差为最小，而是使预报模型的输出与实际终点温度和碳含量之差最小，提高了控制模型的精度，克服了传统方法只根据边界条件确定补吹氧气量和加入冷却剂量的缺点。

5.4 电炉人工智能控制系统

交流电弧炉冶炼生产是一个有许多干扰和非线性时变的复杂的物理化学过程，不宜建立精确的数学模型，采用常规的控制方式系统存在鲁棒性差、精度低、能耗高等缺陷，难以满足越来越高的自动化生产和某些高质量冶炼产品的要求。通过引入先进的控制理论和技术，应用模糊专家、自适应神经网络、优化决策等多项智能控制理论和技术，建立满足生产工艺要求的温度进程和电流进程由智能控制器来实现电弧炉温度和电流平衡的自动控制系统已成为电弧炉冶炼的发展趋势。

5.4.1 交流电弧炉智能集成计算机控制系统

5.4.1.1 系统控制方案

三相交流电弧炉的电力负载是不稳定、不对称的。由于电弧燃烧不稳定，常常发生断弧、短路及料块移动现象，因而造成负载严重不对称，在电炉运行时，电极调节器调整不当或其他人为的原因也会造成电弧炉三相电流不对称，因此电弧炉三相电流平衡和温度的稳定通常难以控制。该控制系统采用电流和温度双闭环控制，温度外环采用基于神经元的自适应 PID 控制器。由于电流负载端相当于三角形连接，因而三相电流相互耦合，若不采用解耦措施，按照简单传统的控制方法，一次扰动要经过若干次调节才能使三相电流恢复到平衡点，这样调节过程加长，超调增大，电极升降传动机构频繁动作，缩短了传动机构的维修周期和使用寿命。

而理想的调节效果是通过解耦措施，在只检测三相线电流而不增加任何其他检测量的前提下，当三相电流超过允许偏差时，控制器一次并行地给出三相电极的调节量，使其一次调节到位，避开繁琐的系统建模过程且力求系统简单可靠，又不增加观测数据，为此电流内环采用模糊专家解耦控制器。这里只介绍外环单神经元PID自适应温度调节器。其结构如图5-27所示。输入为温度设定值 T_g，输出为实际温度值 T，神经网络的输出即为电流环的给定输入 I(K)，神经元学习控制所需的状态量 x_1、x_2、x_3。其中：

$$x_1(k) = T_g - T = e(k) \tag{5-49}$$

$$x_2(k) = e(k) - e(k-1) \tag{5-50}$$

$$x_2(k) = e(k) - e(k-1) + e(k-2) \tag{5-51}$$

取 $z(k) = x_1(k) = T_g - T = e(k)$ 为性能指标，神经元通过关联搜索来产生控制信号，即

$$I(k) = I(k-1) + K\sum_{i=1}^{3} W_i(k)x_i(k) \tag{5-52}$$

式中，$W_i(k)$ 为对应的 $x_i(k)$ 加权系数；K 为神经元的比例系数，$K>0$。

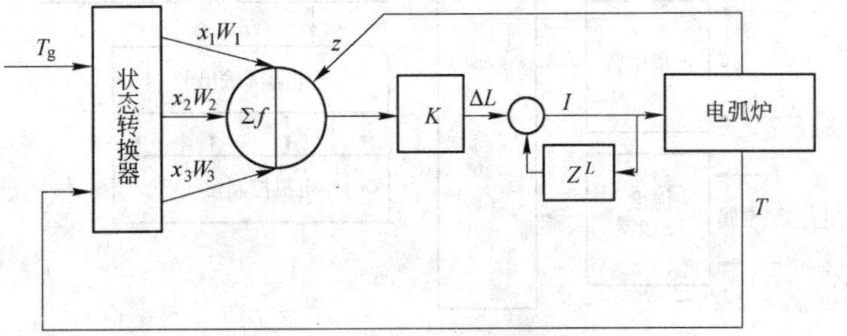

图5-27 神经元PID温度调节器结构框图

这里采用有监督Hebb学习算法在线进行自适应调整加权值 $W_i(k)$，使单神经元控制器相当于一个变系数的自适应PID控制器，减少对象模型对系统性能的影响。$W_i(k)$ 与神经元的输入、输出和输出偏差的相关函数有关，即：

$$W_i(k+1) = (1-c)W_i(k) + \eta r_i(k) \tag{5-53}$$

$$r_i(k) = z(k)I(k)x_i(k) \tag{5-54}$$

$z(k)$ 为教师信号，为保证这种神经元自适应PID控制的收敛性和鲁棒性，为此将上述算法规范化处理可得：

$$I(k) = I(k-1) + K\sum_{i=1}^{3} W'_i(k)x(k) \tag{5-55}$$

$$W'_i(k) = \frac{W_i(k)}{\sum_{i=1}^{3} |W_i(k)|} \tag{5-56}$$

$$W_1(k+1) = W_1(k) + \eta_1 z(k)I(k)x_1(k) \tag{5-57}$$

$$W_2(k+1) = W_2(k) + \eta_2 z(k)I(k)x_2(k) \tag{5-58}$$

$$W_3(k+1) = W_3(k) + \eta_3 z(k)I(k)x_3(k) \tag{5-59}$$

式中，η_1、η_2、η_3 为积分、比例、微分的学习速率，且取 $c=0$。

这里对积分、比例、微分分别采用了不同的学习速率 η_1、η_2、η_3，在线来训练神经元的权值 W_1、W_2、W_3，使控制器适应被控对象结构参数及环境的变化，η_1、η_2、η_3 其取值可先由现场实验和仿真来确定。该调节器利用神经元的自学习功能，间接地完成了PID控制器参数的自动调整。

5.4.1.2　系统硬件设计

电弧炉一般工作在多尘、强电磁干扰和腐蚀性气体侵蚀的恶劣环境。根据工业现场的环境，组成了由工业级一体化工作站配以高线性宽频带交流变送器、高温传感器、位移传感器、高速高精度 A/D 采集卡、隔离 I/O 卡及大功率无触点电机控制装置等模块化外设组成一体化的计算机控制系统。其控制系统结构如图 5-28 所示。

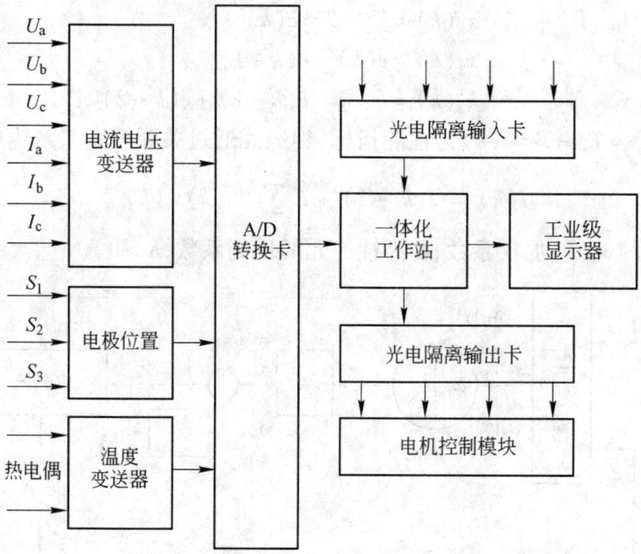

图 5-28　电弧炉控制系统结构框图

系统通过采集电弧炉的温度、三个电极电压与电流、渣型、电极位置等状态和反馈信息，根据工艺要求、渣型以及炉况的变化由模糊专家等集成控制系统给出外环的温度进程曲线，再结合实际炉温的反馈信息，通过优化决策来确定合理的电流进程曲线，根据电流进程采用专家模糊解耦智能控制器决定三台电动机的调节时间，分别控制三台电动机的正转、反转，带动三个电极上升、下降并确定其电极停止位置，有效提高了电流平衡控制的精度，实现三相电流平衡控制，同时保证实时电流跟踪电流进程，达到能量的最优化控制，保证生产工艺对温度的需求。

为了保证智能集成控制系统控制决策和措施的正确性，必须首先保证测量变量的真实性和准确性。采用多传感器融合技术对电弧炉温度测量值进行处理，具体办法是将一组四个温度传感器分布在电弧炉的不同位置，它们的输出经过加权综合后再作为实际炉温的测量值；电流有效值由工控机对三相电极电流测量值处理后得到；炉渣高度信号由工控机利用便于测量的电极位置信号和电极电流信号模糊处理后间接得出。现场应用结果表明以上测量方法有效地提高了测量的精度和可靠性。

5.4.1.3　系统的软件设计

该系统具有丰富的画面显示、专家操作、过流报警、低压报警、温度过低报警、温度过高报警、电极行程报警等功能，操作简单，便于工作人员对其进行维护，能对报警信息和历史数据进行记录、查询和分析，从而优化冶炼工艺和提高管理水平。软件由七大功能模块组成，分别是实时数据模块、控制算法模块、控制输出模块、系统参数整定模块、历史数据模块、报警模块和帮助模块。各个功能模块均能进行自由切换和打印。

在整个软件中，有许多功能要用到相同的结构，如实时表格数据和定时查询表格数据，其表格的结构一模一样。为了减少系统开销，缩减代码和提高编译、运行速度，有必要实现代码和资源共享。最常用的方法是利用 Windows 的动态连接库（DLL）来实现。但用动态连接库这种方式存在着两个缺陷：一是 VCL 元件只能在同一个模块内被访问，换句话说，主程序不能访问动态连接库中的元件，反过来，动态连接库也不能访问主程序中的元件，这在一定程度上影响了代码的共享性；另一个缺陷是每个 VCL 使用元件的应用程序或动态连接库都要加上一段 VCL 框架代码，此代码的长度大约在 100 ~ 200 K 字节左右，而使用动态连接库的目的本来就是要缩减代码，这个缺陷在一定程度上抵消了动态连接库的作用。为了解决这个问题，该系统采用了包技术。它是一种特殊的、改进了的动态连接库。凡是放在包中的元件可以被不同的模块同时访问，并且取消了冗余的 VCL 框架代码，从而使应用程序的长度大大缩小。这不但提高了编译和运行速度，还有利于在 Internet 上传输。

5.4.1.4　系统应用

交流电弧炉温度及电流智能集成计算机控制系统在某冶炼厂一系统和二系统投入使用以来，获得了令人满意的控制效果。两台投入使用的设备长期运行表明，该系统提高了电极升降的快速性、灵敏度和定位精度，可确保电极平稳调节，达到电弧炉温度和三相电流的平衡要求，同时改善了劳动强度，降低了电能及电极消耗，提高了产品的质量和产量。该系统可在全国冶金行业中推广，具有很好的社会经济效益和广泛的应用前景。

5.4.2　电炉炼钢专家系统

5.4.2.1　概述

现代炼钢工艺只在电弧炉中保留了熔化、升温和必要的精炼（如脱磷、脱碳），而把其余的精炼过程均移到二次精炼工序中进行。现代电弧炉冶炼工艺以为炉外精炼提供成分、温度都符合要求的初炼钢液为前提，因此应有良好的冶金操作相配合。钢包完全可以对钢液进行成分、温度、夹杂物、气体含量等的严格控制，为电弧炉初炼钢液提供各种最佳精炼条件，以满足用户对钢材质量越来越严格的要求。电弧炉冶炼的主要任务是确保钢液中含碳量、含磷量和温度达到要求的终点目标值。对电弧炉冶炼终点主要技术指标进行预报，可以实现更合理操作并提高炼钢过程生产率。

电弧炉炼钢过程的物理化学反应过程难以用数学描述，参数耦合关系极其复杂，而且是时变、非线性和分布参数的多输入、多输出系统，而用神经网络建模被认为是对具有非线性、复杂性的"黑箱"建模的最有前途的方法之一。

在人工神经网络的实际应用中，80% ~ 90% 的神经网络模型采用 BP 网络或它的变化形式，它是前馈网络的核心部分。BP 算法用于局部搜索时比较有效，而遗传算法擅长全局搜索。典型的遗传算法训练中，起初算法收敛得很快，然而得到进一步的改善却非常困难。将遗传算法和基于梯度下降的 BP 算法相结合的混合训练算法可以综合两种算法的优点。首先用遗传算法对初始权值分布进行优化，在解空间中定位出一个较好的搜索空间，然后采用 BP 算法在这个小的解空间中搜索出最优解，这种混合训练算法在缩短训练时间的同时提高了训练的精度。

在电弧炉冶炼工艺中，出钢前需要对钢水进行测温取样操作。如果钢水的温度、碳含量和磷含量在目标范围内，进行出钢操作；如果出钢前钢水测温取样分析后目标值不合格，则继续进行钢水冶炼过程。电弧炉可拓专家系统把可拓学中的关联函数和物元变换方法引入专家系统中，解决了 Q235B 普碳钢出钢前钢水测温取样分析后终点目标值不合格的矛盾问题。由于关联函数不仅能表示集合中的元素属于该集合的程度,而且能表示集合外的元素转化到该集合中的可能程度,关联函数的引入为解决矛盾问题提供了定量化的计算方法。

5.4.2.2　终点预报模型

以某电炉炼钢厂为例:废钢采购源较稳定,实现了分类堆放;铁水由厂内高炉供给;炼钢车间配有混铁炉;铁水温度和成分稳定,可以忽略废钢和铁水中成分的波动等因素的影响。通过对电炉冶炼工艺过程进入深入分析,确定以装入废钢量、铁水量、电耗、烧嘴氧耗、烧嘴油耗、碳氧枪吹氧量作为预报模型的输入量,对电弧炉冶炼终点温度、碳含量和磷含量进行预报。隐层神经元节点数目由经验公式确定为9。经验公式为:

$$n = \sqrt{n_i + n_0} + a \tag{5-60}$$

式中,n 为隐层节点数;n_i 为输入节点数;n_0 为输出节点数;a 为 1 ~ 10 之间的常数。电炉冶炼终点目标预报模型为6-9-3 结构。

用遗传算法训练神经网络预报模型的步骤如下:

(1) 编码和适应度函数的确定。遗传算法中常用的编码方法有二进制编码和实数编码。二进制编码存在着连续函数离散化时的映射误差,个体编码串的长度较短时,可能达不到精度的要求;个体编码串的长度较大时,虽然能提高编码精度,但却会使遗传算法的搜索空间急剧扩大。二进制编码在编码和解码的过程中花费大量的时间,实数编码是连续参数优化问题的直接的自然描述,不存在编码和解码问题。神经网络的联结权系数在连续实数域内分布,对于实数域内的寻优问题实数编码优于二进制编码。电弧炉冶炼终点目标预报模型联结权系数和阈值数目之和为93,种群规模为60 个个体,种群可以用 60×93 实数矩阵表示。

适应度函数定义为:

$$F = \frac{1}{1 + E} \tag{5-61}$$

式中,E 为网络学习的误差能量函数,定义为:

$$E = \frac{1}{2}\sum_{i=1}^{M}\sum_{j=1}^{3}(y_{ij} - y'_{ij})^2 \tag{5-62}$$

式中,y_{ij}为第 i 个样本下的期望输出值;y'_{ij}为第 i 个样本下神经网络的实际输出值;M 为训练样本的数目;j 为神经网络输出层节点数。

(2) 随机联赛选择。个体遗传到下一代的几率与其适应度值是成正比的,即适应度越高的个体被选择作为父辈的机会越大。随机联赛选择是基于个体适应度之间大小关系的选择方法,每次选择时,从群体中随机选取两个个体进行适应度大小的比较,将其中适应度高的个体遗传到下一代群体中。重复上述过程 M 次,就可以得到下一代群体中的 M 个个体。

(3) 交叉和变异。实数编码并不排除单点或多点交叉,这些交叉算子并不依赖于二进制编码表示,它们同样可以作用在实数表示的个体上,但杂交位置只允许选在各个实数分量之间处。

交叉选用单点交叉方法,如 x 和 y 是两个选中进行交叉的父代个体 $x = \{x_1, x_2, \cdots, x_i, x_{i+1}, \cdots, x_{93}\}$, $y = \{y_1, y_2, \cdots, y_i, y_{i+1}, \cdots, y_{93}\}$, i 为随机选中的交叉点,单点交叉运算后得到的两个新个体是 $x^* = \{y_1, y_2, \cdots, y_i, x_{i+1}, \cdots, x_{93}\}$ 和 $y^* = \{x_1, x_2, \cdots, x_i, y_{i+1}, \cdots, y_{93}\}$。如染色体 x 中的第 k 个实数分量被选中作变异,则变异操作后染色体为 $x' = \{x_1, \cdots, x'_k, \cdots, x_{93}\}$,其中 x'_k 是预报模型权值或阈值定义域中的一个随机值。

种群通过选择、交叉、变异等不断演化,产生出新的更加优良的种群,经过若干代的进化,若误差能量函数 E 的值小于某预定值,则遗传算法优化权值过程终止,终止时最优个体解码作为 BP 算法训练时的初始权值和阈值,用 BP 算法继续对预报模型的权值进行优化。

从某电炉炼钢厂现场收集到的1033炉次数据中,筛选出621炉钢种为Q235B普碳钢炉况数据作为训练和测试预报模型的数据基础,其中421炉次数据用于训练模型,200炉次数据用于对模型测试。每炉次钢可得到的初始条件、过程信息和终点结果的信息包括计划钢种、炉号、装入废钢重量、装入的铁水量、石灰和轻烧白云石重量、熔清钢水温度和成分、烧嘴氧耗和油耗、出钢量、出钢温度和成分、碳氧枪喷加的炭粉和氧耗、冶炼时间、送电时间和电耗等。为了消除不同变量因量纲或量级不同对网络训练造成的影响,必须对预报模型的输入量和输出量数据按下式进行归一化处理:

$$X_i = \frac{x_i - x_{\min}}{x_{\max} - x_{\min}} \tag{5-63}$$

式中,X_i 为数据 i 的归一化结果;x_i 为数据 i 的实际数据;$x_{\min}$ 为参数的最小值;$x_{\max}$ 为参数的最大值。

相应地,神经网络计算结果需参考归一化公式逆变换为实际生产数据。

用混合遗传算法对电炉终点目标预报模型进行训练后,对模型进行测试,预报模型命中率如表5-11所示。

表5-11 电弧炉终点目标预报模型命中率

磷含量预报		碳含量预报		终点温度预报	
精度/%	命中率/%	精度/%	命中率/%	精度/%	命中率/%
±0.004	95	±0.04	91	±8	96
±0.003	87	±0.02	82	±6	90
±0.002	81	±0.01	79	±4	85

用混合遗传算法训练预报模型具有较快的学习收敛速度,从表5-11可以得出,电炉终点预报模型具有较高的预报精度和命中率。

5.4.2.3 专家系统的构成

电弧炉冶炼可拓专家系统总体框图如图5-29所示。

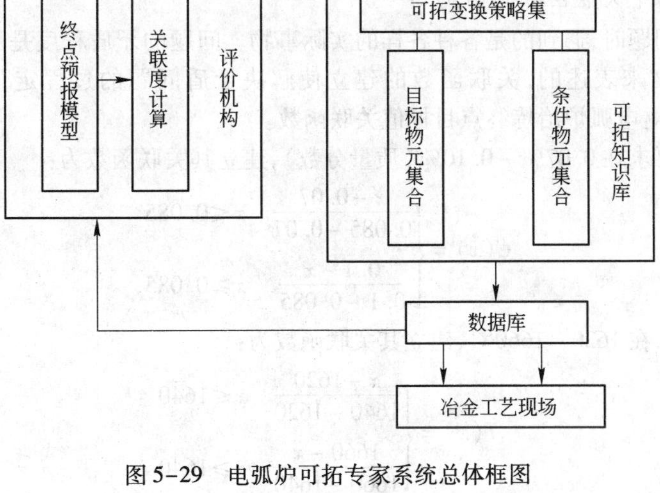

图5-29 电弧炉可拓专家系统总体框图

电弧炉可拓专家系统目标物元集合包括三个子目标物元。目标物元模型为：

$$R = \begin{pmatrix} v_1 \\ v_2 \\ v_3 \end{pmatrix} = \begin{pmatrix} r_T \\ r_C \\ r_P \end{pmatrix} \tag{5-64}$$

式中，下标 T、C 和 P 分别表示温度、C 含量和 P 含量。

对于 Q235B 型钢种，目标物元模型中的电炉终点钢水温度 v_1 范围要求为 1620～1660℃，碳含量 v_2 要求为 0.07 %～0.10 %（质量分数），磷含量 v_3 要求在 0.015 %（质量分数）以下。实现目标物元模型的条件用条件物元表示，条件物元集合包括 r_P、r_C 和 r_T。

电弧炉冶炼可拓专家系统对专家的经验和知识进行总结，并存储在可拓变换策略集中，如出钢前取样分析磷含量高，必须进行流渣或放渣去磷，并根据具体情况适量补加石灰；取样分析碳含量高时，对钢液进行吹氧脱碳操作直至满足工艺要求；出钢前取样分析碳含量低时，对钢液进行喷粉增碳操作。

上述经验知识可以用产生式规则来描述，有：

IF 系统评价　　THEN 变换方式

电弧炉可拓专家系统数据库由取样前工艺量表、取样后工艺量表和控制条件物元数据表组成，三个数据表间的数据通过具有相同属性的字段"炉号"相互联系，构成一个数据集合体。取样前工艺量表和取样后工艺量表中数据取自冶炼现场出钢前测温、取样分析不合格的 235B 型钢种炉次数据。取样前工艺量表存储的工艺数据是测温、取样前冶炼阶段的工艺数据。取样后工艺量表中存储的是测温、取样后冶炼阶段工艺数据。电弧炉专家系统的设定值存储在控制条件物元数据表中。取样前工艺量表和控制条件物元数据表中存储数据作为终点预报模型的输入量，取样后工艺量表中存储数据是人工设定值，可与控制条件物元数据表中数据即专家系统设定值作比较。

电弧炉冶炼终点温度、碳含量和磷含量经测温、取样分析后，如果不在目标范围内，则电弧炉专家系统给出解决矛盾问题的试探性条件物元，根据评价机构提供的反馈信息（终点预报值关联函数），对解决矛盾问题的条件物元进行评价，如果控制条件物元能使终点目标预报值关联函数从小于 0 变为大于 0，则接受控制条件物元作为解决矛盾问题的策略，否则根据评价机构的反馈信息及专家经验和知识对控制条件物元进行相应的量值扩缩变换，获得新的调节量，重复上述过程直至矛盾问题转化成相容问题。

A　评价机构中关联函数的确定

在解决实际问题时，遇到的是各种各样的实际事物。问题的矛盾程度是用事物关于某些量值符合要求的程度来表述的，关联函数的建立使解决矛盾问题的过程定量化成为可能。对 Q235B 型钢种，建立电弧炉冶炼终点目标值关联函数。

终点碳含量要求在 0.07%～0.10%（质量分数），建立其关联函数为：

$$C(x) = \begin{cases} \dfrac{x-0.07}{0.085-0.07} & x \leqslant 0.085 \\[2ex] \dfrac{0.1-x}{0.1-0.085} & x \geqslant 0.085 \end{cases} \tag{5-65}$$

钢水温度要求在 1620～1660℃，建立其关联函数为：

$$T(x) = \begin{cases} \dfrac{x-1620}{1640-1620} & x \leqslant 1640 \\[2ex] \dfrac{1660-x}{1660-1640} & x \geqslant 1640 \end{cases} \tag{5-66}$$

钢水磷含量越低越好，电炉终点磷含量要求在 0.015%（质量分数）以下，建立其关联函数为：

$$P(x)=\frac{0.015-x}{0.015} \tag{5-67}$$

可拓变换策略集给出解决矛盾问题的设定值后，电弧炉终点预报模型进行终点值预报并根据预报值计算三个子目标的关联函数值，关联函数用定量化的形式描述了事物具有某种性质的程度。若存在子目标关联函数值小于 0 的情况，说明预报值不在目标范围内；则根据小于 0 的关联函数值的大小和专家经验对设定值进行量值扩缩变换，直至三个子目标预报值关联函数值都大于 0。

B 利用 SQL 实现可拓变换

通过研究可拓学与关系运算的对应关系，把可拓方法与数据库技术结合起来，使可拓方法变成可操作的计算机技术。由于物元集与数据表有一一对应关系，从某种角度看，可以说可拓方法是属于理论方法层次的研究，而 SQL 中相应的功能则是技术层次的研究。

电炉专家系统数据库中控制条件物元表中石灰、吹氧量等设定值的量值扩缩变换用 SQL 语言的 UPDATE 语句完成，它的基本语法结构为：

```
UPDATE 表名 SET 字段名 1 = 值 1,
字段名 2 = 值 2 WHERE 更新条件
```

用 Q235B 型钢种出钢前目标值不合格的炉次数据对电炉可拓专家系统进行测试，电弧炉冶炼可拓专家系统可以指导炼钢操作人员进行更合理的炼钢操作，避免了物料浪费，平均每炉次钢可节约用料 8% 左右，节约了人力物力。

如果电弧炉出钢前测温、取样分析后钢水成分不合格，当前的冶炼工艺是加料后对钢水再次进行测温、取样操作，取样结果不合格再加料。这样的操作方法经常会出现重复取样、重复加料，有时生产一炉钢最多取样次数达到 10 次，导致冶炼时间加长，电耗增加，材料浪费。而电弧炉冶炼可拓专家系统可以对加料操作进行终点目标值预报工作，并根据预报结果关联函数值由可拓变换策略集对加料量进行调整，从而实现更合理的炼钢操作。

5.5 炉外精炼人工智能控制系统

随着精炼工艺技术和设备的不断进步，对过程控制的要求也越来越高，采用计算机自动控制精炼过程，对稳定提高钢质量，实现高效、低耗生产具有重要意义。本节以典型的 RH-KTB 大型真空系统智能故障诊断系统和智能 LF 控制系统为例详细介绍其设计开发过程。

5.5.1 基于故障树的 RH-KTB 大型真空系统智能故障诊断系统

5.5.1.1 概述

炉外精炼（二次精炼）是超纯净钢生产有效而广泛采用的技术手段，而在炉外精炼技术中，RH-KTB 法精炼技术的精炼效果颇佳，这也是各国钢铁企业纷纷采用 RH-KTB 法精炼技术的主要原因。RH-KTB 最重要的设备为大型真空系统。我国钢铁企业从 20 世纪 90 年代开始陆续外购具有国际先进水平的大型真空系统，这些系统为我国企业提高国际竞争力发挥了重要作用。目前 RH-KTB 精炼法已突破脱气、脱碳、脱硫等一系列关键技术，正面向多钢种的优质特殊钢方向健康发展。

在 RH-KTB 法精炼生产中由于真空系统的故障而严重影响生产的事件时有发生。系统真空度过低将直接导致抽气强度不足、使钢水脱气不充分而被迫转炼低附加值钢种，甚至重新回炉而无法继续生产。系统抽气时间过长不仅浪费大量能源，直接影响经济效益，而且增加连铸的事故率。真空系统发生故障时，工作人员必须对故障点进行精细排查以便及时排除故障。但用于炉外精炼的真空系统体积庞大、结构复杂，给排故障人员带来许多不便。加之故障多、征兆不明显且故障点与故障现象间复杂的对应关系及经验不足使故障的排查工作更为困难，一时间难以解除故障。有时因无法排除故障而严重扰乱生产计划。建立快速准确的 RH-KTB 炉外精炼真空系统的故障诊断技术是钢铁企业重要的研究课题。RH-KTB 精炼法故障诊断经常出现的问题如下：

（1）对故障的种类、发生的频度、权重缺乏全面了解；

（2）故障的排查多为人工方式，不仅浪费工时且不够准确；

（3）现有的监测系统功能不足，这些监测系统的监测点少，缺少必要的分析、诊断功能，无法实现智能诊断；

（4）缺乏科学、实用的故障识别及故障诊断的理论指导；

（5）随意性强，缺乏故障排除经验、知识的积累和更新及继承性；

（6）无法实现故障的预报，一旦发生故障，为时已晚。

RH 精炼真空系统故障预报对维持正常生产、减少经济损失有重要的现实意义。因此，建立一套用于炉外精炼大型真空系统的智能在线故障诊断系统，对精炼的正常生产、提高产品质量及增加经济效益具有重大及深远的意义。本节以 RH-KTB 设备为对象，对大型真空系统的故障特点进行了全面分析，并介绍智能故障诊断系统的设计与开发过程。

5.5.1.2 大型真空系统的故障特点

RH-KTB 炉外精炼的真空系统由多级高架式特大型水蒸气喷射真空泵串联并与多级冷凝器组成，在高压蒸汽等能源介质的驱动下工作。设备的复杂性决定了故障有如下特点：

（1）故障具有多样性。既有真空泵的故障（如性能下降、超声速喷嘴变形等）又有能源介质的故障（如水蒸气温度、压力、流量的不稳定）；既有冷凝器的各种故障（如底部积水）又有外部泄漏产生的故障。

（2）故障现象与故障点间的对应关系复杂。一种故障现象对应多个故障点，一个故障点会引起多种现象的并发。

（3）故障的频度与权重不同。RH-KTB 精炼要求系统内的压力维持在 67 Pa 以下。且抽气时间不能太长，严格的工艺要求决定必须对各个故障及系统真空度和抽气时间的影响进行分析。

大型真空系统常见故障（部分）如表 5-12 所示。

表 5-12 RH-KTB 大型真空系统常见故障表

序 号	代 号	名 称
1	*N*	系统故障
2	*A*1	抽气时间过长
3	*B*1	系统真空度故障
4	*B*2	材料放气量过大
5	*E*1	一级泵 S1 至真空室漏气
6	*C*1	一级泵 S1 抽气故障
7	*D*2	水蒸气故障（一级泵）

续表 5-12

序号	代号	名称
8	$E2$	水蒸气温度过低(一级泵)
9	$E3$	水蒸气压力过低(一级泵)
10	$E4$	水蒸气流量过低(一级泵)
11	$E5$	加热套水蒸气温度过低(一级泵)
12	$E6$	二级泵 S2 至一级泵间漏气
13	$D1$	二级泵抽气故障
14	$Ee2$	水蒸气故障(二级泵)
15	$E7$	水蒸气温度过低(二级泵)
16	$E8$	水蒸气压力过低(二级泵)
17	$E9$	水蒸气流量过低(二级泵)
18	$E10$	冷凝器 C1 至二级泵间漏气
19	$Ee1$	冷凝器 C1 故障
20	$F3$	冷凝水故障(冷凝器 C1)
21	$E11$	冷凝水温度太高(冷凝器 C1)
22	$E12$	冷凝水压力太低(冷凝器 C1)
23	$E13$	冷凝水流量太低(冷凝器 C1)
24	$E14$	泵组入口温度过高(冷凝器 C1)
25	$E15$	三级泵 3A、3B 至冷凝器 C1 间漏气
26	$F1$	三级泵 3A 故障
27	$F2$	三级泵 3B 故障
28	$F4$	水蒸气故障(冷凝器 C1)
29	$E16$	水蒸气温度过高(冷凝器 C1)
30	$E17$	水蒸气压力过高(冷凝器 C1)

5.5.1.3 RH-KTB 炉外精炼真空系统样本数据采集

大型真空冶金系统的故障主要表现在系统的工作真空度太低或系统的抽气时间过长。导致上述现象的原因很多,因真空系统应用的领域不同而各异。因此,该研究以某钢铁公司钢水真空精炼用的 RH-KTB 炉外精炼真空系统为例,进行故障树诊断分析。RH-KTB 系统是多级高架式水蒸气喷射真空泵与多级冷凝器串联而成,用来对真空室内的钢水脱碳、脱氢、脱氧处理及成分、温度调整。工作时(以高真空脱氢、脱氧为例)首先打开 4A、4B 的蒸汽阀,4A、4B 真空泵对真空室预抽真空,1 min 左右启动 3A、3B,再过 1 min 左右分别启动 S2 及 S1 并关闭 3A、4B,大约过 2 min 真空室内的气体压力达到高真空稳定值(250 Pa),这时开始对真空室内的钢水进行脱氢、脱氧直到气体含量达到指标,从而实现钢水的真空精炼。RH-KTB 系统工作目的是在真空室内创造出清洁真空环境从而使钢水内气体分压大于钢水外的气体分压,加速钢水除气。产生真空环境的真空泵在能源介质(水蒸气、冷凝水等)综合作用下工作。因此,真空系统各种故障表现都与能源介质的状态有直接的关系。该系统在真空系统不同位置分配测点,采集过程量的信息,将这些过程量(作为样本的特征或属性)组成样本集作为故障树故障诊断分析的初始样本集。

5.5.1.4　基于故障树理论的故障判别与分类

故障树分析法 FTA(fault tree analysis)能系统地分析导致故障的各种原因,确定关键因素、次要因素,并根据最小割集理论找到产生某一故障的最少因素。它以最不希望的故障为顶层事件,以可能导致顶层事件的其他事件为中间层及底层,并用逻辑门表示事件间的逻辑关系的一种倒树状结构,故障树清晰地反映了故障间的逻辑关系。

若故障树的几个底事件发生将导致顶事件发生,则此底事件的集合称为故障树一个割集。在一个割集中若去掉任何一个底事件则顶事件不发生,则该割集为故障树的一个最小割集。

令底事件 E_i 的状态为 M_i,其中:

$$M_i = \begin{cases} 0 & E_i \text{ 不发生} \\ 1 & E_i \text{ 发生} \end{cases}$$

式中,$i=1,2,3,\cdots,n$(n 为底事件集合元素的个数)。

令顶事件 S 的状态为 N,其中:

$$N = \begin{cases} 0 & S \text{ 不发生} \\ 1 & S \text{ 发生(即顶事件有故障)} \end{cases}$$

则对于或门故障树有:

$$N(M) = \bigcup_{i=1}^{n} M_i \tag{5-68}$$

则对于与门故障树有:

$$N(M) = \bigcap_{i=1}^{n} M_i \tag{5-69}$$

由定义及式(5-68)、式(5-69)可得出最小割集为:

$$M_{cj} = M_{cj}(M) = \bigcap_{E_i \in C_j} M_i \tag{5-70}$$

式中,$j=1,2,\cdots,N_c$,N_c 为故障树最小割集数目;C_j 为某最小割集事件;M_{cj}为最小割集状态。由式(5-70)得:

$$N(M) = \bigcup_{j=1}^{N_c} M_{cj}(M) = \bigcup_{j=1}^{n_c} \left(\bigcap_{E_j \in C_j} M_j \right) \tag{5-71}$$

式(5-71)说明顶事件的状态 N 可用最小割集的状态 M_{cj} 来表示;由式(5-71)得 RH-KTB 真空系统最小割集为:$\{E_1\}$,$\{E_2\}$,…,$\{E_{42}\}$,$\{B_2\}$;因此,系统的故障 N 可表示为:

$$N(M) = M_1 \cup M_2 \cup M_3 \cup \cdots \cup M_{42} \cup M_{B2} \tag{5-72}$$

即$\{E_1\}$,$\{E_2\}$,…,$\{E_{42}\}$,$\{B_2\}$。

5.5.1.5　RH-KTB 真空系统故障诊断分析算例

根据故障树最小割集理论确定的 RH-KTB 的所有故障底事件来配置监测点,使监测点数目及安放的位置得到最佳配置,既避免不必要的测点、浪费资源、增加诊断负担,又不会使测点不足,导致诊断不精确。通过 RH-KTB 大量实验数据分析出测点的正常及故障征兆,分别存入状态数据库。对于任何一个底事件样本,从状态库中取出标准状态样本,分别对各个最小割集的征兆进行对比。若其中一最小割集底事件为正常事件,则该最小割集不是导致顶事件的故障模式。

从故障树中将此最小割集剪切掉,再分别与其他最小割集对比。如果某个最小割集的底事件为故障状态,则该最小割集必为导致顶事件故障的模式之一;如果多个最小割集为导致顶事件故障的模式,则从中可找出最匹配的割集为顶事件的故障模式。

根据 RH-KTB 真空系统故障树(如图5-30 所示),本诊断系统分配了 $E_1 \sim E_{42}$ 个监测点,对各测点的数据进行在线监测,并根据监测的数据预报故障点及故障种类。如:

(1) 在线监测发现系统真空度太低,进一步查看测点数据发现 E_{19}、E_{20}、E_{21}低于实测的平均值,则根据故障树得到:系统真空度过低,是由于三级泵(3A)抽气故障所致;

(2) 某次监测发现系统真空度过低,查看测点发现 E_{40}、E_{41}、E_{42}太低,说明四级泵(4B)的水蒸气的温度、压力、流量偏离常值,导致真空度不足;

(3) 监测发现 E_{11}偏高,E_{12}、E_{13}太低,这说明冷凝器 C_1 的冷凝水温度、压力、流量偏离常值,导致真空度下降。

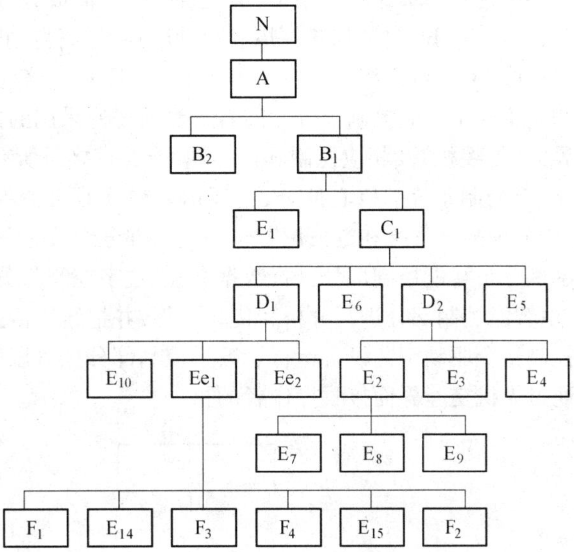

图 5-30　大型真空系统常见故障的故障树(部分)

5.5.2　智能 LF 控制系统

5.5.2.1　概述

LF 钢包精炼炉作为国内炼钢企业提高产品质量和扩大品种的重要手段,逐渐得到普遍应用。就总体装备水平而言,同国外相比,国内设计制造的 LF 炉差距主要为仪表自控系统。LF 钢包精炼炉的控制系统主要经历了模拟控制、常规数字控制和智能控制几个阶段。随着近年来人工智能技术和计算机技术的长足进步,大规模采用人工智能技术是 LF 发展的重要方向。目前,世界上掌握钢铁行业智能控制技术的也只有美国的 NEURAL 公司和德国的 SIEMENS 公司,采用智能控制技术的钢包精炼炉也较少。国内钢包炉的控制绝大多数还处于常规数字控制阶段,但已经在采用人工智能技术上开始了有益的尝试。

5.5.2.2　智能 LF 控制模型

由于钢水精炼是一个高温物理化学反应过程,钢水的温度和成分变化是主要控制目标,但是目前的技术条件难以实现钢水温度和成分的连续测量,依赖推测和事后测量,势必造成控制精度低、处理周期长、浪费能源的结果。一些冶金工作者做过基于热平衡和物料平衡的温度和成分预测的研究,但由于冶金物理化学过程复杂,变动因素多,因而达不到实际应用的性能要求。人工神经网络技术具有很好的鲁棒性和概括能力,用于预测精炼过程中钢水温度和成分能够取得很好的效果。以人工神经网络和模糊控制技术为核心的智能 LF 控制系统除了具有常规数字控制系统的功能外,还应该具有以下功能:

(1) 可以根据加热功率和加热时间实时预测当前钢水温度和长期温度,或者根据钢水目标温度预计加热功率和加热时间;

(2) 优化影响钢水升温过程的诸变元,取得合理的加热功率、冷却水、除尘、吹氩等参数值,达到节能降耗的目的;

(3) 根据合金加入量和精炼过程实时预报钢水当前成分和长期成分,或者根据目标成分预测合金加入量;

(4) 优化合金品种和用量,确定合理的炉渣成分,提高合金收得率,降低成本;

(5) 实现 LF 自动加热精炼和自动配料,提高自动化水平,降低劳动力成本。

智能 LF 控制系统结构模型如图 5-31 所示。该模型由两大部分组成——基于数字控制部分和基于人工智能控制部分。前者是目前普遍采用的控制方式,由可编程控制器(PLC)、人机交互界面(工控机)及相应控制软件实现,能够直接对所有设备进行开环和闭环指令控制。后者是智能 LF 控制系统的核心部分,主要由软件实现并封装在一台专门计算机中,由温度预测子系统、成分预测子系统和电极调节子系统三部分组成,每个子系统各自独立运行,互不影响。数字控制部分与智能控制部分进行数据交互,数字控制部分把工艺参数采样结果传递给智能控制部分;由智能控制部分进行分析和优化计算,并把结果传递回数字控制部分并由数字控制部分翻译成控制指令驱动工艺设备运行。数字控制部分也可以脱离智能控制部分单独运行,依靠人工操作通过人机交互界面接收操作者的指令。

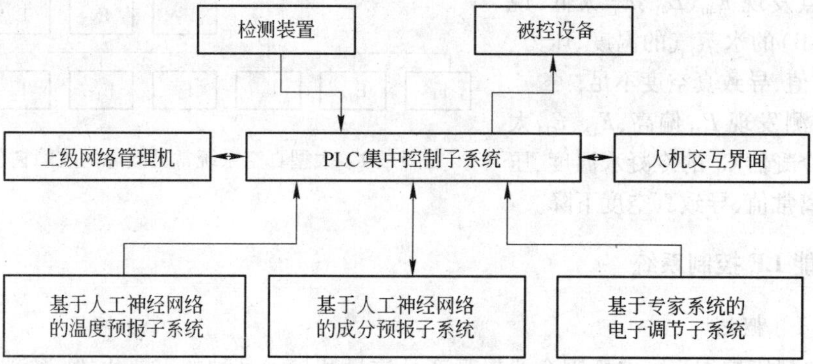

图 5-31 智能 LF 控制系统模型

5.5.2.3 智能控制子系统的研究

温度预报子系统和成分预报子系统采用人工神经网络和模糊控制技术。用人工神经网络进行钢水温度和成分预测计算,根据温度预测和成分预测的结果,就可以采用多种优化方法进行工艺参数优化。人工神经网络模型的性能直接决定了智能 LF 控制系统的优劣。要满足智能 LF 控制系统的实用性要求,温度预测的结果误差不应大于 ±5℃,成分预测的结果相对误差不应大于 ±10%,预报命中率大于 85%,并且能够做到精炼过程的全程预测。

A 智能控制子系统的结构与功能

温度预测子系统和成分预测子系统均由数据输入输出模块、人工神经网络计算模块、优化计算模块、人工神经网络训练模块组成,如图 5-32 所示。数据输入输出模块的主要功能为:接收输入数据,采集神经网络的训练样本数据;分析训练样本数据的有效性,剔除失真样本数据;对训练样本数据进行聚类分析并建立训练样本库;数据输出。人工神经网络计算模块的功能为:根据输入参数进行神经网络预测计算,输出预测结果。优化计算模块的功能为:根据神经网络预测计算结果,进行各工艺参数的优化。人工神经网络训练模块的功能为:从训练样本库中抽取样本集训练神经网络,并在神经网络预测误差

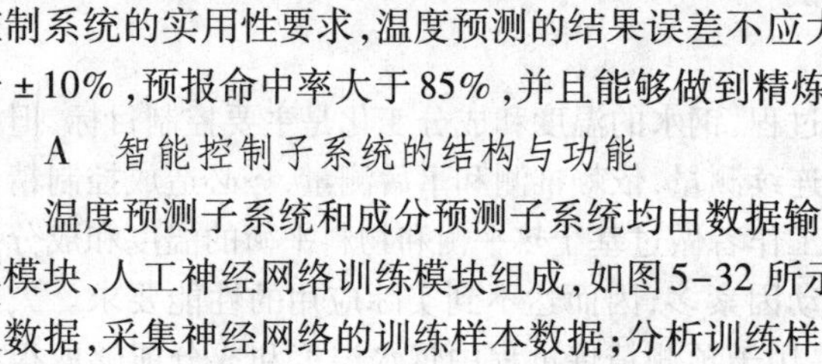

图 5-32 温度和成分预测子系统模型图

增大时进行网络更新训练。

B 人工神经网络模型

理论上,经过训练的三层S型特征函数的神经网络可以逼近任意连续函数。但是考虑到智能LF控制系统对温度和成分的预测精度要求较高,以及需要在整个精炼全过程进行动态实时预测,一般的前馈BP网络不可能满足要求。这是因为在钢水精炼工艺过程中,物理化学反应、钢包耐火材料吸热等因素对钢水温度和成分的影响过程是非稳态的,这些工艺参数有时滞特性。LF精炼工艺过程中温度和成分变化可描述为下列函数映射关系:

$$y_{i,t}=f(x_{1,t},x_{2,t},\cdots,x_{n,t},x'_{1,t-1},x'_{2,t-1},\cdots,x'_{n,t-1},y_{1,t-1},\cdots,y_{i,t-1},\cdots,y_{m,t-1}) \qquad (5\text{-}73)$$

要动态地描述这一过程,需要在网络中引入反馈。但经验表明增加反馈会增大网络的训练难度,因此只对有时滞特性的部分输入变量引入反馈。已经做出的实验结果表明,采用部分反馈的五层神经网络模型效果比较好。

这种五层部分反馈网络中,第一层是输入层,由两种神经元组成,一种为不接收反馈信息的神经元,另一种为接收反馈信息的神经元,两种神经元的数目根据影响被预测目标的工艺参数特性确定。第二层是网络的第一隐含层,也是反馈层和第二隐含层的输入源。第三层和第四层分别是网络的第二隐含层和反馈层,设置这两层虽然增加了网络的复杂性,但是提高了预测精度。第五层是网络的输出层。各隐含层和反馈层的神经元数目根据试验确定,一般不超过输入神经元总数的两倍。

C 神经网络模型测试

输入层神经元数目是根据冶金专家建议选取的,输出层只有一个神经元,输出值为预测温度。网络的训练采用近年来流行的遗传算法。经过反复试验最后确定,第一隐含层采用14个神经元,第二隐含层采用3个神经元,反馈层采用3个神经元,这样结构的神经网络对钢水温度预测有很好的泛化能力,能够经过较少的训练样本训练就获得很好的精度。把20炉100t LF实测的生产数据分成两组:一组用来训练网络,预定训练的目标平均误差为±0.25%;另一组用来测试网络预测精度。结果表明,从开始预测时刻起,5步以内的预测结果误差不大于±0.5%(即不大于±10℃),5步以外直至结束的预测结果误差不大于±0.25%(即不大于±5℃)。如果以预测误差小于±0.25%为预测命中,实际统计的预测命中率大于85%。要进一步降低预测误差和提高命中率,可以通过提高神经网络的训练目标平均误差来实现。试验表明,训练目标平均误差提高后,需要的训练次数呈几何倍数增长。

D 系统应用

从结果来看,系统基本达到了设计要求,其核心的神经网络再经过生产过程的进一步训练后,完全能够满足智能LF控制系统的需要。另外,可以通过在线训练,使神经网络具有很好的自我调整能力,在生产品种和工艺有较大变化时也能适应要求,这样的LF控制系统才真正实现了智能化。

5.6 连铸人工智能控制系统

连铸过程控制系统作为钢铁企业实现企业信息化管理的重要组成部分,集成了先进的工艺数学模型和控制技术,使铸坯质量得到极大提高,生产管理更加方便,增强了企业竞争力,发展前景十分广阔。本节将以结晶器液位智能控制系统和连铸二次冷却动态智能优化控制系统为例,系统地介绍连铸人工智能控制系统的设计、开发和应用。

5.6.1　结晶器液位智能控制系统

5.6.1.1　概述

在多粉尘、高温等恶劣条件下工作的结晶器液位控制系统的基本功能是保证结晶器液位稳定。稳定的结晶器液位对提高铸坯质量、改善工艺条件起到重要作用，其主要的优点是：减少夹渣、夹杂，改善结晶器润滑；提供稳定的钢水凝固条件，改善铸坯质量；减少漏钢率；减少钢水溢流危险，提高连铸机作业率。

5.6.1.2　液位控制系统原理

A　系统原理

系统采用涡流传感器对结晶器内钢水液面进行检测。检测信号通过信号放大处理器处理后，将实际液位值输送到PLC，实际液位值与设定液位值的差值控制系统送给液面控制系统，通过智能模糊 + 变结构 PID 运算后，控制系统将调节量功率放大后直接传递到数字电动缸，通过电动缸控制塞棒，精密控制中间包塞棒开度，控制钢水液面，实现结晶器液位控制。系统全部采用数字系统，尤其是数字电动缸的使用，使得控制环节变得可靠、稳定。

B　系统基本性能指标

系统基本性能指标有：

（1）液面控制精度误差。铸机处在正常稳定的工作状态下液面控制精度误差不大于 ±2 mm，平均有效率大于 80%（不包括开浇、改变拉速和引锭杆未脱出时候的控制）。

（2）系统可实现的调整频率。频率范围为 4 ~ 8 Hz。

（3）NKK 型电涡流传感器液位检测范围。该范围大约为 150 mm；分辨率 0.3 mm。

（4）液面设定值范围。该范围为 60 ~ 120 mm，可以根据需要适当进行调整范围。

（5）控制系统带有 MPI 网络通信能力，并可选加 Profibus-DP 网络通信接口。

5.6.1.3　主要设备组成

A　塞棒执行机构

塞棒执行机构固定在中间包上，支撑塞棒及电动缸。自动状态下电动缸带动执行机构的主轴及塞棒上下运动，开关水口的开度，调整钢水流入结晶器的流量，实现液位控制。电动缸关闭状态由机构上的手动杠杆控制主轴及塞棒上下运动来实现。

执行机构的工作条件为高温、粉尘，非常恶劣，要求长期使用保持活动灵活，升降无卡阻，维修少，且安装方便。针对执行机构的工作特点，在总结了国内外诸多执行机构的使用特点后，该系统采用独特的设计。活动轴杆采用专用轴承，活动灵活，升降无卡阻，无“硬点”。活动杆带可调节防转动装置。密封做特殊防尘处理，磨损间隙小。执行机构与电动缸组装后反冲小于 0.1 mm。为了保护机构，塞棒执行机构与中间包之间安装防护隔热板。

B　液位检测装置

检测传感器为电磁涡流型。检测装置由涡流式传感器、检测仪器和专用电缆组成。检测仪器部分又包括正反馈（PF）放大器、信号处理器、报警电路及一些辅助电路。

涡流式传感器安装于结晶器内钢水液面之上。传感器的特点是使用三个线圈，原线圈（P）和两组副线圈（S_1 和 S_2）。原线圈（P）由 PF 放大器提供的高频电流激励，其磁场变化在钢水液面形成涡流。传感器的两组副线圈（S_1 和 S_2）的感应信号输出随传感器与钢水液面之间距离的变化而变化。当钢水液位下降（上升），传感器与钢水液面之间的距离增大（减小），传感器的输出信号减少（增加）。由于传感器在高温环境中使用，为了保证它正常工作，将传感器装入由高温陶瓷制作的隔热罩中，同时用压缩空气冷却，保证传感器的工作温度始终在70℃以下。该温度由信号处理器面板上的表头指示。当传感器过热，报警装置发出声光报警。

电缆的特性直接影响测量系统的特性，采用固定长度的专用电缆。系统校准时，已经考虑了电缆的影响。因此，电缆长度和种类在系统校准后不能任意更改。

C 电动缸

电动缸采用步进电动机驱动，与结晶器液位测量装置形成闭环回路，驱动塞棒，实现液位控制。数字电动缸采用免维护型设计，日常使用时无需对机械系统添加任何润滑剂；功率电气插头可以带电插拔，不会造成损坏。数字电动缸接收数字信号工作，避免了模拟信号传输中造成的干扰，且在长期使用中不用进行参数的调整或修改。电缸最小移动量为0.005 mm；输出推力达到5000 kN（可以调节）。电动缸电信号由快速插头与控制系统连接，在断电情况下活塞杆能灵活伸缩，实现自动、手动灵活切换，低惯性，能过载保护。

D 专用电缆、接线盒、PLC及控制系统

采用耐热专用电缆，固定在浇钢平台上的接线盒连接专用电缆与控制箱电缆。采用西门子S7 300系列PLC以及先进的电气设备部件、元件，结合连铸钢水液面自动控制软件而构成完整的、先进的控制系统。该系统放置于连铸中控室，系统通过电缆与各信号点和控制点相连。系统采用多种防干扰隔离保护，如隔离变压器、光电耦合器等，采用专用电缆可靠的接地屏蔽。数字电缸驱动器部分采用国外进口专用设备，提高了可靠性；传输信号为24 V，3～6 A电流驱动信号，具有高抗干扰能力。

控制系统硬件部分采用德国、美国和日本进口产品，数字和模拟量输入输出模块以及现场显示仪表和报警系统等。软件部分包括采样、智能＋模糊计算、逻辑、报警、通信以及支持系统工作的软件等。

5.6.1.4 控制系统设计

结晶器液面自动控制是通过测量结晶器内钢水的液面高度，通过调节控制拉坯速度或控制塞棒的进程，使结晶器内的钢水表面稳定地保持在预定的高度上。液面控制有液位－拉速、液位－塞棒、液位－塞棒及拉速复合三种形式。液位控制系统控制原理如图5-33所示。

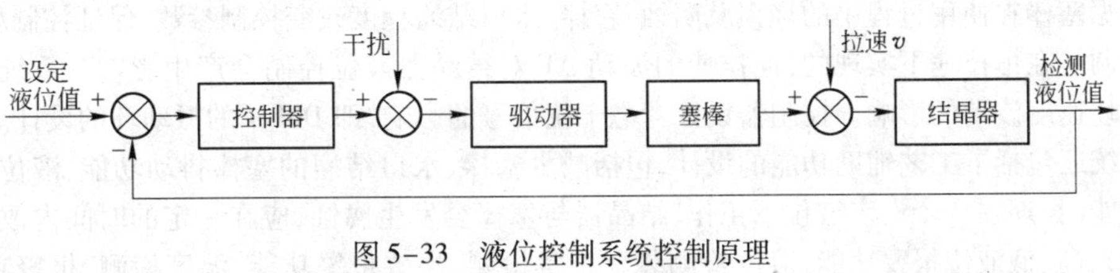

图5-33 液位控制系统控制原理

液位控制系统物理模型的几何参数如下：

$$v = C_d \sqrt{2gH} \tag{5-74}$$

$$Q = A \times v \tag{5-75}$$

式中，v为钢水流速，m/s；H为中间包液位，m；Q为钢水体流量，m^3/s；C_d为塞棒的流量系数；A为结晶器横段面积，m^2。

结晶器钢水液面高度$h(t)$是流入结晶器钢水量与流出结晶器钢水量的积分。

$$h(t) = \frac{1}{A}\int_{\infty}^{t}[q_{in}(\tau) - q_{out}(\tau)]d\tau \tag{5-76}$$

或
$$\frac{\mathrm{d}h(t)}{t}=\frac{q_{\mathrm{in}}(t)-q_{\mathrm{out}}(t)}{A} \tag{5-77}$$
$$q_{\mathrm{out}}(t)=A\cdot v(t) \tag{5-78}$$
$$q_{\mathrm{in}}(t)=C_d\delta(t) \tag{5-79}$$
式中，$h(t)$为结晶器内钢水实际液位，m；$\delta(t)$为塞棒的开度，%；$v(t)$为拉坯速度，m/s；H为中间包内钢水液位，m；$q_{\mathrm{in}}(t)$为流入结晶器钢水量，$\mathrm{m^3/s}$；$q_{\mathrm{out}}(t)$为流出结晶器钢水量，$\mathrm{m^3/s}$；

结晶器液面自动控制系统的性能指标主要是静态和动态指标。控制系统的机构设计与制造精度要保证合理的精度范围，动作没有反冲。结晶器液面控制精度不大于±3 mm，电动缸的精度为±0.1 mm。动态指标指系统的响应时间、超调量和稳态偏差等。结晶器钢水液面自动控制采用PID控制与智能控制结合的控制策略。结晶器钢水液面自动控制PID控制是按设定液位值与实际测量的液位值偏差的比例、积分和微分线性组合的控制方式。

$$u(t)=K_{\mathrm{P}}\left[e(t)+\frac{1}{T}\int e(t)\,\mathrm{d}t+T_{\mathrm{d}}\frac{\mathrm{d}e(t)}{\mathrm{d}t}\right] \tag{5-80}$$
式中，$e(t)$为液位偏差值；$u(t)$为塞棒控制输入量；K_{P}、T_{i}、T_{d}为控制参数。

PID控制的优点是能对即时产生的误差作出反应，使被控制量朝着减少误差方向变化。PID控制是结晶器液位控制的基础，现多数生产厂使用的结晶器液位控制都是以PID控制实现的。

PID控制中，一个关键问题是PID参数的整定，即K_{P}、T_{i}、T_{d}参数的设定，与浇注的钢种、铸机结晶器横断面尺寸、拉速等参数有关。设计K_{P}、T_{i}、T_{d}参数的方法是建立控制系统数学模型，通过系统仿真结果调整K_{P}、T_{i}、T_{d}参数的设定，在仿真结果调整设定的基础上根据现场实际情况微调。

由于系统的非线性特性及拉速波动、水口结瘤、结瘤脱落等非稳态波动，常规PID无法在非稳态波动情况下保持系统的稳定。一方面，中间包液位波动对钢水流量特性产生影响；另一方面，塞棒在使用过程中的烧损及腐蚀，塞棒、水口结瘤使开口度与钢水流量的非线性变化导致钢水液面自动控制的不稳定，甚至在使用过程中控制失效，导致漏钢。系统采用先进PID控制及智能控制相结合的复合控制。

结晶器钢水液面自动控制的命中率是液面自动控制的技术难点。PID控制及智能控制复合控制根据塞棒在使用过程中的烧损及腐蚀，塞棒、水口结瘤程度改变控制参数，保证控制精度。

控制是在恒拉速下实现的，但拉速的波动ΔV对结晶器液位控制会产生影响。系统设计考虑了拉坯速度波动的影响。控制器设计考虑干扰信号的影响，即Dither的振动环的设计。

系统还包括了工艺辅助功能的设计，包括减少塞棒、水口结瘤的塞棒抖动功能，液位设定的调节功能（长期在一个设定液位下工作，结晶器与塞棒会发生腐蚀，应在一定的时间内改变设定的液位），高、低液位报警功能，液位检测装置正常检测、失效报警功能，温度检测、报警功能，电动缸及执行机构检测、报警功能。

5.6.1.5 系统应用

试验在板坯连铸机上进行。试验钢种：CP；浇注断面（$\mathrm{mm^2}$）：135×（670～820）。测试共计7个中包浇次（90炉）钢水。统计结果表明：液位波动不大于±2 mm时，命中率大于90%；液位波动不大于±3 mm时，命中率为100%，达到设计要求。

5.6.2 连铸二次冷却动态智能优化控制系统

5.6.2.1 概述

实现连铸二次冷却（简称“二冷”）动态配水的一个难题是动态控制系统的稳定性及计算水

量的准确性。数学模型在实现动态配水计算时经常遇到的问题是在不同拉速时，特别是在低拉速、高拉速时，按设定的目标温度计算的冷却水量往往与实际水量存在很大差异，这为动态配水的实现带来困难。为了解决这一问题，在连铸坯温度场数学模型及仿真与优化的基础上提出了一种连铸二次冷却动态控制方法。

5.6.2.2 二冷动态配水设计的基本原则

连铸机工艺参数：铸坯断面 150 mm × 150 mm，$R = 6$ m，结晶器长度 1 m，二冷区Ⅰ段 0.2 m，二冷区Ⅱ段 0.8 m，二冷区Ⅲ段 2.096 m，二冷区Ⅳ段 2.096 m，铸机矫直起点 8.5 m。

制定目标表面温度时应遵循钢的高温力学性能和冶金准则。制定模型计算二冷区目标温度遵循如下原则：

(1) 二冷区铸坯表面温度分布符合钢种的高温延性曲线，二冷配水保证矫直时铸坯表面温度避开脆性“口袋区”(700 ~ 900℃)，控制在钢延性最高的温度区。对于具体钢种，根据成分及高温性能确定，一般应大于 900℃。

(2) 控制铸坯表面温度变化速率。要求沿铸坯长度方向表面温降速度控制在小于 200℃/m。

(3) 控制二冷区铸坯表面温度回升速率不大于 100℃/m。

(4) 二冷区铸坯表面温度控制在 1000℃ 左右。目标温度的控制点设定在结晶器出口及各冷却区进、出口处。

5.6.2.3 控制系统的设计与开发

A 连铸二冷温度场计算模型

采用二维传热微分方程，其传热的基本微分方程为：

$$\rho C \frac{\partial T}{\partial t} = \frac{\partial}{\partial x}\left(\lambda \frac{\partial T}{\partial x}\right) + \frac{\partial}{\partial y}\left(\lambda \frac{\partial T}{\partial y}\right) \tag{5-81}$$

B 数学模型的解法

连铸坯断面为中心对称，相互平行的冷却条件也基本相同，故认为铸坯断面温度分布也呈中心对称，取铸坯 1/4 断面，采用有限差分法求解传热方程。

C 程序编制及计算模型的标定

温度场计算软件分两个基本功能模块，即仿真功能模块及配水计算功能模块。两个基本功能模块与控制策略相对应。仿真功能模块根据现场的实际浇注条件，计算铸坯温度、凝固曲线；配水计算功能模块根据现场的实际浇注条件按设定的目标温度计算冷却水量。计算模型的标定采用 Reytek 3i 红外测温仪实测二冷区Ⅲ、Ⅳ段铸坯控制点的表面温度及矫直区温度，根据温度测量情况修正模型。

5.6.2.4 二冷动态配水的控制策略

A 控制系统的组成

二冷动态控制系统如图 5-34 所示。二冷动态控制系统主要由以下几部分组成：目标温度智能控制模型(TTANN)、初始二冷水控制模型(IWANN)、连铸坯温度计算模型、智能 PID 控制器。在工艺参数确定的条件下，按照设定的目标温度，实现连铸二冷动态控制。

采用符合冶金条件的动态目标温度及动态初始水量可以保证控制系统的实时性、稳定性，提高计算精度。采用径向基函数神经网络设计目标温度智能控制器(TTANN)和初始二冷水控制器(IWANN)可以动态学习更新目标温度及初始水量。径向基函数神经网络与 BP 神经网络相比，学习速度较快，网络的函数逼近能力优于 BP 神经网络。

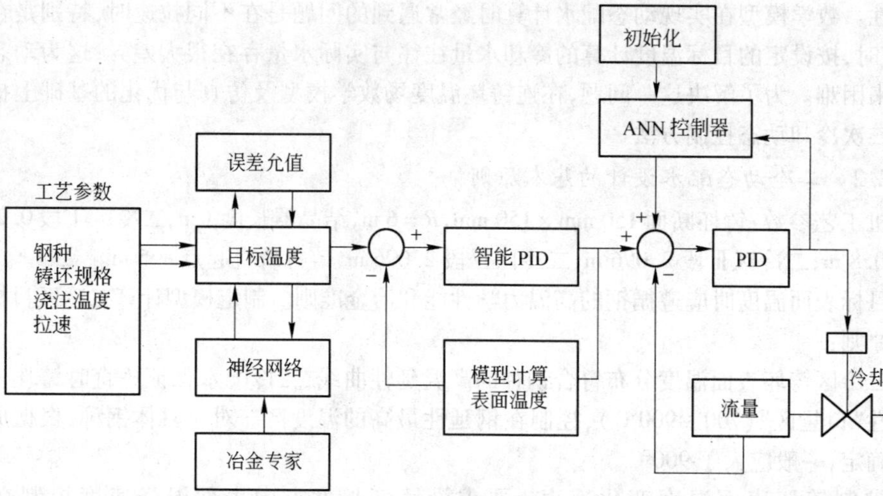

图 5-34　二冷动态控制系统原理图

温度场计算模型采用二维差分模型，控制点温度取内弧表面温度。冷却水流量的控制按目标温度与实际温度的温差乘以恒定参数的方法难以实现满意的控制效果，常规 PID 经过整定的参数也无法适应拉速变化的实际情况。模拟有经验的工程技术人员根据温差的大小，改变冷却强度，系统能快速达到目标温度。将人工智能与经验用到计算机控制，针对二冷动态控制的实际情况，设计模糊智能 PID，根据温度差值及拉速的实际情况动态调整控制参数。

B　径向基函数神经网络

径向基函数（RBF）神经网络是以函数逼近理论为基础而构造的一种神经网络，网络的学习等价于在多维空间中寻找训练数据的最佳拟合平面。RBF 网是一种局部逼近网络，可以证明它能以任意精度逼近任一连续函数。同 BP 网络相比，RBF 网络运算效率高得多，实时性好。

C　连铸二冷初始水量的设定与控制（IWANN）

初始水量是通过离线数值模拟计算，结合连铸生产的实际情况确定的。系统动态控制时，根据给定的工艺参数，动态采集初始水量，在初始水量的基础上动态调整水量，使控制点温度达到设计的目标温度允许的误差内。当连铸机生产稳定后，动态控制的实际水量可以重新作为系统的初始水量，这样可以减少温度控制的偏差，提高计算速度，增加系统稳定性。

采用径向基网络控制模型，用给定的初始水量训练网络，经过训练的网络模型，可以在控制的拉速范围内，任意连续给定输入拉速，输出水量。

仿真结果表明，神经网络计算二冷各区冷却水量与初始化冷却水量输出结果几乎达到了零误差，神经网络对函数的逼近能力得到了充分的体现。

用拉速 0.7 m/min 到 2.5 m/min 间隔 0.2 m/min 的输入变量仿真结果表明，输入的拉速序列与训练网络的输入序列不同时，网络的推广能力比较好，函数的逼近能力较强，可以连续反映冷却水量与拉速的关系。

D　连铸二冷铸坯表面目标温度设定（TTANN）

在符合冶金约束条件的范围内，温度值不是唯一的，但温度控制点设定的目标温度在确定拉速下是固定的。在拉速变化范围内，受设备条件的限制，单一恒定的目标温度几乎是无法实现的，特别是低、高拉速情况下。解决的方法是在符合冶金约束条件下动态调整目标温度与动态调整控制误差范围。在低拉速情况下，铸坯表面温度取符合冶金条件的下限，高拉速时取上限，这样可以使冷却水量最低。表 5-13 是设定的某钢种目标温度。

表 5-13 各段铸坯表面控制温度

℃

冷却区	拉速/m · min⁻¹									
	0.8	1.0	1.2	1.4	1.6	1.8	2.0	2.2	2.4	2.6
结晶器出口	953	972	972	965	992	1019	1042	1056	1060	1065
二冷Ⅰ段	959	963	963	959	974	1006	1029	1041	1045	1050
二冷Ⅱ段	949	949	949	949	964	984	1003	1014	1018	1023
二冷Ⅲ段	937	937	937	937	942	952	965	981	983	988
二冷Ⅳ段	919	919	919	919	919	919	923	935	938	940

目标温度的设定取各冷却区的入口、出口，但实际铸机的各冷却区冷却回路为一个流量阀控制，各冷却区的控制温度取各段入口、出口的平均值。

实际计算时为了获得更好的控制效果，构造一各段入口、出口的加权函数：

$$T_{con} = \alpha T_1 + \beta T_2 \tag{5-82}$$

拉速从 0.9 m/min 到 2.5 m/min 的仿真结果表明，计算精度几乎达到零误差的情况下，经过训练的网络的推广能力能很好地满足设定目标温度的需要。在二冷动态控制系统中，采用经过训练的神经网络控制模型，可以根据工艺变化情况，实时改变目标温度，使目标温度更加符合连铸的工艺实际情况，实现动态控制。

E 智能 PID 控制器

动态二冷配水系统中的 PID 控制器输入变量是各冷却区的目标温度 T_{in}，控制变量是各区的冷却水量，输出变量为控制点温度 T_{out}。

冷却水量的调整量是根据目标温度与实际计算温度的差值 ΔT 乘以调节系数实现的。为了使系统更快逼近目标温度，减少超调量，减小系统振荡，采用 PID 参数控制。仿真结果及实际控制效果表明，采用恒定参数的 PID 控制器无法满足控制的要求，系统会出现振荡，不同拉速下在某些控制段会出现在目标温度附近反复振荡或计算时间过长等不稳定现象。采用智能模糊 PID 控制，根据温差大小及温差的变化率，动态调整系数，系统在各种情况下能快速调整冷却水量，逼近目标温度。

5.6.2.5 仿真结果与分析

优化结果可以通过铸坯的表面温度与设定的目标温度对比来评价。优化控制的铸坯表面温度与目标温度偏差控制在 ±12℃ 范围内，95% 以上点控制在 ±10℃ 范围内（如表 5-14 所示）。系统可以通过调节冷却水量，很好地实现目标温度控制。

表 5-14 铸坯控制点表面温度偏差

℃

拉速/m · min⁻¹	二冷 Ⅰ段		二冷 Ⅱ段		二冷 Ⅲ段		二冷 Ⅳ段	
0.8	3.47	11.56	2.88	2.90	2.46	−3.36	−4.88	−1.83
1.0	−2.63	2.13	13.90	−2.23	−2.22	−0.32	−1.81	−5.69
1.2	−2.98	3.08	12.40	−3.86	−3.70	−3.77	−5.30	−5.22
1.4	−5.22	1.62	2.32	0.38	0.34	−3.34	−4.87	−2.18
1.6	−2.50	−1.85	−1.13	2.52	2.79	3.34	2.00	−1.60

续表 5-14

拉速/m · min⁻¹	二冷 Ⅰ段		二冷 Ⅱ段		二冷 Ⅲ段		二冷 Ⅳ段	
1.8	-2.08	0.89	0.99	1.85	2.23	-4.77	-5.08	-2.44
2.0	-0.05	0.97	-1.67	-3.34	-6.93	-2.65	-6.97	2.82
2.2	-1.49	0.78	-4.14	2.12	2.53	-4.35	-5.62	0.08
2.4	-1.97	0.83	-2.86	1.74	-1.75	-3.03	-4.42	0.67
2.6	-2.48	0.64	-2.46	2.91	-0.43	-2.76	-7.09	1.26

采用变化目标温度与变化初始水量及智能 PID 控制的方法，铸坯表面温度快速达到设定的目标温度，而采用单一目标温度，初始化水量与目标水量差异大的情况下，系统反复计算，甚至出现在目标温度附近动态振荡情况，无法实现稳定控制。连铸二冷动态配水系统需要在配置 2 级控制系统的连铸机上实现。上述控制原理及方法也可以在板坯连铸机上应用。

参考文献

[1] 陈建斌．冶金过程数值模拟基础[M]．北京:冶金工业出版社,2008.
[2] 范晓慧,王海东．烧结过程数学模型与人工智能[M]．长沙:中南大学出版社,2002.
[3] 刘洪霖,包宏．化工冶金过程人工智能优化[M]．北京:冶金工业出版社,1999.
[4] 马竹梧．冶金工业自动化[M]．北京:机械工业出版社,2006.
[5] 刘玠．冶金过程自动化基础[M]．北京:冶金工业出版社,2006.
[6] 刘玠．炼铁生产自动化技术[M]．北京:冶金工业出版社,2005.
[7] 孙浩,涂序彦．钢铁生产智能控制技术[J]．冶金动力,2004,4.
[8] 刘晓颖,桂卫华．复杂过程的智能集成故障诊断模型研究[J]．计算机工程与应用,2003,9.
[9] 王俊琳．国外钢铁工业的智能控制新技术[J]．山西机械．2003,6.
[10] 陈晓方,桂卫华,蔡自兴,等．过程控制中的智能集成建模方法[J]．系统仿真学报．2001,8.
[11] 桂卫华,阳春华,吴敏,等．智能集成优化控制技术及其在工业中的应用[C]．首届全国有色金属自动化技术与应用学术年会论文集．2003,10.
[12] 吕学伟,白晨光,邱贵宝,等．三种优化烧结配料方法的比较[J]．烧结球团,2006,31(2):11~15.
[13] 龙红明,范晓慧,刘代飞．铁矿石烧结工艺参数优化模型的设计与应用[J]．材料与冶金学报,2007,6(4):248~251.
[14] 龙红明．烧结过程热状态模型的研究与应用[D]．长沙:中南大学,2007.
[15] 范晓慧,曾垂喜,姜涛,等．铁矿石烧结性能预报模型[J]．中南大学学报(自然科学版),2005,36(6):949~954.
[16] 陈令坤,于仲洁,周曼丽．高炉布料数学模型的开发及应用[J]．钢铁,2006,41(11):13~16.
[17] 吴敏,田超,曹卫华．无料钟高炉布料模型的研究与应用[J]．控制工程, 2006,13(5):490~493.
[18] 丁金发,毕学工．无钟炉顶布料模型发展现状及有关问题[J]．河南冶金,2005,13(6):7~10.
[19] 吴敏,许永华,曹卫华．无料钟高炉布料模型的设计与应用[J]．系统仿真学报,2007,19(21):5051~5054.
[20] 徐万仁．数学模型在宝钢高炉操作中的应用[J]．炼铁,2005,24(增刊):80~87.
[21] 成键．高炉软熔带可视化研究[D]．济南:山东大学,2004.
[22] 徐万仁,顾祥林,李肇毅．软熔带模型在宝钢2号高炉上的应用[J]．钢铁,2002,37(8):14~17.
[23] 高小强,王逸名,郑忠．高炉铁水硅含量预测评价与模型选择[J]．钢铁研究学报,2007,19(5):5~10.
[24] 张军红,金永龙,沈峰满,等．应用优化BP神经网络建立铁水硅含量的预测模型[J]．钢铁研究学报,2007,19(11):60~63.
[25] 肖伸平,吴敏,刘代飞．基于小波神经网络的高炉铁水含硅预报[J]．有色金属,2005,57(2):106~110.
[26] 张立麒,郑楚光,汪海．热风炉蓄热室内温度场的简化模型[J]．冶金能源,2004,23(2):23~26.
[27] 陈兰,唐恩．热风炉蓄热室温度场分布的数值模拟[J]．炼铁,2004,23(6):38~40.
[28] 郑忠,黄振艺．基于FLUENT的热风炉蓄热室传热及操作制度研究[J]．工业加热,2008,37(5):37~41.
[29] 马竹梧,邹立功,孙彦广,等．钢铁工业自动化——炼钢卷[M]．北京:冶金工业出版社, 2000．
[30] 李江,魏文晖,王焕平．转炉炼钢动态过程控制仿真软件的开发[J]．江苏冶金,2006,34(1):1~4.
[31] 龚伟,姜周华,郑万,等．转炉冶炼过程中合金成分控制模型[J]．东北大学学报,2002,23(12):1155~1157.
[32] 袁平,王福利,毛志忠．电弧炉炼钢合金成分控制模型[J]．工业加热,2006,35(2):1~4.
[33] 袁平,王福利,毛志忠．基于G-SVM的电弧炉终点预报研究[J]．钢铁研究学报,2006,18(10):7~10.

[34] 徐迎铁,王新江,傅杰,等．现代电弧炉冶炼能量结构模型[J]．钢铁,2005,40(4):35~38.
[35] 李关定,李凯,黄志兴．炼钢系统交直流电弧炉的建模方法[J]．冶金能源,2007,26(5):30~33.
[36] 郭飞,李擎,李华德,等．交流电弧炉电极智能预测建模及应用[J]．电工技术学报,2007,22(12):175~179.
[37] 张立强．LF 炉成分与能量损失预报研究[D]．马鞍山:安徽工业大学,2009.
[38] 职建军,郑贻裕,崔 建,等．宝钢连铸中间包热状态测试和分析[J]．钢铁,2002,37(1):26~27.
[39] 李顶宜,王永然,曹永国,等．连铸用钢水温度传热物理数学模型[J]．钢铁,1996,31(11):17~21.
[40] 潘学峰,周海斌,朱苗勇．连铸中间包内钢液温度变化规律的研究[J]．中国冶金,2007,17(10):45~49.
[41] 陈雄,谭妍,余晓光．结晶器三维温度场可视化系统实现[J]．仪器仪表学报,2009,30(2):385~390.
[42] 韩志伟,冯科,王勇,等．板坯连铸二冷计算机仿真的研究和应用[J]．铸造技术,2006,27(10):1130~1132.
[43] 杨杰,陈会文,白健。漏钢预报技术的应用与完善[J]．炼钢, 2005,21(3):17~19.
[44] 孙于萍,李杰,乐可襄。板坯连铸结晶器钢液流场的数学模拟[J]．特殊钢,2005,26(2):33~36.
[45] 李军．烧结配矿专家系统的研究[D]．长沙:中南大学,2004.
[46] 冯建生,王秀芝．一个基于神经网络的配矿专家系统[J]．冶金自动化,1999,4:7~10.
[47] 李云涛,范晓慧,刘代飞．基于综合神经网络的优化配矿系统模拟模型及应用[J]．烧结球团,2003,28(6):7~11.
[48] 陈许玲．烧结过程状态集成优化控制指导系统的研究[D]．长沙:中南大学,2006
[49] 范晓慧,陈许玲,龙红明,等．烧结生产优化指导系统的研究[C]．全国烧结球团年会论文集,2006,6:14~18.
[50] 龙红明,范晓慧,陈许玲,等．基于神经网络预报的烧结矿化学成分控制系统[J]．北京科技大学学报,2006,28(9):867~870.
[51] 范晓慧,龙红明,陈许玲,等．烧结矿化学成分控制专家系统的开发与应用[J]．钢铁,2006,41(11):6~9
[52] 王茂华,汪保平,惠志刚．高炉炼铁过程控制及专家系统[J]．武钢技术,2004,42(6):40~44.
[53] 刘祥官,曾久孙,郝志忠,等．多模型集成的高炉炼铁智能控制专家系统[J]．浙江大学学报,2007,41(10):1637~1642.
[54] 许永华,吴 敏,曹卫华,等．基于案例与规则推理的热风炉燃烧控制方法与应用[J]．计算机测量与控制,2008,16(1):62~66.
[55] 邢晓凤．高炉异常诊断专家系统的研究与开发[D]．马鞍山:安徽工业大学,2008.
[56] 温宏愿,赵琦,陈延如,等．基于辐射信息分析的转炉终点控制回归模型[J]．仪器仪表学报,2008,29(8):1633~1637.
[57] 曲丽萍,曲永印,柳成．转炉炼钢智能控制系统[J]．北华大学学报(自然科学版),2006,7(5):474~476.
[58] 洪镇南,罗安．交流电弧炉智能集成计算机控制系统[J]．计算机测量与控制,2005,13(1):47~49.
[59] 姜静,孙铁,姜琳．专家系统在电炉炼钢工艺中的应用[J]．北京科技大学学报,2008,30(5):571~575.
[60] 王庆,巴德纯,靳雨菲,等．基于故障树的 RH-KTB 大型真空系统智能故障诊断[J]．真空科学与技术学报,2004,24(1):51~54.
[61] 李延辉,李润生,李兆伟,等．智能 LF 控制系统的研究[J]．冶金能源,2001,20(6):24~27.
[62] 陈志凌,张国贤．连铸机结晶器液位控制系统的设计[J]．机械与电子,2005(4):20~22.
[63] 陈志凌,张国贤,韩传基．连铸二次冷却智能优化控制的研究[J]．钢铁,2006,41(9):40~43.

冶金工业出版社部分图书推荐

书名	作者	定价(元)
热能与动力工程基础(本科国规教材)	王承阳 编著	29.00
物理化学(第3版)(本科国规教材)	王淑兰 主编	35.00
传热学(本科教材)	任世铮 编著	20.00
热工测量仪表(本科国规教材)	张 华 等编	38.00
热工实验原理和技术(本科教材)	邢桂菊 等编	25.00
相图分析及应用(本科教材)	陈树江 等编	20.00
冶金原理(本科教材)	韩明荣 主编	40.00
钢铁冶金原理习题解答(本科教材)	黄希祜 编	30.00
冶金热工基础(本科教材)	朱光俊 主编	36.00
冶金过程数值模拟基础(本科教材)	陈建斌 编著	28.00
传输原理(本科教材)	朱光俊 主编	42.00
炼焦学(第3版)(本科教材)	姚昭章 主编	39.00
钢铁冶金学教程(本科教材)	包燕平 等编	49.00
连续铸钢(本科教材)	贺道中 主编	30.00
炉外处理(本科教材)	陈建斌 主编	39.00
炼铁学(本科教材)	梁中渝 主编	45.00
炼钢学(本科教材)	雷 亚 等编	42.00
炼铁厂设计原理(本科教材)	万 新 主编	38.00
炼钢厂设计原理(本科教材)	王令福 主编	29.00
冶金炉料处理工艺(本科教材)	杨双平 编	23.00
冶金课程工艺设计计算(炼铁部分)(本科教材)	杨双平 主编	20.00
冶金设备(本科教材)	朱 云 主编	49.80
冶金设备课程设计(本科教材)	朱 云 等编	估20.00
有色冶金概论(第2版)(本科教材)	华一新 主编	30.00
冶金生产概论(高职高专国规教材)	王明海 主编	45.00
冶金专业英语(高职高专国规教材)	侯向东 主编	28.00
物理化学(高职高专规划教材)	邓基芹 主编	28.00
物理化学实验(高职高专规划教材)	邓基芹 主编	19.00
无机化学(高职高专规划教材)	邓基芹 主编	36.00
无机化学实验(高职高专规划教材)	邓基芹 主编	18.00
冶金原理(高职高专规划教材)	卢宇飞 主编	36.00
铁合金生产工艺与设备(高职高专规划教材)	刘 卫 主编	39.00
炼铁技术(高职高专国规教材)	卢宇飞 主编	29.00
高炉炼铁设备(高职高专规划教材)	王宏启 主编	36.00
稀土冶金技术(高职高专规划教材)	石 富 主编	36.00
冶金技术概论(高职高专规划教材)	王庆义 主编	26.00
炉外底喷粉脱硫工艺研究	周建安 著	20.00
城市生活垃圾直接气化熔融焚烧技术基础	胡建杭 等编著	19.00
生活垃圾处理与资源化技术手册	赵由才 主编	180.00
镍铁冶金技术及设备	栾心汉 等主编	27.00